新形态教材

生物技术与生物工程系列

细胞工程学（第2版）

Cell Engineering

（2nd Edition）

主　编　李志勇

编　者　李志勇（上海交通大学）

　　　　于静娟（中国农业大学）

　　　　周　燕（华东理工大学）

　　　　开国银（浙江中医药大学）

　　　　王　瑶（浙江中医药大学）

　　　　李　煜（内蒙古大学）

　　　　梁　浩（内蒙古大学）

U0341114

高等教育出版社·北京

内容提要

本书以细胞工程应用为主线进行编写，从细胞工程理论基础、优良动植物的人工繁殖、新品种培育、细胞工程生物制品、组织修复五个方面，全面、系统介绍细胞工程理论与技术的知识。尤其是紧密结合现代细胞工程发展趋势，重点介绍细胞工程生物制品技术等。同时，介绍一些前沿技术、最新进展以及学科交叉内容。

本书采用纸质教材＋数字课程的出版形式。纸质教材各章均设置了知识导图、关键词、开放讨论题、思考题、推荐阅读；数字课程包括知识拓展、科技视野、科学家、发现之路、应用案例、教学视频、教学课件、参考文献和与细胞工程相关的附录等，内容与形式上注重引导学生进行研究型学习。

本书适合作为高校生物工程、生物技术、农学、医学专业的主修课程教材，也可供相关领域的科研、企业等单位人员参考。

图书在版编目（CIP）数据

细胞工程学 / 李志勇主编 . --2 版 . -- 北京：高等教育出版社，2019.8 （2023.12 重印）
ISBN 978-7-04-050199-5

Ⅰ. ①细… Ⅱ. ①李… Ⅲ. ①细胞工程 – 高等学校 – 教材 Ⅳ. ① Q813

中国版本图书馆 CIP 数据核字（2018）第 184696 号

Xibao Gongchengxue

项目策划 吴雪梅 王 莉 单冉东

策划编辑 田 红 责任编辑 田 红 封面设计 李小璐 责任印制 高 峰

出版发行	高等教育出版社	网 址	http://www.hep.edu.cn
社 址	北京市西城区德外大街4号		http://www.hep.com.cn
邮政编码	100120	网上订购	http://www.hepmall.com.cn
印 刷	北京新华印刷有限公司		http://www.hepmall.com
开 本	889mm×1194mm 1/16		http://www.hepmall.cn
印 张	15	版 次	2008 年 6 月第 1 版
字 数	480 千字		2019 年 8 月第 2 版
购书热线	010-58581118	印 次	2023 年 12 月第 5 次印刷
咨询电话	400-810-0598	定 价	36.00元

iCourse · 数字课程（基础版）

细胞工程学

（第2版）

主编 李志勇

细胞工程学（第2版）

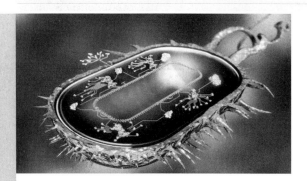

细胞工程学数字课程与纸质教材一体化设计，紧密配合。立足全面展现课程知识体系并反映学科快速发展的趋势和成果，数字课程涵盖了知识拓展、科技视野、科学家、发现之路、应用案例、教学视频、教学课件、参考文献和与细胞工程相关的附录等，为学生学习提供了更多思考和探索的空间，引导学生进行研究型学习。

用户名：　　　　密码：　　　　验证码：　　　　 **5360** 忘记密码？ **登录** 注册

http://abook.hep.com.cn/50199

扫描二维码，下载Abook应用

出版说明

"十二五"期间是高等教育继续深化改革、走以提高质量为核心的内涵式发展道路的关键时期。课程建设是教育教学改革的重要内容，课程建设水平对教学质量和人才培养质量具有重要影响。2011年10月12日教育部发布了《教育部关于国家精品开放课程建设的实施意见》（教高〔2011〕8号），开启了信息技术和网络技术条件下校、省、国家三级精品开放课程建设的序幕。作为国家精品开放课程展示、运行和管理平台的"爱课程（iCourse）"网站也逐渐为高校师生和社会公众认知和使用。截至目前，已有2600多门资源共享课和800多门视频公开课在"爱课程（iCourse）"网站上线。

高等教育出版社承担着"'十二五'本科教学工程"中国家精品开放课程建设的组织实施和平台建设运营的重要任务，在与广大高校的调研和协作中，我们了解到当前高校的教与学发生了深刻变化，也真切感受到课程和教材建设所面临的挑战和机遇。如何建设支撑学生自主学习和校际共建共享的课程和新形态教材成为现实课题，在教育部高等学校生物技术、生物工程类专业教学指导委员会的指导下，结合我社2009年以来在数字课程建设上的探索和实践，我们提出了"高等学校生物技术与生物工程专业精品资源共享课及系列教材"建设项目，项目建设得到了众多高校的积极响应和广泛参与。2013年5月以来，分别在上海、天津、沈阳、杭州、武汉、无锡、银川等地陆续召开了项目启动会议、主编会议和编写会议。2015年，项目成果"iCourse·教材：生物技术与生物工程系列"陆续出版。

本系列教材涵盖生物技术、生物工程专业15门基础课程和专业课程，在出版形式、编写理念、内容选取等方面体现以下特点：

1. 采用"纸质教材 + 数字课程"的出版形式。纸质教材与丰富的数字教学资源一体化设计，纸质教材内容精炼适当，并以新颖的版式设计和内容编排，方便学生学习和使用；数字课程对纸质教材内容起到巩固、补充和拓展作用，形成以纸质教材为核心，数字教学资源配合的综合知识体系。

2. 创新教学理念，引导自主学习。通过适当的教学设计，鼓励学生拓展知识面和针对某些重要问题进行深入探讨，增强其独立获取知识的意识和能力，为学生自主学习和教师创新教学方法提供支撑。

3. 强调基础与技术、工程应用之间的紧密联系，注重学生应用能力培养。在讲述理论的同时，通过数字课程对学科前沿进展和工程应用案例进行延伸，在概念引入和知识点讲授上也尽量从实际问题出发，这不仅有利于提高学生的学习兴趣，也有助于加强他们的创新意识和创新能力。

4. 教材建设与资源共享课建设紧密结合。本系列教材是对各校精品资源共享课和教学改革成果的集成和升华，参与院校共建共享课程资源，更可支持各级精品资源共享课的持续建设。

本系列教材以服务于生物技术、生物工程专业课程教学为核心，汇集了各高校学科专家与一线教师的智慧、经验和积累，实现了内容与形式、教学理念与教学设计、教学基本要求与个性化教学需求，以及资源共享课与教材建设的一体化设计，以期对我国生物技术与生物工程专业教学改革和人才培养产生积极影响。

建设切实满足高等教育教学需求、反映教改成果和学科发展、纸质出版与资源共享课紧密结合的新形态教材和优质教学资源，实现"校际联合共建，课程协同共享"是我们的宗旨和目标。将课程建设及教材出版紧密结合，采用"纸质教材 + 数字课程"的出版形式，是一种行之有效的方法和创新，得到了高校师生的高度认可。尽管我们在出版本系列教材的工作中力求尽善尽美，但难免存在不足和遗憾，恳请广大专家、教师和学生提出宝贵意见与建议。

高等教育出版社

2015 年 6 月

第2版前言

细胞工程是现代生物工程与生物技术的重要组成部分，在医药、农业、食品、能源、环境等领域有着广泛应用。细胞工程是我国高等院校生物工程、生物技术专业的主修课程，也是农学、医学、药学等相关专业的重要课程。近年来，动植物生物制药、干细胞、组织工程、体细胞克隆等细胞工程技术不断发展完善，一些新技术不断出现，多学科交叉日益突出，展现了巨大的应用潜力，因此也对高等院校细胞工程教学提出了更高的要求。

编者2008年在高等教育出版社出版了《细胞工程学》教材，入选普通高等教育"十一五"国家级规划教材，被国内很多高校选用。为适应细胞工程技术的快速发展以及高校课程、教材、教学方式改革创新需求，急需对教材进行修订。

《细胞工程学》（第2版）主要在第1版基础上按"iCourse·教材"的规划进行修订，采用"纸质教材＋数字课程"的出版形式。纸质教材依然以细胞工程应用为主线，分为引言、人工繁殖、新品种培育、生物制品、组织修复五篇，结合细胞工程进展，对一些章节进行了增补，同时对一些内容进行了精简或者删除。数字课程与纸质教材相配套，包括知识拓展、科技视野、科学家、发现之路、应用案例、教学视频、自测题、教学课件、参考文献和与细胞工程相关的附录等，为学生学习提供了更多思考和探索的空间，引导学生进行研究型学习。

本版修订邀请了相关高校中多年从事细胞工程科研或教学工作的一线教师参与，他们是：中国农业大学于静娟教授（植物快速繁殖、细胞融合与新品种培育、转基因生物反应器），华东理工大学周燕教授（动物细胞生物制药、干细胞、组织工程），浙江中医药大学开国银教授、王瑶老师（转基因植物生物反应器、植物细胞与组织培养生产代谢产物），内蒙古大学李煜教授、梁浩老师（动物人工繁殖）。其他章节的修订及全书统稿由上海交通大学李志勇教授完成。

本书面向生物工程、生物技术、生物科学、医学、农学等专业，不仅适合作为高等院校教材，也适合相关领域的科研、技术人员参考。书中难免有不妥和疏漏之处，欢迎各位教师、同学和读者提出宝贵意见，以便再版修订，不断完善。

李志勇

2018年12月

第1版前言

目 录

第一篇 引 言

第二篇 人工繁殖

第三篇 新品种培育

第四篇 生 物 制 品

第五篇 组织修复

第一篇

引　言

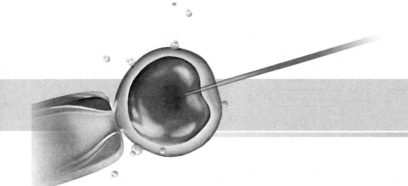

细胞工程简介

　　细胞工程起始于 19 世纪动植物组织的培养尝试，诞生于 20 世纪 70 年代，主要在细胞及细胞器、胚胎水平上利用生物资源或者创造新物种，是现代生物工程、生命科学技术的重要组成部分，在优良动植物人工快速繁殖、新品种培育、生物制品、组织与器官修复等领域具有重要应用。以体细胞克隆、干细胞、组织工程等为代表的细胞工程技术处于当今生物技术发展的最前沿。本章简要介绍细胞工程的定义、发展历史以及应用领域。

▶▶ **知识导图**

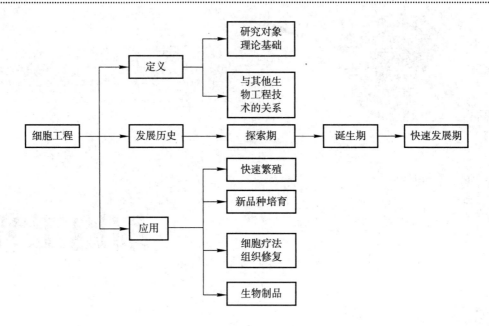

▶▶ **关键词**

细胞工程　　快速繁殖　　遗传育种　　生物制品　　生物能源　　组织工程

1.1 细胞工程定义与特点

细胞工程（cell engineering）是主要以细胞为对象，应用生命科学理论，借助工程学原理与技术，有目的地利用或改造生物遗传性状，以获得特定的细胞、组织产品或新型物种的一门综合性科学技术。根据具体情况，细胞工程的研究对象可以是完整的细胞、组织或器官、胚胎，也可以是原生质体、细胞核、染色体、细胞器等。

1982 年国际经济合作和发展组织给出生物工程（bioengineering 或 biological engineering）的定义：生物工程是应用自然科学及工程学原理，依靠生物催化剂的作用，对物料进行加工，以提供产品或为人类服务的技术。

作为生物工程的一个主要组成技术，细胞工程的研究对象包括动物、植物和微生物，由此可以将细胞工程分为微生物细胞工程、植物细胞工程、动物细胞工程。微生物工程技术诞生早、体系较完善，一般所讲的细胞工程主要以动植物为研究对象。

细胞生物学是细胞工程的重要理论基础。此外，发育生物学、遗传学、分子生物学等生命科学理论也为细胞工程提供理论支撑。这些学科的发展是细胞工程技术建立和发展的前提。反之，细胞工程又为这些学科提供实验材料和技术。

细胞工程与基因工程、酶工程、微生物工程、生物化学工程、蛋白质工程、代谢工程一起构成了现代生物工程技术体系（图 1-1）。细胞工程可以为微生物工程提供遗传改良的细胞，为基因工程产品生产提供重组的动植物细胞，为酶工程、蛋白质工程提供蛋白质原料。细胞工程的发展也一定程度依

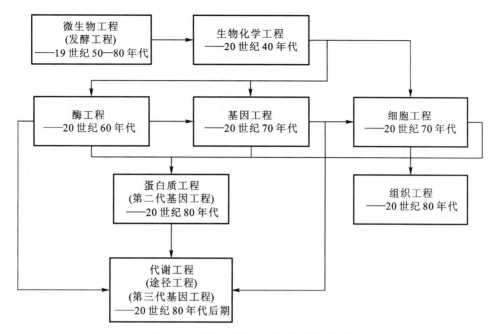

图 1-1　生物工程技术发展及相互关系

赖于其他技术，例如：动植物细胞培养技术是借鉴微生物培养技术发展起来的，细胞工程生物制品的生产需要生物化学工程技术实现，动植物细胞代谢产物的制备需要利用代谢工程技术，细胞遗传性状改良需要借助基因工程技术。细胞工程与其他生物工程技术以及物理、化学、材料科学等关系紧密，相互促进（图1-2），充分体现了交叉性与前沿性。

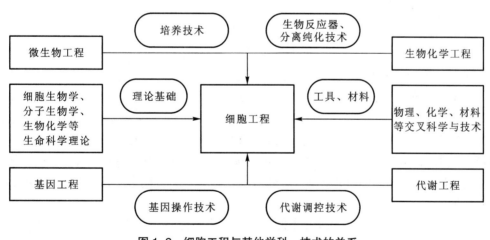

图 1-2　细胞工程与其他学科、技术的关系

1.2　细胞工程发展历史

　　1665 年，英国人胡克（Hooke）利用自己设计的显微镜第一次观察到了细胞。1838—1839 年，施旺（Schwannn）和施莱登（Schleiden）建立了细胞学说，认为生物都是由细胞构成的，而且细胞在结构上是类似的。之后，德国科学家魏尔肖（Virchow）补充了细胞学说，认为所有的细胞都来自于已有细胞的分裂。细胞学说的建立提出了生物界的统一性和生命的共同起源，是 19 世纪自然科学的三大发

知识拓展 1-2
生物工程

教学视频 1-3
细胞工程历史

现之一。

细胞工程的发展经历了探索期、诞生期和快速发展期三个阶段。

1.2.1 探索期

1885 年，卢克斯（Roux）发现鸡的神经细胞在生理盐水中可以存活，并使用了"组织培养"一词。1907 年，美国生物学家哈里森（Harrison）从蝌蚪的脊索中分离出神经组织，把它放在青蛙的凝固的淋巴液中培养。蝌蚪神经组织存活了几周，并且长出了神经纤维。

1902 年，德国植物学家哈伯兰德（Haberlandt）提出了细胞全能性学说，预言植物细胞具有全能性，并进行了植物单个细胞离体培养的尝试。1937—1938 年，法国科学家高特里特（Gautheret）和诺比考特（Nobercourt）几乎同时离体培养了胡萝卜组织，并使细胞成功增殖。

1.2.2 诞生期

1956 年，米勒（Miller）从鱼精子中分离得到比腺嘌呤活性高的激动素，并与斯库格（Skoog）一起提出了植物激素控制器官形成的观点，认为生长素与分裂素比例是控制植物细胞分化的关键：当生长素与分裂素比例高时利于根的生长，比例低时利于芽或茎的分化，比例相当时利于保持分裂但无分化的状态。激素调节植物分化规律的发现极大地推动了植物组织培养技术的发展。1960 年，兰花无性繁殖获得成功，开辟了利用植物组织培养快速繁殖植物的有效途径。20 世纪 70 年代初，华裔加籍科学家高国楠发现聚乙二醇可以促使植物原生质体融合。

1965 年，德偌贝提斯（Derobetis）将其编著的"普通生物学"改为"细胞生物学"。分子生物学、细胞生物学等学科的发展为细胞工程诞生提供了理论基础。随着动植物组织培养、细胞融合技术的不断完善，以及在细胞核移植、动物克隆、三倍体育种、体外受精等方面的尝试，最终推动了 20 世纪 70 年代前后细胞工程这门新兴学科的形成。

1.2.3 快速发展期

20 世纪 70 年代开始，细胞工程进入快速发展阶段，体细胞杂交、杂交瘤技术、试管婴儿、电场融合、胚胎干细胞、核移植动物、组织工程等技术不断发展完善。一些具有里程碑式的成果如下。

1972 年，美国科学家卡尔森（Carlson）等人用 $NaNO_3$ 作为融合诱导剂进行烟草原生质体融合，获得了世界上第一个体细胞杂种植株。1973 年，古谷树里（Furuya）等通过培养人参细胞生产人参皂苷，开创了植物活性物质生产的新途径。同年，童第周等在金鱼和鳊鲅鱼间成功进行核移植获得了种间杂种鱼。1975 年，科勒（Kohler）和米尔斯坦（Milstein）成功构建能分泌单克隆抗体又能体外大量增殖的杂交瘤细胞，从而建立了小鼠淋巴细胞杂交瘤技术。1977 年，英国采用胚胎工程技术成功培育出世界首例试管婴儿。

1981 年，齐默曼（Zimmerman）利用可变电场诱导原生质体融合，建立了细胞融合物理方法，进一步完善了细胞融合技术。1981 年，埃文斯（Evans）和科夫曼（Kanfman）成功地分离到小鼠胚胎干细胞。1984 年，丹麦科学家维拉德森（Villadsen）成功利用胚胎细胞克隆出一只绵羊，这是首次通过核移植技术克隆的哺乳动物。1997 年，英国利用成年动物体细胞克隆出绵羊"多莉"，证明了高等动物体细胞的全能性。1998 年，美国科学家成功分离建立了人的胚胎干细胞系。

进入 21 世纪，组织工程、干细胞、体细胞克隆、转基因动物等获得了巨大突破，使细胞工程成为现代生物技术与生命科学的前沿和热点领域之一。例如：2006 年，日本科学家山中伸弥等把 4 个转录因子通过逆转录病毒载体转入小鼠的成纤维细胞，使其变成多功能干细胞（iPS）。2018 年中国科学院神经科学研究所的孙强团队攻克了克隆灵长类动物这一世界难题，首次成功以体细胞克隆出了两只猕猴。

1.3 细胞工程应用

1.3.1 动植物快速繁殖

通过细胞工程技术繁殖自然界优良动植物，实现优良动植物的快速繁殖以及濒危物种的保护。主要技术包括：试管植物、人工种子、试管动物、克隆动物等。例如：通过植物组织培养技术实现了一些有价值的苗木、花卉、药材和濒危植物的快速、大量繁殖。利用体外受精、胚胎移植、克隆等细胞工程技术进行大熊猫、东北虎等濒危灭绝动物的繁殖与保护具有重要意义。"试管婴儿"人工助孕技术已经为一些家庭的幸福做出了贡献。

▶▶ 教学视频 1-4
细胞工程应用

1.3.2 新品种培育

通过细胞工程技术对现有生物的遗传性状进行改良和培育新型物种一直是细胞工程的一个重要研究内容和发展动力。主要是指在细胞、细胞器、染色体、细胞核或组织水平上进行遗传性状改良培育出新品种。具体的细胞工程育种技术包括细胞水平上的原生质体诱变、细胞融合技术；细胞器水平上的细胞重组；染色体水平上的多倍体、单倍体育种；以及雌（雄）核发育、胚胎嵌合等。利用体细胞杂交技术可以对不同种、属间的细胞或原生质体进行融合，使不同种、属的优良性状组合在一起。此外，通过染色体人工诱变等技术也能创造具有新遗传性状的生物个体。

1.3.3 生物制品

利用动植物细胞、组织培养或者转基因动植物生物反应器生产生物制品是现代细胞工程的一个代表性领域，主要包括食品、药物、生物能源等。

动植物提取制备的生物制品受资源、土地、气候、环境等条件限制，很难保证充足的产量和高的质量。基于细胞培养的生物制品生产不受气候、季节等限制，同时可以采用代谢工程方法改善、调控积累产物，大量获得目标产物。同时，以植物或动物细胞作为表达载体制备相关药用产品也已成为生物制药的热点方向。近年来，以杂交瘤细胞培养大量制备单克隆抗体、动物细胞培养生产疫苗、生长因子等已经产生了可观的经济与社会效益。以转基因动物为代表的生物反应器在生物制药领域已经展现巨大的应用潜力。

由于石油、煤炭等化石能源的逐渐枯竭，近几年可再生生物能源的研究已经成为国际热点，世界发达国家纷纷投入巨资进行相应的基础与应用技术研究。蓝藻、绿藻、光合细菌等一些单细胞生物可以在特定条件下产生氢气，硅藻等微藻富含油脂，一些微生物具有利用纤维素等原料生产乙醇的能力，因此，微藻细胞高密度培养产氢、制备生物柴油以及微生物发酵生产乙醇等大有可为。

1.3.4 组织与器官修复

细胞疗法利用干细胞、功能细胞培养修复受损细胞或者组织。运用组织工程技术在体外再造器官，可以克服目前器官移植的器官限制问题。可以预期，以干细胞与组织工程为核心的细胞工程技术将会为修复医学的发展带来一场革命。

🔬 科技视野 1-2
工程材料与细胞
微环境

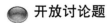 **开放讨论题**

举一个你知道的细胞工程具体应用，并说明它是如何改变人类生活的。

？ 思考题

1. 细胞工程与细胞生物学有怎样的区别和联系？
2. 举一个其他学科或技术的例子，说明它如何推动了细胞工程学科的发展。

推荐阅读

1. 罗九甫，李志勇. 生物工程原理与技术. 北京：科学出版社，2006.

点评： 该书对生物工程原理与技术进行了全面介绍，有助于了解细胞工程与其他生物工程技术的关系。

2. Ratledge C，Kristiansen B. Basic Biotechnology. 北京：科学出版社，2002.

点评： 该书为全英语教材，全面地对生物技术进行了介绍，有助于快速全面了解生物工程原理与技术，同时掌握生物工程专业英文词汇。

3. Li Z. Cell Engineering. Beijing: Science Press; Oxford: Alpha Science International Ltd. 2014.

点评： 该书为全英语教材，简洁全面地对细胞工程进行了介绍，有助于快速全面了解细胞工程原理与技术，同时掌握细胞工程专业英文词汇。

网上更多学习资源……

◆教学课件　◆参考文献

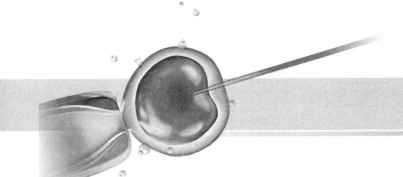

细胞工程理论基础

细胞工程是建立在细胞生物学、分子生物学、生物化学等生命科学理论基础上的一种应用技术。细胞生物学是细胞工程的主要理论基础。在了解了细胞工程概念、特点、发展历史和应用领域等之后，本章对于细胞工程相关的重要理论基础知识予以回顾，为后续细胞工程的学习奠定理论基础。

▶▶ **知识导图**

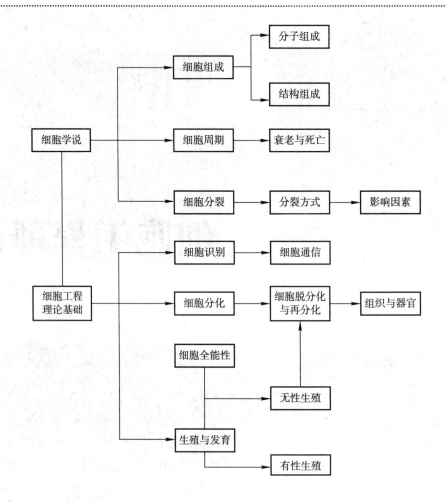

▶▶ **关键词**

细胞学说　细胞周期　有丝分裂　减数分裂　细胞识别　细胞通信　细胞凋亡　细胞分化
细胞全能性　无性生殖　有性生殖　核酸

2.1 细胞发现

✎ **科学家 2-1**
罗伯特·胡克

▶▶ **教学视频 2-1**
显微镜的机构与
使用

　　1665 年，英国人罗伯特·胡克（R. Hooke）用显微镜观察软木片，发现有许多状如蜂窝的小孔，称之为细胞（cell）。

　　不同的细胞大小不同。大多数细胞的直径是 $10 \sim 100\ \mu m$。有的细胞直径只有 $0.1\ \mu m$，要用高倍显微镜才能看到。有些细胞比较大，如鸵鸟的卵细胞直径可达 75 cm 左右。细胞的形状也多种多样，例如：球体、多面体、纺锤体和柱状体等。一些形状、大小各异的细胞如图 2-1 所示。细胞的形状与功能有密切关系。例如，神经细胞会伸展几米，这是因为伸长的神经细胞有利于传递信息。植物内的导管、筛管细胞是管状的，有利于水分和营养的运输。

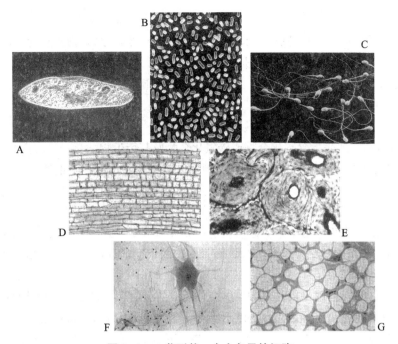

图 2-1 一些形状、大小各异的细胞

（引自：Gottfried，Biology Today，1993）

A. 草履虫细胞；B. 细菌细胞；C. 精子细胞；D. 植物细胞；E. 骨骼细胞；F. 神经细胞；G. 脂肪细胞

2.2 细胞学说

1838 年，德国植物学家施莱登（Schleiden）在前人研究成果的基础上提出：细胞是植物的基本构造；细胞不仅本身是独立的生命，并且是植物体生命的一部分，并维系着整个植物体的生命。

1839 年，德国动物学家施旺（Schwann）受到施莱登的启发，结合自身的动物细胞研究成果，把细胞说扩大到动物界，提出一切动物组织均由细胞组成。

1858 年，德国病理学魏尔肖（Virchow）提出"所有的细胞都来源于先前存在的细胞"的论断，彻底否定了传统的生命自然发生说的观点。至此细胞学说才得以完善。

细胞学说（cell theory）包括三方面内容：①细胞是一切多细胞生物的基本结构单位，对单细胞生物来说，一个细胞就是一个个体；②多细胞生物的每个细胞为一个生命活动单位，执行特定的功能；③现存细胞通过分裂产生新细胞。

细胞学说的意义在于：揭示了细胞的统一性和生物体结构的统一性；揭示了生物间存在着一定的亲缘关系；有力地推动了生物学向微观领域的发展。恩格斯将它列为 19 世纪自然科学三大发现之一。

✎ 科学家 2-2
施旺

✎ 科学家 2-3
施莱登

2.3 细胞组成

2.3.1 分子组成

组成细胞的基本元素是：O、C、H、N、Si、K、Ca、P、Mg，其中 O、C、H、N 四种元素占 90% 以上。细胞化学物质可分为两大类：无机物和有机物。

2.3.1.1 无机物

构成细胞的无机物一般指不含碳元素的化合物，但是，一氧化碳、二氧化碳、碳酸盐等简单的含碳化合物也属于无机物。

组成生命的无机物包括水和无机盐。水是最主要的成分，约占细胞物质总含量的75%～80%。无机盐类含量约占细胞干重的2%～5%。无机盐在细胞中通常以离子的形式存在，对生物的结构和生命活动起着重要作用，有的直接参与蛋白质、核酸、糖类和脂肪的合成，有的是酶促反应的辅助因素，有的维持体液的酸碱平衡和渗透压。

2.3.1.2　有机物

构成细胞的有机物一般是指含碳化合物或碳氢化合物及其衍生物。

细胞中有机物主要由蛋白质、核酸、脂质和糖四大类组成，占细胞干重的90%以上。具有生物功能、分子量较大、结构复杂的分子称为生物大分子。生物体的新陈代谢、能量储存与利用以及遗传变异等现象都与生物大分子密不可分。

蛋白质（protein） 在生命活动中，蛋白质是一类极为重要的大分子，几乎各种生命活动都与蛋白质有关。蛋白质不仅是细胞的主要组成成分，而且细胞的代谢活动离不开蛋白质，尤其是具有生物催化作用的蛋白质——酶。

核酸（nucleic acid） 核酸是由核苷酸单体聚合而成的大分子，是生物遗传信息的载体分子。核酸可分为脱氧核糖核酸（deoxyribonucleic acid，DNA）与核糖核酸（ribonucleic acid，RNA）两大类。组成DNA的磷酸和脱氧核糖是不变的，而含氮的碱基是可变的，主要有腺嘌呤（A）、鸟嘌呤（G）、胞嘧啶（C）和胸腺嘧啶（T）4种。RNA的四个碱基是腺嘌呤（A）、鸟嘌呤（G）、胞嘧啶（C）和尿嘧啶（U）。

1953年1月18日，英国物理学家克里克（Crick）和美国生化学家沃森（Walson）合作，在维尔金斯、弗兰克林两位科学家的帮助下，于1953年4月在 *Nature* 上发表《核酸的分子结构——脱氧核糖核酸的一个结构模型》，提出了DNA分子结构的双螺旋模型，即著名的"沃森－克里克模型"（图2-2）。DNA双链是根据A-T和G-C碱基互补配对，通过碱基间的氢键相互结合、缠绕成的双螺旋结构。被誉为"21世纪生物学中最伟大的发现"和"生物学中的决定性突破"，被视为分子生物学诞生的标志。

当温度上升到一定程度时，DNA双链解离为单链，称为变性（denaturation），这一温度称为解链温度（melting temperature，T_m）。碱基组成不同的DNA解链温度不一样，含G—C对多的DNA的T_m高；含A—T对多的T_m低。当温度下降到一定程度以下，变性DNA的互补单链又可通过在配对碱基间形成氢键恢复DNA的双螺旋结构，这一过程称为复性（renaturation）或退火（annealing）。

▶▶教学视频2-2
DNA双螺旋结构的发现

中心法则（central dogma）由克里克（Crick）于1958年提出，是指遗传信息从DNA传递给RNA，再从RNA传递给蛋白质，即完成遗传信息的转录和翻译的过程。也可以从DNA传递给DNA，即完成DNA的复制过程。在某些病毒中的RNA自我复制和能以RNA为模板逆转录成DNA是对中心法则的补充（图2-3）。

生命的遗传是染色体自我复制的结果，而

✦科学家2-4
发现DNA双螺旋结构的四位科学家

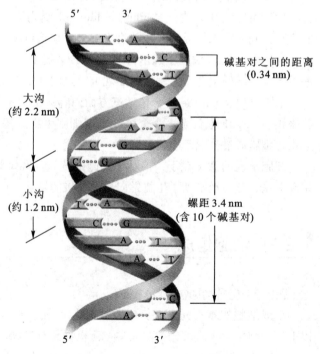

图2-2　DNA双螺旋结构示意图
（引自：吴庆余，基础生命科学，2版，2006）

染色体的复制主要是通过 DNA 的半保留复制实现。复制过程中，碱基间的氢键首先断裂，双螺旋解开，然后以每条链为模板合成新链，产生互补的两条链。这样形成的两条 DNA 分子与原来的 DNA 分子的碱基顺序完全一样。最终成为两个拷贝，并分配到两个子细胞中去，从而完成 DNA 遗传信息载体的使命。遗传信息由 DNA 通过转录传递给 RNA，再通过翻译合成蛋白质，实现基因的表达。利用基因重组技术可以对生物的遗传基因进行重新组合，生产出人们所期望的产物或创造出具有新遗传性状的生物类型。

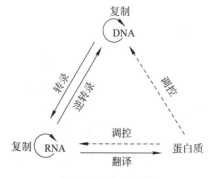

图 2-3　中心法则

糖类（saccharide）　细胞中的糖类包括单糖、多糖。重要的单糖为五碳糖（戊糖）和六碳糖（己糖），其中最主要的五碳糖为核糖，最重要的六碳糖为葡萄糖。葡萄糖不仅是能量代谢的关键单糖，而且是构成多糖的主要单体。

细胞中的多糖基本上可分为两类：一类是营养储备多糖；另一类是结构多糖。作为食物储备的多糖主要有两种，在植物细胞中为淀粉（starch），在动物细胞中为糖原（glycogen）。多糖在细胞结构成分中占有重要地位，在真核细胞中结构多糖主要有纤维素（cellulose）和几丁质（chitin）。

脂质（lipid）　脂质包括脂肪酸、中性脂肪、类固醇、蜡、磷酸甘油酯、鞘脂、糖脂、类胡萝卜素等。脂质化合物难溶于水，易溶于非极性的有机溶剂。

中性脂肪（neutral fat）中的甘油酯是动物和植物体内脂肪的主要贮存形式。当体内糖类、蛋白质或脂质过剩时，即可转变成甘油酯贮存起来。营养缺乏时，需要动用甘油酯提供能量。甘油酯为能源物质，氧化时可比糖或蛋白质释放出高两倍的能量。

磷脂分为甘油磷脂和鞘磷脂两大类，对细胞的结构和代谢至关重要，它是构成生物膜的基本成分，也是许多代谢途径的参与者。糖脂也是构成细胞膜的成分，与细胞的识别和表面抗原性有关。类固醇（steroid）化合物又称甾类化合物，其中胆固醇是构成膜的成分。

思考

了解细胞组成对于细胞培养的培养基设计有什么意义？

2.3.2　结构组成

2.3.2.1　原核细胞与真核细胞

原核细胞（prokaryotic cell）内脱氧核糖核酸（DNA）区域没有被膜包围，没有典型的细胞核和细胞器，结构比较简单。细菌、蓝藻属于原核细胞，细菌结构示意图如 2-4 所示。

真核细胞（eucaryotic cell）结构比原核细胞复杂，由细胞膜、细胞质和细胞核三个基本部分组成。细胞核内有染色质、核仁和核液。真核细胞的细胞质里核糖体、内质网、叶绿体、高尔基体等细胞器。

▶▶▶教学视频 2-3

细胞结构与功能

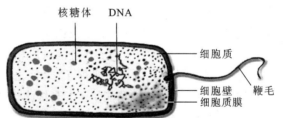

图 2-4　细菌细胞结构示意图

植物细胞和动物细胞具有基本相同的结构体系与功能体系，但植物细胞有细胞壁、液泡、叶绿体等，而动物细胞则没有。植物细胞与动物细胞结构见图 2-5。

2.3.2.2　细胞壁与细胞外基质

植物细胞的细胞壁（cell wall）是大分子构成的复合物，主要成分是多糖，其中纤维素是细胞壁的关键成分，此外还包括半纤维素、果胶、木质素、糖蛋白。细胞壁可以保护细胞免受渗透压及机械损伤，并给植物提供机械强度。

动物细胞没有细胞壁，除个别流动性细胞外，大多动物细胞要形成固定的组织。细胞外基质（extracellular matrix，ECM）是细胞合成并分泌带胞外、分布在细胞表面或细胞之间的大分子，这些大分子在细胞间交织连接形成网状结构，对于细胞形态和活性具有重要作用。细胞外基质组成可以分三

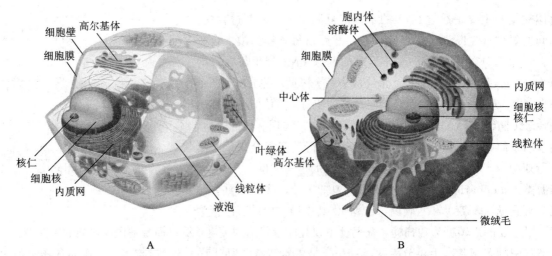

图 2-5 植物细胞（A）与动物细胞（B）结构示意图
（引自：吴相钰等，陈阅增普通生物学，4 版，2014）

大类：蛋白聚糖、结构蛋白、黏着蛋白。

2.3.2.3 细胞膜及其功能

动植物、微生物的细胞质膜和内膜具有相同的超微结构。

习惯上将细胞所有膜结构统称为生物膜（biomembrane），包括细胞外层的膜和存在于细胞质中的膜。

细胞质膜（plasma membrane）又称细胞膜（cell membrane），指包裹在细胞表面的一层极薄的膜，主要由膜脂和膜蛋白组成。

真核细胞的细胞质中存在许多由膜分割的细胞器，这些膜称为内膜（internal membrane）或胞质膜（cytoplasmic membrane）。内膜系统包括细胞核膜、内质网、高尔基体等。

生物膜上的脂质称为膜脂（membrane lipid），分子排列呈连续的双层，构成了生物膜的基本骨架，约占膜的 50%。膜脂是两性物质，含有亲水性的极性头和疏水的非极性尾。大多数膜脂含有磷酸基团，称为磷脂（phospholipid），是脂膜中含量最丰富的组分，约占膜重量的 50%。膜中的糖约占膜重量的 2% ~ 10%。细胞质膜的糖膜位于外表面，内膜系统的糖膜位于内表面。膜蛋白约占膜重量的 40% ~ 50%，大致分为整合蛋白、外周蛋白和脂锚定蛋白。生物膜的特定功能主要是由蛋白质完成的，例如：膜运输蛋白参与物质的被动与主动运输。

细胞膜不仅有界膜的功能，还参与细胞生命活动。主要功能是维护细胞内微环境的相对稳定，并参与同外界环境的物质交换、能量和信息传递，并在细胞的生存、生长、分裂和分化中起重要作用。具体功能如下：

① 界膜与区室化：勾画了细胞的边界，并在细胞质中划分了以膜包裹的区室。

② 调节运输：膜为两侧分子交换提供了屏障，对物质运输具有选择性。

③ 功能定位与组织化：通过形成膜结合细胞器使细胞的功能定位在一定的细胞结构并组成相互协作的系统。例如：线粒体内膜主要功能是进行氧化磷酸化，叶绿体类囊体膜聚集着与光能捕获、电子传递和光合磷酸化相关的功能蛋白和酶。

④ 信号检测与传递：细胞通过细胞质膜的受体蛋白从环境中接收化学信号与电信号。细胞质膜中的不同受体能与特异性配体结合进行信号传递。

目前广为接受的生物膜结构模型是 1972 年由桑格尔（Singer）和尼克尔森（Nicolson）提出的流动镶嵌模型（图 2-6），认为球形膜蛋白分子以各种镶嵌形式与脂双分子层结合，有的附在内外表面，有的全部或部分嵌入膜中，有的贯穿膜。膜具有一定的流动性和不对称性，以适应细胞功能的需要。

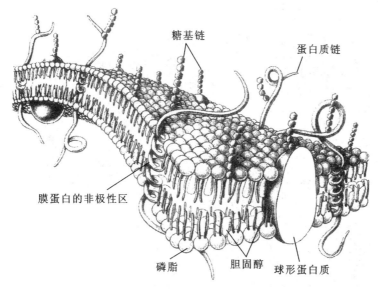

图 2-6　生物膜流动镶嵌模型

（引自：王金发，细胞生物学，2003）

2.3.2.4　细胞核

1781 年，卓泰尔（Trontana）在鱼类细胞中发现细胞核（cell nucleus）。1831 年，布朗（Brown）在植物细胞中发现细胞核。细胞核主要功能有两个：遗传和发育，前者表现为通过染色体复制和细胞分裂维持物种的世代连续性。后者表现为通过调节基因表达的时空顺序控制细胞的分化，完成个体发育。

通常一个细胞有一个核。肝细胞和心肌细胞有双核，破骨细胞可有 6～50 个细胞核，骨骼肌细胞可有数百个核。成熟的植物筛管细胞和哺乳类红细胞没有细胞核。一般情况下，正在生长的细胞的核位于中央，在分化成熟的细胞中，常因细胞内含物或特殊结构的存在，核被挤到边缘。

细胞核的大小与细胞大小有关，最小的核直径不足 1 μm，但是，某些苏铁科植物卵细胞核直径可达 500～600 μm。植物细胞核的直径通常在 1～4 μm，动物为 10 μm 左右。同一种生物由于遗传物质的含量是恒定的，因此核的大小也比较恒定。

细胞核的组成包括：核被膜（nuclear envelope）、核仁（nucleolus）、核基质（nuclear matrix）、染色质（chromatin）、核纤层（nuclear lamina）等（图 2-7）。

核被膜（nuclear envelope）　是包在核外的双层膜结构，由内核膜（inner nuclear membrane）、外核膜（outer nuclear membrane）和核周隙（perinuclear space）三部分组成。它将 DNA 与细胞质分隔开，形成核内特殊的微环境，保护 DNA 分子免受损伤；使 DNA 复制和 RNA 翻译表达在时空上分隔开来。染色体定位于核膜上，有利于解旋、复制、凝缩、平均分配到子核。

外核膜胞质面附有核糖体，并与内质网相连，核周隙与内质网腔相通。核周隙宽 20～40 nm，腔内电子密度低，一般不含固定的结构。内核膜的内表面有一层网络状纤维蛋白质核纤层，可支持核膜。

核被膜上有核孔与细胞质相通，核孔是细胞核与细胞质之间物质交换的通道。一方面，核的蛋白都是在细胞质中合成的，通过核孔定向输入细胞核。另一方面，细胞核中合成的各类 RNA、核糖体亚单位需要通过核孔运到细胞质。核被膜对于大分子的出入是有选择性的。大分子进入细胞核是分子与核孔复合体上的受体蛋白结合而实现的主动运输过程。核孔由至少 50 种不同的蛋白质构成，称为核孔复合体（nuclear pore complex，NPC）。一般哺乳动物细胞平均有 3 000 个核孔。细胞核活动旺盛的细胞中核孔数目较多，反之较少。例如：蛙卵细胞每个核可有 37.7×10^{6} 个核孔，但成熟后的细胞核仅有 150～300 个核孔。

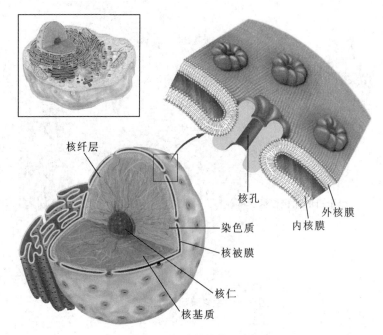

图 2-7　细胞核结构示意图

（引自：吴庆余，基础生命科学，2 版，2006）

思考

为什么通过核移植可以克隆动物？

　　核仁（nucleolus）　核仁在分裂前期消失，分裂末期又重新出现，呈圆球形。核仁的主要功能是转录 rRNA 和组装核糖体单位。核仁的位置不固定，或位于核中央，或靠近内核膜。核仁的数量和大小因细胞种类而异。一般蛋白质合成旺盛和分裂增殖较快的细胞有较大和数目较多的核仁。

2.3.2.5　染色质与染色体

　　1848 年，霍迈斯特（Hofmeister）从鸭跖草的小孢子母细胞中发现染色体。1888 年，瓦尔德（Waldeyer）正式定名为 chromosome。1879 年，弗莱明（Flemming）提出了染色质（chromatin）这一术语，用以描述染色后细胞核中强烈着色的细丝状物质。

　　染色质（chromatin）和染色体（chromosome）是同一物质在不同的细胞周期中不同的形态表现。

　　染色质（chromatin）是指细胞分裂间期遗传物质的存在形式。

　　染色体（chromosome）是指细胞有丝分裂或减数分裂过程中，由染色质聚成的棒状结构。

　　染色质化学组成　染色质由 DNA、组蛋白、非组蛋白及少量 RNA 组成。DNA 与组蛋白的含量比较恒定，组蛋白带正电荷，含精氨酸、赖氨酸，属碱性蛋白。组蛋白只在 S 期合成，并与 DNA 复制同步进行。非组蛋白是染色体上与特异 DNA 序列结合的蛋白质，所以又称序列特异性 DNA 结合蛋白。非组蛋白的特性是：①含有较多的天门冬氨酸、谷氨酸，带负电荷，属酸性蛋白质；②整个细胞周期都进行合成；③能识别特异的 DNA 序列；④含量变化大。非组蛋白的功能是：①帮助 DNA 分子折叠，以形成不同的结构域；②协助启动 DNA 复制；③控制基因转录，调节基因表达。

　　染色体结构　细胞分裂间期染色质分散于细胞核，但在细胞分裂期，染色质通过盘旋折叠压缩近万倍，包装成大小不等、形态各异的短棒状染色体（图 2-8）。细胞分裂中期的染色体由于形态比较稳定是观察染色体形态和计数的最佳时期。染色体由两条染色单体组成，两者在着丝粒部位相互结合，每一条染色单体是由一条 DNA 双链经过螺旋和折叠而形成的，到细胞分裂后期，着丝粒分裂，两条染色单体分离。

　　着丝粒（centromere）和着丝点（kinetochore）是两个不同的概念，前者指中期染色单体相互联系在一起的特殊部位，后者是指主缢痕处两个染色单体外侧表层部位的特殊结构，它与纺锤丝微管相连。

　　根据着丝粒位置不同可将染色体分为中着丝粒、亚中着丝粒、近端着丝粒、端着丝粒四种结构形状。

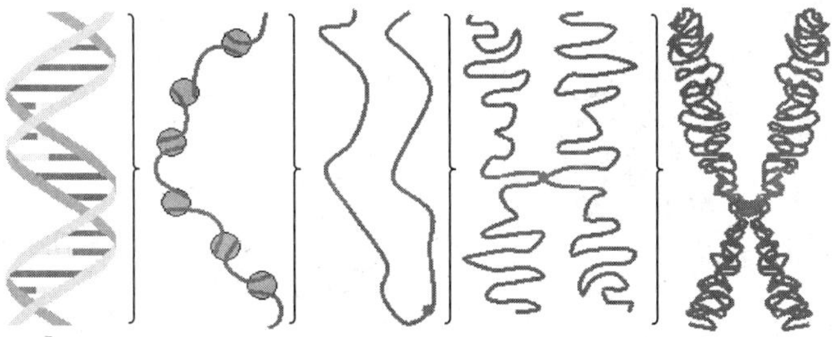

图 2-8 从 DNA 浓缩成染色体的过程
A. 单个 DNA；B. 染色质（DNA 和组蛋白）；C. 细胞间期浓缩后有着丝点的染色质；
D. 浓缩的处于细胞分裂前期的染色质；E. 处于细胞分裂中期的染色体

染色体包括：①自主复制序列（autonomously replicating DNA sequence，ARS），是 DNA 复制的起点；②着丝粒序列（centromere DNA sequence，CEN），由大量串联的重复序列组成，如 α 卫星 DNA，其功能是参与形成着丝粒，使细胞分裂中染色体能够准确地分离；③端粒序列（telomere DNA sequence，TEL），由长 5~10 bp 的重复单位串联而成，例如人的序列为 TTAGGG。

端粒（telomere）是染色体端部的特化部分，其生物学作用在于维持染色体的稳定性。如果用 X 射线将染色体打断，不具端粒的染色体末端有黏性，会与其他片段相连或两端相连而成环状。端粒由高度重复的短序列串联而成，在进化上高度保守，不同生物的端粒序列都很相似。端粒起到细胞分裂计时器的作用，端粒核苷酸复制和基因 DNA 不同，每复制一次减少 50~100 bp，其复制要靠具有反转录酶性质的端粒酶（telomerase）来完成。端粒随细胞分裂而变短，细胞随之衰老。

核型（karyotype）是细胞分裂中期染色体特征的总和，包括染色体的数目、大小和形态特征等方面。如果将成对的染色体按形状、大小依顺序排列起来叫核型图。

1909 年，美国细胞学家萨顿（Sutton）和德国胚胎学家博韦里（Boveri）各自在研究了减数分裂过程中染色体行为与遗传因子之间的关系之后，提出遗传因子位于染色体上的假说。后来，摩尔根（Morgan）及其同事通过果蝇实验证实了这个假说。1926 年，摩尔根发表《基因论》使遗传的染色体学说得以建立。染色体学说又称"基因学说"，核心思想是：基因是位于染色体特定位置的遗传单位。个体上的种种遗传性状都起源于染色体上成对的基因，这些基因互相联合，组成一定数目的连锁群；在生殖细胞成熟时，每对等位基因依孟德尔第一定律彼此分离，于是每个生殖细胞又含一组基因；不同连锁群内的基因依孟德尔第二定律而自由组合；两个相对连锁群的基因之间有时也发生有秩序的互换。

2.3.2.6 线粒体

1890 年，德国科学家阿尔特曼（Altaman）首次发现线粒体。1898 年，斑达（Benda）首次将其命名为 mitochondrion。

在多数细胞中，线粒体（mitochondrion）是进行能量转换的细胞器，均匀分布在整个细胞质中。线粒体一般呈粒状或杆状。一般直径为 0.5~1 μm，长 1.5~3.0 μm。线粒体由内外两层膜封闭，包括外膜、内膜、膜间隙和基质四个功能区。基质内含有与三羧酸循环需要的全部酶类，内膜上具有呼吸链酶系及 ATP 酶复合体。线粒体主要化学成分是蛋白质和脂质，其中蛋白质占线粒体干重的 65%~70%，脂质占 25%~30%。线粒体是细胞内氧化磷酸化和形成 ATP 的主要场所，有细胞"动力工厂"之称。

线粒体的半自主性 1963 年，纳斯（Nass）等发现线粒体 DNA（mtDNA），之后人们又相继在线粒体中发现了 RNA、DNA 聚合酶、RNA 聚合酶、tRNA、核糖体、氨基酸活化酶等，说明线粒体具有独立的遗传体系。mtDNA 表现为母系遗传。mtDNA 分子为环状双链 DNA 分子，外环为重链（H），内环为轻链（L）。基因排列非常紧凑，除与 mtDNA 复制及转录有关的一小段区域外，无内含子序列。

思考

为什么染色体操作可以作为遗传育种的有效技术？

✐ 科学家 2-5

摩尔根

✐ 科学家 2-6

孟德尔

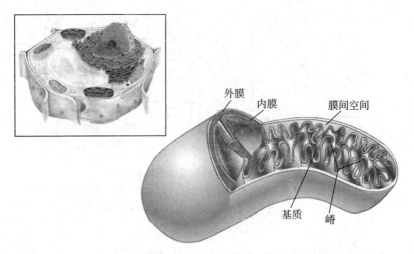

图 2-9 线粒体结构示意图

线粒体的核糖体蛋白、氨酰 tRNA 合成酶以及许多结构蛋白都是核基因编码，在细胞质中合成后定向转运到线粒体，因此称线粒体为半自主细胞器。

线粒体的增殖 线粒体通过已有线粒体的分裂实现增殖，有以下几种形式：

① 间壁分离：分裂时先由内膜向中心皱褶，将线粒体分为两个。

② 收缩后分离：分裂时通过线粒体中部缢缩并向两端不断拉长然后分裂为两个线粒体。

③ 出芽：线粒体出现小芽，脱落后长大，发育为线粒体。

2.3.2.7 叶绿体

叶绿体（chloroplast）是完成能量转换的细胞器，它能利用光能同化二氧化碳和水，合成糖，同时产生氧气。绿色植物的光合作用是地球上有机体生存、繁殖和发展的基础。

在高等植物中，叶绿体像双凸或平凸透镜，长径 5～10 μm，短径 2～4 μm，厚 2～3 μm。高等植物的叶肉细胞一般含 50～200 个叶绿体，可占细胞质的 40%。

叶绿体由叶绿体被膜（chloroplast envelope）、类囊体（thylakoid）和基质（stroma）三部分组成（图 2-10）。

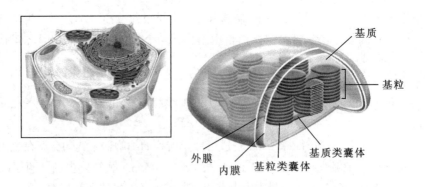

图 2-10 叶绿体结构示意图
（引自：吴庆余，基础生命科学，2 版，2006）

叶绿体被膜由双层膜组成，膜间为 10～20 nm 的膜间隙。外膜的渗透性大，核苷、无机磷、蔗糖等许多细胞质中的营养分子可自由进入膜间隙。内膜对通过物质的选择性很强，CO_2、O_2、Pi、H_2O、磷酸甘油酸、丙糖磷酸，双羧酸和双羧酸氨基酸可以透过内膜，ADP、ATP、己糖磷酸、葡萄糖及果糖等透过内膜较慢。蔗糖、$NADP^+$ 及焦磷酸不能透过内膜，需要特殊的转运体才能通过内膜。

类囊体（thylakoid）是单层膜围成的扁平小囊，沿叶绿体的长轴平行排列。类囊体膜上含有光合色素和电子传递链组分，类囊体膜又称光合膜。光能向化学能的转化是在类囊体上进行的。类囊体膜的内在蛋白主要有细胞色素 b_6f 复合体、质体醌（PQ）、质体蓝素（PC）、铁氧化还原蛋白、黄素蛋白、光系统 I、光系统 II 复合物等。

许多类囊体像圆盘一样叠在一起，称为基粒（granum）。基粒直径约 0.25～0.8 μm，由 10～100 个类囊体组成。组成基粒的类囊体叫作基粒类囊体，构成内膜系统的基粒片层（grana lamella）。每个叶绿体中有 40～60 个基粒。贯穿在两个或两个以上基粒之间的没有发生垛叠的类囊体称为基质类囊体，它们形成了内膜系统的基质片层（stroma lamella）。类囊体膜的主要成分是蛋白质和脂质（60∶40），脂质中的脂肪酸主要是不饱和脂肪酸（约87%），具有较高的流动性。

基质是内膜与类囊体之间的空间，主要成分包括：①碳同化相关的酶类，例如：RuBP 羧化酶占基质可溶性蛋白总量的 60%；②叶绿体 DNA、蛋白质合成体系。例如：ctDNA、各类 RNA、核糖体等；③一些颗粒成分。例如：淀粉粒、质体小球和植物铁蛋白等。

叶绿体的半自主性　叶绿体与线粒体都是细胞内进行能量转换的场所，两者在结构上具有一定的相似性。例如：①均由两层膜包被而成，且内外膜的性质、结构有显著的差异；②均为半自主性细胞器，具有自身的 DNA 和蛋白质合成体系。

1962 年，瑞斯（Ris）和普诺特（Plaut）最早在衣藻中发现叶绿体 DNA。叶绿体 DNA（ctDNA）呈环状，长 40～60 μm，基因组大小因植物不同而异，一般 200～2 500 kb。数目的多少与植物的发育阶段有关，例如：菠菜幼苗叶肉细胞中，每个细胞含有 20 个叶绿体，每个叶绿体含 DNA 分子 200 个，但到接近成熟的叶肉细胞中有叶绿体 150 个，每个叶绿体含 30 个 DNA 分子。

与线粒体一样，叶绿体只能合成自身需要的部分蛋白质，其余的是在核糖体上合成的，必需运送到叶绿体。

由于叶绿体在形态、结构、化学组成、遗传体系等方面与蓝细菌相似，人们推测叶绿体可能起源于内共生，是寄生在细胞内的蓝细菌演化而来的。

叶绿体的增殖　叶绿体由原质体发育而来，原质体存在于根和芽的分生组织中。在有光条件下，原质体的小泡数目增加并相互融合形成片层，多个片层平行排列成行，在某些区域增殖形成基粒，变成绿色原质体，发育成叶绿体。在黑暗中生长时，原质体小泡融合速度减慢，并转变为小管状，排列成三维晶格结构，称为原片层，这种质体称为黄化质体。在有光的情况下黄化质体原片层弥散形成类囊体，进一步发育出基粒，变为叶绿体。

叶绿体依靠分裂而增殖，分裂通过中部缢缩而实现。正常情况下，成熟叶绿体一般不再分裂或很少分裂。

2.3.2.8　核糖体

核糖体（ribosome）由罗宾逊（Robinson）和布郎（Brown）1953 年发现于植物细胞。1955 年，由帕莱塞（Palacle）发现于动物细胞。1958 年，罗伯特斯（Roberts）建议命名为核糖核蛋白，简称核糖体。

核糖体（ribosome）是细胞内合成蛋白质的场所，在一个旺盛生长的细菌中，大约有 20 000 个核糖体，其蛋白占细胞总蛋白的 10%，RNA 占细胞总 RNA 的 80%。所有的核糖体都是由大小两个亚基构成，核糖体的大小亚单位只有在以 mRNA 为模板合成蛋白质时才结合在一起，肽链合成终止后大小亚单位又解离，游离于细胞质基质中。核糖体并不是单独工作的，而是由多个甚至几十个串连在一条mRNA 分子上，称多聚核糖体（polyribosome），这样越长的 mRNA 可以结合更多的核糖体，提高了蛋白质合成的速度。

思考

细胞器在细胞重组中有怎样的应用价值？

2.4 细胞周期与细胞分裂

2.4.1 细胞周期

细胞周期（cell cycle）也称"细胞分裂周期"，是指一个细胞经生长、分裂而增殖成两个细胞所经历的全过程。细胞周期包括分裂期（M 期）与间期，间期由 G_1、S、G_2 三个阶段组成（图 2-11）。细胞在 G_1 期完成必要的物质准备，在 S 期完成其遗传物质——染色体 DNA 的复制，在 G_2 期进行必要的检查及修复以保证 DNA 复制的准确性，然后在 M 期完成遗传物质到子细胞中的均等分配。细胞在正常情况下，沿着 G_1—S—G_2—M 期的路线运行。细胞大部分处于间期。通过 M 期细胞一分为二，成为两个子细胞。

细胞周期是在严格调控的前提下有条不紊地进行运转的，其中影响细胞周期的调控因子包括：生长因子及其受体、细胞的信使系统等。细胞周期的准确调控对生物的生存、繁殖、发育和遗传十分重要。对简单生物而言，调控细胞周期主要是为了适应自然环境，以便根据环境状况调节繁殖速度。复杂生物的细胞需要面对来自自然环境和其他细胞、组织的信号，并做出正确的应答，以保证组织、器官和个体的形成、生长以及创伤愈合等过程能正常进行，因而需要更为精细的细胞周期调控机制。细胞周期与多种人类疾病相关。肿瘤形成的主要原因是细胞周期失调后导致的细胞无限制增殖。实际上多数肿瘤化疗药物均是细胞周期的抑制剂。

美国科学家哈特韦尔（Hartwell）在 20 世纪 70 年代初以单细胞生物面包酵母（也称芽殖酵母）为材料，发现 *cdc28* 基因对细胞周期的启动具有关键作用，因此称作"启动"基因。英国科学家纳斯（Nurse）以裂殖酵母为实验材料，发现了功能及编码蛋白均与 *cdc28* 非常相似的基因 *cdc2*，并从高等生物中也克隆到了类似的基因，从而说明细胞周期的基本调节机制在进化过程中是保守的，细胞周期的进行都由 *cdc2* 这类基因控制，这类基因被统称为周期蛋白依赖激酶（cyclin-dependent kinase，CDK）基因。高等生物中有多个 CDK 基因，体现了进化程度不同的物种对调控系统的复杂性和精确性的不同需求。亨特（Hunt）从海胆中发现了在细胞周期中呈周期性变化的周期蛋白（cyclin），周期蛋白与 CDK 蛋白形成复合物，使 CDK 能发挥激酶活性。有活性的激酶把磷酸基团联到特定的蛋白质上（磷酸化），使后者性质发生变化，从而影响其下游的蛋白，实现调节功能。不同的周期蛋白在不同的时期被合成出来，然后又被适时地降解。驱动细胞周期周而复始地进行，细胞不断增殖。高等生物含有多个 CDK，每种 CDK 可与不同的周期蛋白结合。除周期蛋白外，CDK 活性还受到磷酸化、去磷酸化、CDK 抑制蛋白等的调

🔍 **发现之路 2-1**
细胞周期钟模型解释细胞周期的控制机理

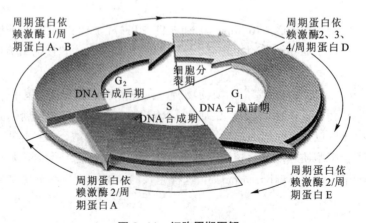

图 2-11 细胞周期图解
（引自：Kirschstein R and Skirboll LR，干细胞研究进展与未来，2003）

节。以上三科学家因发现了细胞周期的关键调节因子共享了 2001 年度诺贝尔生理学或医学奖。

2.4.2 细胞分裂种类

细胞通过细胞周期完成分裂、增殖。细胞分裂（cell division）的方式有三种：无丝分裂（amitosis）、有丝分裂（mitosis）和减数分裂（meiosis）。

定向分裂（directed mitosis）是指细胞外的信号能够影响纺锤体的方向，使细胞沿着某一方向定向分裂，使新产生的细胞定位于某个区域，通常与不对称分裂有关。例如：果蝇脑发育过程中，神经外胚层细胞通过定向分裂产生两个细胞，一个位于基部变为成神经细胞，另外一个演变为成上皮细胞。

差别生长（differential growth）是指不同部位的细胞以不同的速度分裂。

▶▶ 教学视频 2-4
细胞周期与分裂

2.4.2.1 无丝分裂

无丝分裂（amitosis）是最简单的细胞分裂方式，大多以横裂或纵裂方式由一个细胞变成两个细胞。

2.4.2.2 有丝分裂

有丝分裂（mitosis）是染色体经过复制变成双份，再平均分配到两个子细胞中去的分裂方式，由于在其分裂过程中出现了纺锤丝以及细丝状染色体而得名。有丝分裂有助于保持遗传物质的稳定传递。有丝分裂过程包括前期、中期、后期、末期和胞质分裂等几个时期（图 2-12）：

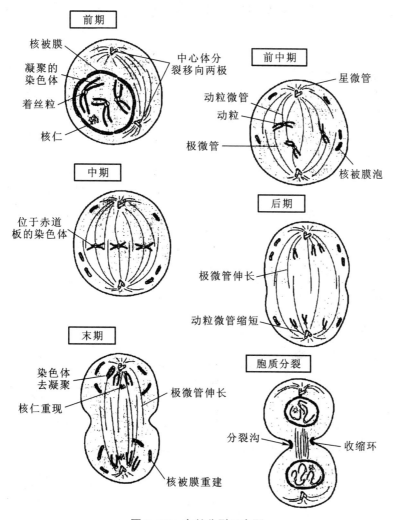

图 2-12 有丝分裂示意图

（引自：王金发，细胞生物学，2003）

间期（interphase） 细胞分裂间期是新的细胞周期的开始，这个时期为细胞分裂期准备条件。主要是完成 DNA 分子的复制和有关蛋白质的合成。

前期（prophase） 细胞中出现染色体，形态越来越清楚。每一个染色体包括两个并列着的姐妹染色单体，由一个共同的着丝粒连接。核膜逐渐解体，核仁逐渐消失。从细胞的两极发出许多纺锤丝，形成一个梭形的纺锤体。

中期（metaphase） 纺锤体清晰可见。每个染色体的着丝点两侧都有纺锤丝附着在上面，纺锤丝牵引染色体运动，使每个染色体的着丝点排列在细胞中央的一个平面上。这个平面与纺锤丝的中轴相垂直，类似于地球上赤道的位置，所以叫作赤道板。在分裂中期的细胞中，染色体的形态比较固定，染色体的数目和形态比较清晰。

后期（anaphase） 连接在同一个着丝粒上的两个姐妹染色单体分离开来，并由纺锤丝牵引分别向细胞的两极移动，使细胞的两极各有一套形态和数目完全相同的染色体。

末期（telophase） 当这两套染色体分别到达细胞的两极以后，每个染色体又逐渐地变成细长而盘曲的丝。纺锤丝逐渐消失，出现新的核膜和核仁。核膜把染色体包围起来，形成了两个新的细胞核。这时候，在赤道板的位置出现一个细胞板，细胞板由细胞的中央向四周扩展。最后，一个细胞分裂成为两个子细胞。子细胞进入下一个细胞周期的分裂间期的状态。

▶ 教学视频 2-5
减数分裂

2.4.2.3 减数分裂

减数分裂（meiosis）是生殖细胞成熟时特有的分裂方式，染色体复制一次后经过两次分裂，子细胞的染色体数目比亲代细胞减少了一半。减数分裂示意图如图 2-13 所示。

2.4.3 细胞分裂的影响因素

细胞数量控制对于生物发育中的形态构建和成体的形态维持非常重要。细胞数量主要取决于细胞分裂和细胞死亡的动态平衡。

早期的卵裂是一种自发机制，大多数情况下细胞分裂都依赖于外界信号的刺激。刺激细胞分裂的

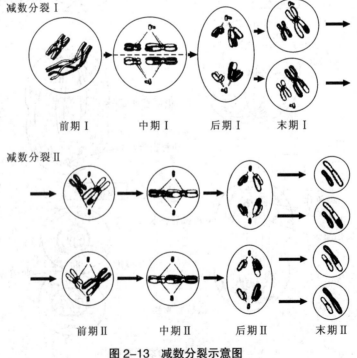

减数分裂 I

前期 I　　　中期 I　　　后期 I　　　末期 I

减数分裂 II

前期 II　　　中期 II　　　后期 II　　　末期 II

图 2-13 减数分裂示意图

（引自：王金发，细胞生物学，2003）

信号分子主要有：细胞因子（如肽类生长因子）、激素和细胞外基质成分。在体外，细胞在没有生长因子的培养基中生长将会停在 G_1/S 交界处（R 点），转变为 G_0 期细胞。

肽类生长因子（peptide growth factor） 肽类生长因子主要通过旁分泌的方式作用于靶细胞，但是也存在自分泌方式。如果自分泌或旁分泌信号不足，增殖和分化将受到抑制。

激素（hormone） 激素的作用可看作是远距离细胞间的相互作用，只作用于特定的靶细胞促进其生长和分化。以性激素对性分化的影响为例，在雄性哺乳动物中，睾丸分泌的激素能促进沃尔夫管（中肾管）的发育，抑制米勒管（中肾旁管）的发育。

细胞外基质（extracellular matrix，ECM） 细胞外基质能引起特定细胞的增殖和分化。主要通过与细胞表面的整合素相互作用激活相关酶，启动相关信号引起细胞增殖。细胞外基质对干细胞的增殖和分化具有诱导作用，例如：干细胞在Ⅳ型胶原和层粘连蛋白上分化为上皮细胞；在Ⅰ型胶原和纤连蛋白上形成纤维细胞；在Ⅱ型胶原及软骨粘连蛋白上发育为软骨细胞。在发育与创伤组织中，透明质酸合成旺盛，能促进细胞的增殖和迁移，阻止细胞的分化，一旦细胞增殖到一定数量透明质酸被水解。细胞外基质也是机体形态构建不可缺少的。

胚胎时期至少有两种因素会抑制细胞的分裂，一是下调刺激信号（如肽类生长因子）的水平，二是抑制细胞周期引擎。在肌肉发生过程中，属于 TGF-β 超家族的肌肉抑制素（myostatin）是肌肉生长的负调控因子。myostatin 是由肌肉细胞分泌的，当肌肉细胞数量增多后，会抑制细胞的分裂。

2.4.4 细胞衰老与细胞死亡

细胞衰老过程中结构会发生一些变化，例如：细胞核膜内折、内质网出现解体、线粒体膨大、致密体的生成与增多、细胞的膜系统由液晶相变为凝胶相或者固相等。此外，细胞衰老还有一些生物学标志，例如：β-半乳糖苷酶活性增加以及 6-磷酸葡糖脱氢酶、鸟氨酸脱羧酶和 SOD 活性下降等。

细胞死亡通常有两种方式：细胞凋亡与细胞坏死。

细胞凋亡（cell apoptosis） 也叫程序性细胞死亡（programmed cell death，PCD），是机体维持环境稳定、有基因控制的细胞自主的有序性死亡。与细胞增殖、分化一样，都是正常的生理现象，这种细胞行为在数量控制和形态塑造中具有重要的意义。凋亡细胞的主要特征如下：

形态学方面，细胞膜完整，但是外形呈发泡状；细胞质浓缩，细胞器聚紧；染色体紧缩成月牙形，凝聚在核膜周围；核断裂，细胞通过出芽的方式形成许多凋亡小体；凋亡小体内有结构完整的细胞器，还有凝缩的染色体，可被邻近细胞吞噬消化。

生化特征方面，DNA 内切酶活性升高，导致染色质 DNA 断裂，形成约 200 bp 整数倍的核酸片段，凝胶电泳图谱呈梯状；细胞质内 Ca^{2+} 浓度增高；细胞内活性氧增多；细胞膜通透性变大；溶菌酶活性增加，Ⅱ型谷氨酰胺转移酶和需钙蛋白酶活性增高。

细胞坏死（cell necrosis） 是细胞受到化学因素（如强酸、强碱、有毒物质）、物理因素（如热、辐射）和生物因素（如病原体）等环境因素伤害，引起的细胞死亡现象。

细胞坏死初期，胞质内线粒体和内质网肿胀、崩解，结构脂滴游离、空泡化，蛋白质颗粒增多，核发生固缩或断裂。随着胞质内蛋白变性、凝固或碎裂，以及嗜碱性核蛋白的降解，细胞质呈现强嗜酸性。含水量高的细胞，会因胞质内水泡不断增大并发生溶解，导致细胞结构完全消失，最后细胞膜和细胞器破裂，DNA 降解，细胞内容物流出。

2.5 细胞识别与细胞通信

细胞识别（cell recognition） 是细胞对同种或异种细胞、同源或异源细胞以及自己或异己分子的

知识拓展 2-1
程序性细胞死亡

思考
了解细胞分裂规律对于体外培养细胞有怎样的意义？

认识和鉴别，具有特异性。多细胞生物中细胞识别有三种方式：抗原–抗体识别、酶–底物识别、细胞间识别。后者包括通过细胞表面受体与胞外信号分子的选择性相互作用。

细胞黏着（cell adhesion）是在细胞识别基础上，同类细胞发生聚集形成细胞团或组织的过程。引起细胞黏着的黏着分子主要是糖蛋白。

区别黏附（differential adhesion）指细胞通过表面糖蛋白与其他细胞表面糖蛋白或细胞外基质作用，形成暂时或稳定的细胞连接。

细胞连接（cell junction）是细胞间的联系结构，即细胞表面的特化结构或特化区域，是细胞间建立长期组织上的联系的结构基础。涉及细胞外基质蛋白、跨膜蛋白、胞质溶胶蛋白、细胞骨架蛋白等。动物细胞有三种连接形式：紧密连接、斑块连接、通信连接。

细胞通信（cell communication） 是指多细胞生物中，细胞间或细胞内通过精确和高效的信息接收途径，通过放大信号引起细胞快速的生理反应或基因活动，然后发生一系列的细胞生理反应来协调各组织活动，使之成为生命的统一体，对多变的外界环境做出综合性反应。

细胞有不依赖于细胞接触和依赖于细胞接触的两种通信方式，前者通过信号分子，后者有相邻细胞表面分子黏着、细胞与细胞外基质的黏着等途径。

对于通过信号分子的通信方式包括以下几个过程。

① 信号分子的合成：内分泌细胞是信号分子的主要来源。

② 信号分子的释放：这个过程非常复杂，例如蛋白类信号分子要经过膜内系统的合成、加工、分选、分泌和释放。

③ 信号分子的运输：主要通过血液循环系统运输到靶细胞。

④ 信号分子的识别与检测：主要通过位于细胞膜或细胞内受体蛋白的选择性识别与结合实现。

⑤ 细胞内信号的产生：细胞对细胞外信号进行跨膜转导产生细胞内信号，实现信号转换。

⑥ 作用的产生：细胞内信号作用于效应分子，通过逐步放大的级联反应引起细胞代谢、生长、基因表达等方面的一系列变化。

细胞完成信号应答后，需要进行信号解除来终止细胞应答，主要通过对信号分子的修饰、水解或结合等降低信号分子的浓度以终止反应。

2.6 细胞分化

2.6.1 细胞全能性

细胞全能性（totipotency）是指分化细胞保留着全部的核基因组，具有生物个体生长、发育所需要的全部遗传信息，具有发育成完整个体的潜能。

细胞全能性首先在植物中被证实，1958 年，史都华德（Steward）等利用胡萝卜根韧皮部组织培养出了完整的新植株，证明高度分化的植物营养组织仍保持着发育成完整植株的能力，能以无性繁殖方式繁殖后代。动物细胞核移植实验证明，胚胎细胞及高度分化的体细胞具有全能性。1997 年，克隆羊多莉的诞生证明了动物高度分化的体细胞也具有全能性。

2.6.2 细胞分化

细胞分化（differentiation）是指细胞在形态、结构和功能上发生差异的过程，包括时间上和空间上的分化。时间上的分化是指一个细胞在不同的发育阶段可以形成不同的形态和功能；空间上的分化是指同一种细胞由于所处的环境或部位不同可以形成不同的形态和功能。细胞分化能力的强弱称为发育潜能。细胞分化不仅发生在胚胎发育中，而且一直都进行着，以补充因衰老和死亡减少的细胞。

在单细胞生物中，虽然没有像多细胞那种典型的细胞分化过程，但是也表现出有规律的形态、结构和生理功能上的阶段性变化，这种变化亦具有细胞分化的特点。在多细胞生物中，细胞以结合成组织或器官的形式存在，因而细胞的形状一般与其存在的部位和行使的功能有关。

细胞分化与形态发生（morphogenesis）是相互联系在一起的。形态发生是指通过细胞增殖、分化和行为塑造组织、器官和个体形态的过程。

随着细胞的分裂和分化，细胞的发育方向逐渐被限定。当尚未定向的细胞不可逆地转变为某种定向细胞时，细胞的命运就被固定了，称之为决定（determination）。

细胞分化主要决于细胞特性与外部环境两个方面：

细胞特性方面，细胞分化与细胞的不对称分裂（asymmetricdivision）以及随机状态有关。以不对称分裂为例，卵母细胞的核并不位于中央，而是在靠近细胞表面的地方，极体就是从这里形成并释放出长的。通常把极体释放位点称为北极或动物极，另外一极称为南极或植物极。其次，卵母细胞中的蛋白质、mRNA并非均匀分布，而是定位于特定的空间。卵的异质性使卵的分裂必然是不对称的，不同的子细胞具有不同的分化命运。

细胞外部环境方面，表现为细胞应答不同的环境信号，启动特殊的基因表达，产生不同的细胞的行为，例如：分裂、生长、迁移、黏附、凋亡等，这些行为在形态发生中具有极其重要的作用。

根据基因与细胞分化的关系，可以将基因分为两类：

持家基因（house-keeping gene）是维持细胞的基本结构和最低限度功能所不可少的基因，例如：编码组蛋白、核糖体蛋白、线粒体蛋白、糖酵解酶等基因。这类基因在所有类型的细胞中都表达。

组织特异性基因（tissue-specific gene）又称奢侈基因（luxury gene），是在各种组织中进行不同的选择性表达的基因，与各类细胞的特殊性有直接关系。例如表皮角蛋白基因、肌细胞的肌动蛋白基因和肌球蛋白基因、红细胞的血红蛋白基因等。

细胞分化的实质是基因的差异表达（differential expression），是奢侈基因按照一定顺序表达的结果。一些特定奢侈基因表达的结果生产一种类型的分化细胞。在基因差异性表达中包括结构基因和调节基因的差异性表达，差异表达的结构基因受组织特异性表达的调控基因调控。

2.6.3 细胞脱分化

通常情况下，分化细胞的表型要保持稳定来执行特定的功能。然而在某些条件下，分化细胞的基因活动模式会发生可逆变化，回到未分化状态。

脱分化（dedifferentiation）又称去分化，是指分化细胞失去特有的结构和功能变为具有未分化细胞特性的过程，即分化的细胞在适当条件下转变为胚性状态而重新获得分裂能力的过程。不同生物的细胞脱分化能力不同，通常采用人工诱导技术诱导体细胞的脱分化。

2.6.4 细胞再分化

再分化（redifferentiation）是指在离体条件下，无序生长的脱分化的细胞在适当条件下重新进入有序生长和分化状态的过程。细胞再分化过程事实上是基因选择性表达与修饰的人工调控过程。

再分化是再生的基础。离体培养植物组织或细胞再生植株就是通过细胞脱分化和再分化实现的。脱分化是细胞全能性表现的前提，再分化是细胞全能性的最终体现。

知识拓展 2-2
细胞生物学与分子生物学

2.6.5 组织与器官

组织（tissue）是相同来源的细胞群组成的结构功能单位。动物组织可分为四大类：①上皮组织、结缔组织、肌肉组织和神经组织。上皮组织细胞紧密排列成层，覆盖在身体表面和体内各种囊、管、腔的内表面，特点是细胞连接紧密、细胞间质少；②结缔组织特点是有发达的细胞间质，细胞分散于细胞间质中。代表性的有血液和淋巴组织、疏松结缔组织（通常由成纤维细胞、巨噬细胞、外膜细胞、肥大细胞、浆细胞等组成）、致密结缔组织（如骨膜、肌腱）等、弹性结缔组织（如韧带等）、网状结缔组织（如网状纤维构成的肝等器官的基质网架）、脂肪组织、软骨、硬骨；③肌肉组织由长纤维状的肌肉细胞组成；④神经组织是由神经细胞和神经胶质细胞组成。

　　植物的组织可分为分生组织和永久组织两大类。植物发育早期（即处于胚胎时期），细胞都是有分裂能力的。在生长发育过程中，细胞分化而失去分裂能力，成为有特定功能的细胞组织，即永久组织。在植物体内保留一部分不分化的细胞，它们能继续分裂、分化以补充新的细胞。植物中，细胞进行迅速的有丝分裂并分化成新生组织及导致植物生长的那部分组织称为分生组织（meristem tissue）。有些分生组织经常处于活跃状态，不断分裂产生新细胞，如茎尖、根尖；有些分生组织常处于潜伏状态，只有在条件适宜时才活跃起来，如腋芽内的分生组织等。正是由于分生组织具有形成新细胞和组织的能力而常被用作植物细胞和组织培养的材料。

　　器官（organ）是由不同的组织按照一定规律和空间布局形成的生物体局部的特定形态结构。以动物骨骼为例，由骨髓、软骨、皮质骨、松质骨组织群以及羟基磷灰石等组成。被子植物具有典型的根、茎、叶、花、果实和种子等器官。

思考

细胞全能性与细胞分化、脱分化在组织器官、个体再生中有怎样的意义？

2.7　生殖与发育

科学家 2-7

贝时璋

2.7.1　无性生殖

　　无性生殖（asexual reproduction）是不涉及性别、没有配子参与、没有受精过程的生殖。许多高等植物的营养器官（例如根、茎、叶等）在脱离母体后能发育成完整的植株，植物的这种繁殖方式也称为营养生殖。动物的胚胎细胞克隆、体细胞克隆都属于无性繁殖。

2.7.2　有性生殖

　　有性生殖（sexual reproduction）是两个配子融合为一，成为合子或受精卵，再发育成为新一代个体的生殖方式。

　　对两性生殖的生物来说，新个体始于两性配子的结合——受精（fertilization）。卵子受精后启动发育程序，形成胚胎的过程叫作胚胎发生（embryogenesis）。

2.7.2.1　植物有性生殖

　　被子植物是地球上种类最多、分布最广的植物类群，被子植物的生活史包括二倍体的孢子体和单性的配子体两个世代。减数分裂发生在孢子体，产生大孢子和小孢子，大孢子发育成雌配子体（胚囊）；小孢子发育成雄配子体（花粉粒）。配子体经过有丝分裂产生配子。雌雄配子受精产生合子，合子再发育成二倍体的孢子体。

　　花是被子植物的生殖器官，着生在花托上，由花被、雄蕊群和雌蕊群等部分组成。其中雄蕊是特化的叶，故又称小孢子叶。每一雄蕊分为花药和花丝两部分。花药产生小孢子，小孢子发育成花粉粒。成熟时，花粉囊壁破开，花粉散出。雌蕊也是特化的叶，又称大孢子叶。雌蕊顶端是柱头，是接受花粉完成传粉的地方。柱头下方是花柱，再下方是子房，子房中有一或多个卵形小体，即胚珠。花粉到达柱头后，使胚珠中的卵受精。传粉有自花传粉和异花传粉之分。受精之后子房和胚珠继续发育成为果实和种子。通过不同的途径而被散播到远处，合适条件下萌发成为新植株。

　　裸子植物也是常见的植物，在 2.8 亿年前取代蕨类成为当时地球上主要的植物物种。以松属植物为例，卵细胞在颈卵器中受精形成合子后首先分裂成一个由四层细胞构成的原胚，其中顶端的胚细胞层细胞横向分裂后分化出次生胚柄和新的顶端细胞，它们是新一代孢子体的原始细胞，由它们分裂形成

"胚"的基本结构，包被在由胚珠分化而来的种皮内形成种子。萌发后的种子能通过茎端分生组织的活动不断形成新的侧生器官如大孢子叶和小孢子叶。在大孢子叶和小孢子叶中分别分化出胚珠和小孢子囊，形成大、小孢子母细胞，进入减数分裂，形成的孢子进一步分化形成雌雄配子体，最终形成配子细胞。雄配子随机转移到胚珠上，然后以花粉管生长方式进入雌配子体的颈卵器中完成受精。

概括下来，植物发育的核心问题是三种核心细胞——合子、孢子和配子之间的转换。伴随着这种转换，从单细胞到多细胞，再回到单细胞。细胞染色体倍性从二倍体到单倍体，再到二倍体。一个植物的生活周期就是在单细胞到多细胞又到单细胞的细胞倍性的振荡与变化中完成的。在多细胞体形态建成的不同环节中，始终存在细胞与组织的分化，并受环境因子（光、温度、湿度等）的调控。

2.7.2.2　动物有性生殖

（1）配子发生

动物的雌配子称为卵子（ovum），雄配子称为精子（sperm）。二倍体的原始生殖细胞（primordial germ cell，PGC）通过减数分裂和分化转化成单倍体的精子或卵子。由于卵细胞体积大，子代细胞的细胞质成分和细胞质 DNA 主要是由卵细胞提供的。

动物的精母细胞通过减数分裂后形成四个精细胞，精细胞经过精子形成的变态发育过程，排除大部分细胞质，内部发生一系列变化成为精子。成熟的精子形似蝌蚪，分头、尾两部。头内有一个高度浓缩的细胞核，核的前 2/3 有顶体覆盖。顶体实质上是一个很大的溶酶体，内含多种水解酶，如顶体蛋白酶、透明质酸酶、酸性磷酸酶等。在受精时，精子释放顶体酶消化卵子外面的结构，进入卵内。

动物的卵原细胞通过减数分裂后形成一个成熟的卵细胞。卵巢排出的卵子一般处于第二次减数分裂中期，在受精时才完成第二次分裂并释放极体。若未受精，则排卵后 12～24 h 退化。

动物的卵细胞的细胞质中富含蛋白质、脂质和多糖。卵细胞的外面具有外被（coat），其成分主要是糖蛋白，是由卵细胞或其他细胞分泌的。在哺乳动物中这种外被叫作透明带（zona pellucida），其作用是保护卵细胞，阻止异种精子进入。许多卵的透明带下面的皮质部（cortex）还有一层分泌性的囊泡，称为皮质颗粒（cortical granule），受精时以外排的方式释放皮质颗粒能引起透明带结构变化，形成受精膜，阻止其他精子进入。

（2）受精

受精（fertilization）是精子和卵子融合为一个合子的过程，是有性生殖的基本特征。

在细胞水平上，受精过程包括卵子激活、调整和两性原核融合三个主要阶段。激活可视为个体发育的起点，主要表现为卵质膜通透性的改变，皮质颗粒外排，受精膜形成等；调整发生在激活之后，确保受精卵正常分裂；两性原核融合恢复二倍体。

精子顶体蛋白酶（acrosin）又称顶体蛋白，是指卵子与精子受精过程中所不可缺少的生物活性物质。其本质是水解酶类，可溶解卵膜。主要成分是与胰蛋白酶类似的顶体蛋白酶和少量透明质酸酶、酸性磷酸酶等。当卵子和精子都成功地被输送到受精部位时，精子的头部一旦接触到卵子表面时，位于其头部顶端的细胞器之一的顶体（acrosome，实际上是一个溶酶体）就随之发生顶体反应（acrosome reaction），由顶体部分伸长为顶体丝，并分泌出多种酶蛋白（即顶体蛋白）溶解卵膜，这样精子头部穿透卵子的放射冠和透明带进入卵子，完成受精过程。

刚排出的精子虽有运动能力，但不能穿过卵子的放射冠和透明带，受雌性生殖道的分泌物（获能因子）作用后具有受精能力，这个过程称为精子获能（capacitation）。在体外条件下，血清白蛋白、高密脂蛋白、糖胺聚糖、孕酮、钙离子载体、卵透明带糖蛋白 ZP3（zona pellucida 3）等均可促进精子获能。获能后精子表面阻止受精的附睾蛋白和精浆蛋白被除去或改变，质膜胆固醇流失，与卵子结合的受体暴露。获能期间，精子活力增加，顶体酶原转化为有活性的顶体酶。

精子一旦与卵子接触，卵子本身也发生一系列的激活变化。哺乳动物卵子表现为皮质反应、卵质膜反应和透明带反应，从而起到阻断多精受精和激发卵进一步发育的作用。皮质反应发生在精卵细胞融合之际，自融合点开始，皮质颗粒破裂，其内含物外排，由此波及整个卵子的皮层。卵质膜反应是卵质与皮质颗粒包膜的重组过程。透明带反应为皮质颗粒外排物与透明带一起形成受精膜的过程，卵膜与质膜分离，透明带中精子受体消失，透明带硬化。

卵子受精之前的代谢水平很低。当精子与卵子表面结合时，卵子的代谢速率迅速提高，并开始合成 DNA。精子的刺激使处于休眠状态的卵子被激活，重新回到减数分裂阶段，迅速完成第二次分裂，释放极体。此时精子和卵子的细胞核分别称为雄原核（male pronucleus）和雌原核（female pronucleus）。雌、雄两原核融合形成二倍体的受精卵（fertilized ovum），又称合子（zygote）。线粒体之所以表现为母系遗传，是因为受精卵中只有仅母本线粒体可以存活。

（3）胚胎发育

动物的胚胎发育包括卵裂（cleavage）、原肠胚形成（gastrulation）、神经胚形成（neurulation）、器官形成（organogenesis）等几个主要阶段。许多动物还必须经过胚后发育阶段——变态（metamorphosis），才能发育为成体。

受精卵的分裂称为卵裂（cleavage），卵裂形成的细胞为分裂球（blastomere）。卵裂在开始时是同步的，即一个受精卵分裂为二分裂球，二分裂球再分裂四分裂球、四分裂球再分为八分裂球。卵裂和一般有丝分裂相似，但不经过间期，所以卵裂期间仅仅是细胞数目的增加，不伴随着细胞生长。在卵裂期，所有细胞均处于透明带内，每进行一次分裂，大小就约减半，因此尽管细胞数量不断增多，总体积与受精卵相当保持不变。分裂结果形成一个多细胞的实心幼胚。

哺乳动物的卵裂较慢，受精 1 d 后才开始卵裂。8 细胞之前，分裂球之间结合比较松散，8 细胞之后紧密化，通过细胞连接形成致密的球体。16 细胞期，内部 1~2 个细胞属于内细胞团，将来发育为胚胎，而其外周细胞变为滋养细胞，不参与组成胚胎结构，而是参与形成绒毛膜。动物的胚胎在 64 细胞以前为实心体，称为桑葚胚，继续分裂成由 100 多个细胞组成的早期胚泡。细胞团内部空隙扩大，成为充满液体的囊胚腔（blastocele），此时的胚胎称为囊胚（blastaea）。囊胚的大小仍和受精卵相似，但细胞已经增殖到上千个。

在动物胚胎发育中，受精卵经过迅速分裂和一系列的形态演变形成了在胚胎学中称为胚层的结构，并在此基础上发育出复杂的成体组织结构。高等动物胚胎有内、中、外三个胚层。留在外面的称为外胚层（ectoderm），迁移到里面的称为内胚层（endoderm）、中胚层（mesoderm）。由三个胚层分别发育形成不同的组织与器官，例如：人类胚胎的外胚层形成神经系统、表皮、毛发、指甲、爪和牙齿等；中胚层形成骨骼、肌肉、泌尿生殖系统、淋巴组织、结缔组织、血液等；内胚层形成呼吸系统、消化道、肝、胰等。

科学家 2-8
施佩曼

教学视频 2-6
人类胚胎发育

思考
了解高等动植物的生殖发育规律对于快速繁殖动植物优良品种有怎样的意义？

🔵 开放讨论题

讨论细胞生物学和细胞工程学两门学科是如何相互促进而不断发展的。

❓ 思考题

1. 举一例详细说明生命科学理论是如何指导细胞工程技术建立的。
2. 举一例说明细胞工程技术又是如何刺激推动生命科学理论体系完善和发展的。

推荐阅读

1. Junker J P, van Oudenaarden A. Every cell is special: Genome-wide studies add a new dimension to single-cell biology. Cell, 2014, 157: 8-11.

点评：单细胞分析为研究异质性、信号传导和随机基因表达提供了新的视野。最近的单细胞测序等技术进步打开了全基因组单细胞研究的大门。

Woodgett J, Loughlin D T. Enabling the Next 25 Years of Cell Biology. Trends in Cell Biology, 2016, 26: 789-791.

点评：在已有进展基础上，全面展示了未来细胞生物学发展的主要方向和热点技术。

网上更多学习资源

◆教学课件　◆参考文献

第二篇

人 工 繁 殖

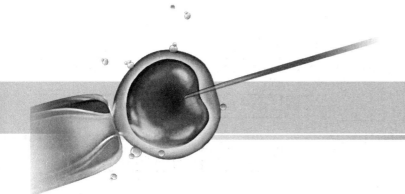

3

植物人工繁殖

具有优良性状和经济价值的植物人工快速繁殖是细胞工程的一个重要应用领域，已经产生了可观的经济效应和社会效益。同时，由于自然或者人为破坏导致一些珍稀植物濒临灭绝，采用细胞工程繁殖技术进行资源保护意义重大。本章重点针对植物组织培养、人工种子、植物胚胎培养以及植物脱毒等植物人工快速繁殖技术进行介绍。

▶▶ **知识导图**

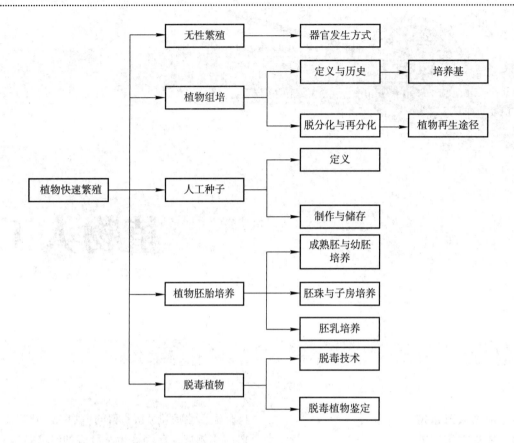

▶▶ **关键词**

植物组织培养　人工种子　细胞全能性　愈伤组织　植物胚胎培养　脱毒植物

3.1　植物人工繁殖

　　植物可以通过有性生殖、无性生殖进行繁殖。植物人工快速繁殖主要是通过无性繁殖实现，克服有性生殖的不足，满足对优良植物的大量需求。主要通过组织培养、人工种子、胚胎培养等技术实现植物人工快速繁殖（图 3-1）。

　　植物无性繁殖过程中器官发生方式主要有：

　　器官型（organ type）指直接从茎、叶等外植体诱导不定芽，或者从带芽的休眠器官（如小鳞茎、小球茎、小块茎）再生成植株。特点：①繁殖率非常高，但繁殖速度较慢；②遗传性稳定。

　　器官发生型（organogenesis type）指诱导外植体产生愈伤组织，经过分化形成芽、根再生成植株。

特点：①繁殖速度较快；②愈伤组织不稳定，易产生变异。

　　胚状体（体细胞胚）发生型（embryogenesis type）是细胞经培养形成胚状体再分化成苗的方式。关键是提高胚状体同步化率。特点：①数量多、速度快、繁殖率高；②遗传性稳定。

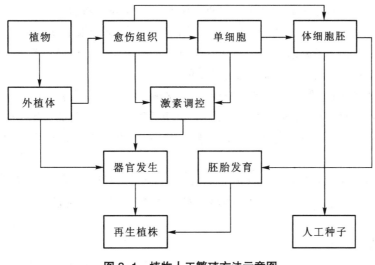

图 3-1　植物人工繁殖方法示意图

3.2　植物组织培养

3.2.1　定义

植物组织培养（plant tissue culture）是将植物器官、组织、细胞或原生质体等外植体无菌条件下培养在人工培养基上，在适当条件下诱发长成完整植株的一种技术。

植物组织培养意义在于，可在短期内获得大量遗传性状一致的植物个体，20 世纪 80 年代以后成为农业高新技术中最活跃的领域之一。具有以下优点：

① 周期短，便于人工控制培养条件，繁殖速度快，经济效益高。

② 占用空间小，不受地区、季节限制。

③ 利于保持原来品种的特性，保护繁殖珍稀、濒危物种。

④ 作为诱变育种支撑技术，是优良品种培育的有效途径。

3.2.2　细胞全能性

细胞全能性（cell totipotency）是植物组织培养的理论基础。19 世纪 30 年代，德国植物学家施莱登（Schleiden）和德国动物学家施旺（Schwann）创立了细胞学说。1902 年，德国植物学家哈伯兰特（Haberlandt）在细胞学说的基础上，预言离体的植物细胞具有发育上的全能性，离体培养植物外植体或细胞，能够发育成为完整的植物体。为了证实这个预言，他用高等植物的叶肉细胞、表皮细胞等多种细胞在他自己配制的培养基上实验，尽管这些细胞生存了相当长一段时间，但始终没有看到细胞分裂和增殖。

1932 年美国的怀特（White）报道了鹅肠草茎尖体外培养。1934 年，怀特（White）用无机盐、糖类和酵母提取物配制成培养基，培养番茄根尖切段，400 多天后，在切口处长出了一团愈合伤口的新细胞，这团细胞被称为愈伤组织。1934 年，荷兰植物学家温特（Went）发现了生长素吲哚乙酸（indole-3-acetic acid，IAA）。随后不少学者又相继发现吲哚丁酸（indole-3-butyric acid，IBA）、萘乙酸（naphthalene acetic acid，NAA）和 2,4- 二氯苯氧乙酸（2,4-dichlorophenoxy acetic acid，2,4-D）等生长素。我国植物学家李继侗 1929 年在燕麦胚芽向光性的研究中，发现植物生长素，并观察到去尖后的芽鞘上端可再生。

▶▶ 教学视频 3-1
植物组培及其应用

▶▶ 教学视频 3-2
植物组培的意义

思考
植物组织培养无性繁殖有怎样的意义?

🔍 发现之路 3-1
鹅肠草茎尖体外培养

🔍 发现之路 3-2
番茄根尖体外培养

✒ 科学家 3-1
李继侗

✒ 科学家 3-2
温特

发现之路 3-3

斯库格 1948

1948 年，我国植物生理学家崔徵和美国科学家斯库格（Skoog）等合作，用不同种类和比例的植物激素处理离体培养的烟草茎段，发现腺嘌呤和生长素的比例控制芽和根形成。

1954 年，缪尔（Muir）从冠缨组织的悬浮培养物及愈伤组织中分离得到单个细胞，并通过看护培养使细胞分裂生长，从而开创了植物细胞无性繁殖的工作。

发现之路 3-4

缪尔 1954

1956 年，米勒（Miller）等在鲱鱼精子 DNA 热压水解产物中发现了有高度活力的促进细胞分裂和芽形成的物质，命名为激动素（kinetin），并发现它促使芽生成的能力远高于腺嘌呤，从而替代了腺嘌呤，建立了激动素/生长素比例控制器官分化的激素模式：比例高时有助于芽的形成，比例低时有利于根的形成。

发现之路 3-5

史都华德 1958

1958 年，美国科学家史都华德（Steward）等从胡萝卜根韧皮部愈伤组织获得细胞，并且经诱导形成胚状体再生了植体，这是世界上首次通过实验证实了植物细胞具有全能性。

3.2.3 培养基

培养基（medium）是人工配制的可满足外植体生长和繁殖的营养物质。在离体培养条件下，不同种类植物对营养的要求不同，甚至同一种植物不同部位的组织以及不同培养阶段对营养要求也不相同。合适的培养基是决定植物组织培养成败的关键因素之一。

3.2.3.1 无机盐

为了满足体外培养的外植体生长的需要，培养基中必须添加无机盐。据植物生长需求量的多少将这些无机营养元素分为大量元素和微量元素两类。

大量元素是指培养基中浓度大于 0.5 mmol/L 的元素，包括氮（N）、磷（P）、钾（K）、钙（Ca）、镁（Mg）、硫（S）。硝酸盐可以单独作为无机氮源。氮、硫、磷是蛋白质、氨基酸、核酸和酶的主要成分。钙是细胞壁的组分之一，能够稳定细胞膜和细胞壁，促进细胞分裂，并在植物信号转导中发挥重要作用。镁是叶绿素的一部分，在叶绿素合成和光合作用中起重要作用。

微量元素是指培养基中浓度小于 0.5 mmol/L 的元素，主要包括铁（Fe）、锰（Mn）、铜（Cu）、锌（Zn）、氯（Cl），硼（B），钼（Mo）等。这些微量元素是许多酶和辅酶的组成成分，对于蛋白或酶的生物活性十分重要，并参与生物过程的调节。

3.2.3.2 有机物

常用的有机物成分包括糖类、氨基酸、维生素、醇类等。

糖类 是离体培养的植物细胞所必需的，既可以作为碳源，又可以维持渗透压。蔗糖或葡萄糖是常用碳源。蔗糖浓度一般在 3%～10% 之间，因不同植物材料而异。一般在诱导培养阶段蔗糖浓度高一些，分化培养时蔗糖浓度低一些。大多数植物以蔗糖为碳源时生长比较好，少数适合在葡萄糖或果糖为碳源的培养基上生长。也有植物利用麦芽糖、半乳糖、甘露醇、山梨醇和乳糖作为碳源。

氨基酸 通常采用蛋白质水解产物（包括酪蛋白水解物）、谷氨酰胺或氨基酸混合物。有机氮源对细胞初级培养有利。

维生素 直接参与酶的合成，还参与蛋白质和脂肪的代谢。尽管在培养过程中细胞能合成必需的维生素，但是数量上满足不了需求，需要在培养基中添加。常用的维生素包括：硫胺素（Thiamine，VB_1）、吡哆醇（Pyridoxin，VB_6）、烟酸（Nicotinic acid，Vpp）、生物素（Biotin，VH）、泛酸钙（Ca-pantothenate）、叶酸（Folic acid）和维生素 C 等。

肌醇 在糖类的相互转化、维生素和激素利用等方面具有促进作用，并能刺激细胞快速生长。

腺嘌呤 是合成细胞分裂素的前体物质之一。添加腺嘌呤能促进细胞合成分裂素，有利于细胞的分裂和分化，促进芽的形成。

3.2.3.3 调节物质

植物激素（phytohormone） 植物激素是植物自然状态下产生的、对生长发育有显著作用的微量有机物。植物激素包括：生长素、细胞分裂素、赤霉素、乙烯和生长抑制素。其中前三者为正向激素，后两者为负向激素。

植物生长调节剂（plant growth regulator）是指类似植物激素活性的人工合成的物质。

植物激素对植物生长发育的作用普遍存在双重性，即只有适宜浓度才可以发挥生物学效应，过低起不到作用，过高产生抑制。激素对植物生长发育的调控是通过复杂的信号转导途径实现的。不同的激素具有各自独立的受体，而且调控细胞生长和分化途径可能存在很大差异。细胞分裂素促进细胞增殖，生长素促进增殖的细胞继续增大。在植物体外离体培养过程中，细胞分裂素和生长素通常一起使用，使用量在 0.1 ~ 10 mg/L 之间。赤霉素等对于细胞分裂、器官分化也有一定的调节作用。

生长素（auxin） 是一类含有一个不饱和芳香族环和一个乙酸侧链的内源激素，是由色氨酸通过一系列中间产物形成的，主要途径是通过吲哚乙醛。在细胞水平上，生长素可刺激形成层细胞分裂；刺激枝的细胞伸长、抑制根细胞生长；促进木质部、韧皮部细胞分化，促进生根；调节愈伤组织形态建成。生长素在幼苗到果实成熟过程中都会起作用。在植物组织培养中，主要用生长素和生长素类植物生长调节剂来刺激细胞分裂和诱导根的分化。常用的有：吲哚乙酸（IAA）、2,4-二氯苯氧乙酸（2,4-D）、萘乙酸（NAA）、吲哚丁酸（IBA）等。以吲哚乙酸（IAA）为例，能促进生长点细胞的分裂和非生长点细胞的延长，诱导根原基的发生和根系的生成，促进雌花的分化及果实成熟。以萘乙酸（NAA）为代表的人工合成生长调节剂是一种生长素合成前体，依靠植物细胞自身的转化酶系统转化成生长素而发挥生物学效应。

细胞分裂素（cytokinin） 大多是嘌呤族衍生物，生理作用主要是引起细胞分裂，诱导芽的形成和促进芽的生长。例如：对腋芽局部施用细胞分裂素，可以解除顶端对腋芽的抑制。现已发现的天然细胞分裂素类物质约有 10 种，例如玉米素〔6-（4-羟基-3-甲基-反式-2-丁烯基氨基）嘌呤〕等。经常使用的人工合成分裂素有 6-苄氨基嘌呤（BA）等。

赤霉素（gibberellin，GA） 是一种广泛存在于植物体内的激素，能促进种子发芽、植物生长。

3.2.3.4 其他添加物

① 加入丙酮酸或者三羧酸循环中间产物如柠檬酸、琥珀酸、苹果酸，能够保证植物细胞在以铵盐作为单一氮源的培养基上生长，耐受钾盐的能力也会提高，也能促进低密度接种的细胞和原生质体的生长。

② 复合物质通常可以作为细胞的生长调节剂，例如：酵母抽提液、麦芽抽提液、椰子汁和水果汁等。

③ 添加抗生素可防治细菌或真菌污染。

④ 在配制固体或半固体培养时需要添加琼脂。添加量一般为 0.6% ~ 1%。

⑤ 活性炭可以吸附培养过程中产生的有害物质，一般添加浓度在 5% 左右。

3.2.3.5 培养基配制

培养基中的无机盐、碳源、维生素和激素应使用高纯度药品。通常将培养基成分配制成母液，使用时按照比例稀释使用。无机盐按照大量元素（10 ~ 20 倍母液）、微量元素（100 ~ 200 倍母液）、铁盐（100 ~ 200 倍母液）三部分配制。有机成分单独配制，母液浓度一般为 1 ~ 2 mg/L。肌醇因使用浓度较大，一般配制为 100 ~ 200 倍母液。母液配制好后一般在 2 ~ 4℃冰箱中保存备用。

> **知识拓展 3-3**
> MS 培养基母液组成

激素使用浓度较低，一般配制成 0.1 ~ 1 mg/L 浓度。由于激素大多不溶于水或者在水中不稳定，因此应该根据激素性质配制激素溶液。例如：

IAA 先用少量 95% 的乙醇溶解，再加蒸馏水定容至需要的浓度所对应的体积。

NAA 可溶于热水，也可以采用 IAA 同样方法配制。

2,4-D 先用少量 1 mol/LNaOH 溶液溶解，再缓慢用蒸馏水定容至需要浓度所对应的体积。

KT、BA 先用少量 1 mol/L 盐酸溶解，再缓慢用蒸馏水定容至需要的浓度所对应的体积。

赤霉素水溶性差，一般用 95% 的乙醇溶解配制成 5~10 mg/mL 的母液，使用时再稀释。

注意：先用酸和碱溶解的激素，加入培养基后，会造成培养基 pH 的变化。在培养基配制过程中可用 0.5 mol/L 的 HCl 或 0.2 mol/L NaOH 调节 pH。为了防止在高浓度下培养基组分间相互作用产生沉淀，将铁盐单独配制保存，使用时再稀释混合。一般采用 120℃ 蒸汽灭菌 15~20 min。对于一些热敏性化合物，可采用过滤法除菌。灭菌后的培养基应该在 2 周内使用。

3.2.3.6 常用培养基

🔍 发现之路 3-6
培养基优化 B5、Nitsch

1934 年，怀特（White）为番茄根尖培养设计了 White 培养基，1963 年进行了改良。1962 年开发出的 MS 培养基仍是目前使用最广泛的培养基之一，之后许多培养基被开发出来，例如：B5 培养基（1968 年）、Nitsch 培养基（1969 年）、N6 培养基（1974 年）。其中 N6 培养基是我国科学家研发成功。

根据培养基组成可以分为以下四类（表 3-1）。

富盐平衡培养基　是目前使用最广泛的一类，代表性的培养基有 MS、LS、BL、BM、ER 等。特点是：无机盐浓度高，微量元素种类齐全；元素间比例适当，离子平衡性好，具有较强的缓冲能力、稳定性好、营养丰富，一般培养时无需再加入有机成分。

高硝态氮培养基　代表性培养基有 B5、N6。特点是：硝酸钾浓度高，氨态氮浓度低，含有较高浓度的硫胺素（VB_1）。

中盐培养基　代表性培养基有 Nitsch、Miller、Blaydes。大多是在 MS 培养基基础上进行改良设计。特点是：大量元素无机盐为 MS 的一半，微量元素种类减少、含量增高。维生素种类比 MS 增多，例如增加了生物素、叶酸等。

低盐培养基　代表性培养基有 White、WS、HE、HB。特点是：无机盐、有机成分含量浓度低，多用作生根培养的培养基。

表 3-1　不同培养基主适用于培养的植物类型

培养基名称	适用植物类型
MS	双子叶植物根、茎、叶、花药、原生质体
B5	木本植物
White	生根培养
N6	水稻、小麦、玉米花药，胚
Nitsch	花粉培养

3.2.4 植物细胞分化与脱分化

3.2.4.1 植物细胞的分化与调控

思考

植物细胞与微生物细胞在细胞特点、培养基需求方面有怎样的区别？

植物细胞分化是个极其复杂的过程，在这个过程中所呈现的极性现象、细胞不均等分裂、位置效应等是细胞对化学环境变化的一种反应。细胞内外化学物质的变化是细胞分化的物质基础。

极性现象　细胞分化早期的一个最主要现象是极性的建立，它使细胞或器官的一端与另一端之间显示出结构和生理生化上的差别。细胞内极性的建立是细胞分化开始的第一步。极性的诱导因素包括生长素浓度梯度、pH 梯度、渗透压大小、压力、光照等，它们能促使细胞内电场的形成，从而诱导极性的产生。由于极性的存在，使得细胞分裂形成的两个细胞所处的细胞质环境是不同的，基因表达在各自的环境中有差异，造成细胞分化。

细胞不均等分裂　细胞内极性的建立引起不平均的分裂，由这种分裂形成了两个命运不同的细胞。不均等分裂对细胞分化途径具有明显的影响，而细胞质的不均等是导致细胞分化的不均等分裂的重要因素。

位置效应　细胞所处的位置不同对细胞分化的命运也有明显的影响。位置效应的概念由 莫利希

（Molish）等于 1915 年在南美杉扦插试验中首次提出，是指植物体内细胞或细胞群的位置决定了此细胞或细胞群未来分化的方向。在植物发育系统中，细胞的位置信息是植物细胞的特性之一，为植物细胞提供分化或其他植物发育的指令。

植物激素的作用　植物激素与植物细胞分化有着密切的关系，并发挥重要的调节作用。生长素促进细胞伸长和分裂，细胞分裂素促进细胞分裂并影响分化方向，二者的配比是影响脱分化和分化的关键。

细胞分化的调控机制　基于目前的了解，细胞分化的基因表达调发生在转录水平上。但大部分生长素或细胞分裂素诱导基因的功能尚不清楚。

目前已经了解，细胞中基因的转录过程受非组蛋白调控。组蛋白能使基因的转录过程关闭，而非组蛋白则能有选择地使基因转录过程打开。根据施泰因（Stein）等提出的组蛋白转移模型，组蛋白与 DNA 链相结合，抑制转录过程，非组蛋白在一定的部位与 DNA 相结合，这种非组蛋白蛋白质磷酸化后带负电荷，结果与带正电荷的组蛋白发生牢固结合而从 DNA 链上离开，于是就出现 DNA 裸露部分，由 RNA 聚合酶读码该部分，即发生特定基因的转录过程。

3.2.4.2　植物细胞的脱分化与愈伤组织

在离体培养的条件下，一个分化的细胞转变为分生状态的成胚性细胞团或愈伤组织的现象称为植物细胞脱分化（dedifferentiation）（参见 2.6.3）。植物细胞脱分化是已有特定结构和功能的植物组织，在一定的条件下，其细胞被诱导改变原有的发育途径，逐步失去原有的分化状态，转变为具有分生能力的胚性细胞的过程。

脱分化后的细胞经过细胞分裂，产生无组织结构、无明显极性的松散的细胞团，称之为愈伤组织（callus）。愈伤组织从表面向内 5~10 个细胞是分生中心，分生中心是愈伤组织细胞增殖的主要部位。

诱导外植体形成愈伤组织是细胞脱分化过程。脱分化形成的愈伤组织，可以继续培养，也可以通过将愈伤组织进行液体悬浮培养分离单细胞。调整培养基的组成、激素的种类，愈伤组织便会产生胚状体。自然状态下，植物受损部位的细胞会释放自溶物质诱导细胞分裂形成愈伤组织。人工愈伤组织诱导过程实质是分化的外植体细胞脱分化的过程，可以获得分散的具有分裂能力的植物细胞。

脱分化不是分化的简单逆过程。当静止细胞过渡到细胞分裂时，细胞质生长很快，细胞质中多聚核糖体数量明显增加，线粒体增加，高尔基体和内质网也不断增加，并不断产生囊泡。在亚显微结构水平，培养前的烟草叶肉细胞的细胞质只有沿壁周围的薄层，各种细胞器散布于其中，数量不多；培养后的烟草叶肉细胞质明显增生，核体积增大，细胞器数量增多；逐渐在液泡内会出现蛋白体，而后核移至细胞中央，叶绿体转变成造粉质体，最后细胞核出现裂瓣，形状不规则，核仁疏松，有核仁小泡，核孔多而明显，这时细胞已完成脱分化。

3.2.5　组织培养再生植株的途径

植物组织培养再生植株过程是细胞再分化的过程，可以通过两条途径完成，一是器官发生途径，二是体细胞胚发生途径。以胡萝卜为例，经不同途径再生植株的示意图如图 3-2。

3.2.5.1　器官发生途径

器官发生（organogenesis）是指离体培养的植物组织或细胞团（愈伤组织）分化形成不定根、不定芽等器官的过程。在自然界，许多植物的无性繁殖（如插条、嫁接等）都属于器官发生途径的发育方式。

外植体（explant）是指用于离体培养的植物组织或器官。叶片、叶柄、子叶、子叶柄和茎段、原生质体、花粉和花药、未成熟的胚等都可以作为外植体。合适的外植体选择对于再生植株的培育非常重要。一般来说，来源于生长活跃或生长潜力大的植物组织或器官的外植体更利于诱导分化形成再生植株。

知识拓展 3-4
植物激素与生长调节剂

知识拓展 3-5
组蛋白转移模型

知识拓展 3-6
植物叶肉细胞脱分化过程

教学视频 3-3
植物组培技术

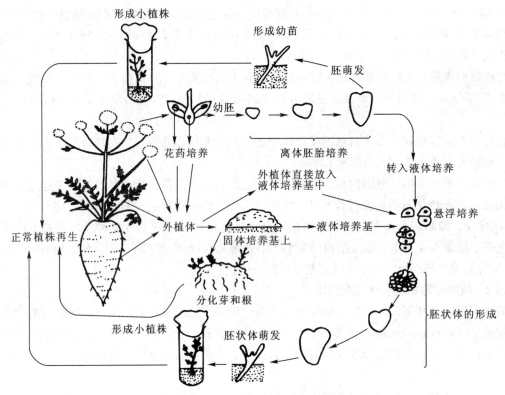

🌿 科技视野 3-1
植物组培再生的
基本流程

图 3-2　胡萝卜再生植株的示意图
（引自：崔凯荣等，植物体细胞胚发生的分子生物学，2000）

由外植体或单个细胞形成愈伤组织再生植株一般要经过四个步骤：启动期、愈伤组织诱导与继代培养、拟分生组织形成、器官原基和器官形成。以再生植物为目的时，分化期是成功的关键。对于以获得植物细胞培养物质为目的的愈伤组织诱导要防止进入第三阶段的分化。

（1）启动期

启动诱导外植体细胞脱分化和分裂。用于培养的植物组织由已经分化成熟的细胞组成，这些细胞大部分已经丧失分裂能力。分化细胞的脱分化需要两个条件：创伤或 / 和外源激素。由这些细胞诱导产生愈伤组织必须首先使这些细胞恢复分裂能力，变成分生性细胞。主要通过向培养基中添加一定浓度、种类和比例的外源激素刺激外植体细胞改变原来的代谢途径来诱导细胞，重新获得分裂能力，一般选择较高浓度的生长素诱导剂（如 NAA、IAA、2-4D 等）或细胞分裂素启动诱导外植体细胞脱分化和分裂。在离体培养条件下，静止的分化细胞脱分化的第一个也是最重要的步骤就是启动第一次细胞分裂，分化细胞一旦开始分裂，就可以连续分裂形成分生状态的细胞群体。如果能够发现启动脱分化第一次细胞分裂时基因表达的细节，找出细胞脱分化的相关基因，就能了解细胞脱分化过程的本质。

（2）愈伤组织诱导

细胞开始分裂并不断增生子细胞。这个阶段一般需要降低激素浓度，有些情况下甚至不需要生长和分裂素。外植体外层细胞开始分裂并脱分化。质量好的愈伤组织多呈淡黄（绿）色或无色、疏密适中。

许多因素会影响愈伤组织诱导的成功率。理论上任何植物的任何部位都可以诱导产生愈伤组织，但是不同植物、同一植物的不同部位诱导产生愈伤组织的能力是不同的。例如：对于红豆杉而言，幼茎是最好的外植体材料。培养基种类对于外植体诱导愈伤组织的效果也有差异。培养基中激素种类、浓度及组合对愈伤组织诱导有着重要影响。同时，湿度、温度、光照等因素也非常重要。

（3）拟分生组织的形成

将愈伤组织转移到有利于有序生长的条件下培养，细胞内部开始发生一系列形态和生理变化，分化出形态和功能不同的细胞。此时，表层细胞分裂减慢，内部细胞也开始分裂。在若干部位出现类似形成层的细胞群，通常称为"生长中心"，又可称为"拟分生组织"。该过程是器官发生的一个转变时期。

（4）器官原基和器官的形成

拟分生组织形成后，一些细胞分化成为管状细胞，进而形成维管组织，形成不同的器官原基，进一步分化出相应的组织和器官。大多数情况下，植物再生过程中器官的发生是通过提供适宜的植物激素来实现的。生长素和分裂素在离体器官分化调控中起着关键作用。器官形成有三种方式：

先发芽后生根，即愈伤组织先分化成芽，然后在芽的基部长出根，进而发育成完整的再生植株。

先生根后发芽，即愈伤组织先分化成根，然后在根上产生不定芽，再形成完整植株。

同时生根发芽，在愈伤组织的不同部位同时（有时也略有先后）形成芽和根，芽中的维管组织向下分化与根部的维管组织相互连接，形成统一的轴状结构，发育成再生植株。

3.2.5.2　体细胞胚发生途径

体细胞胚（somatic embryo）又叫胚状体，是指离体培养条件下没有经过受精过程而形成的胚胎类似物。体细胞胚发生途径是指体细胞在离体培养过程中经过了胚胎发育过程。体细胞胚起源于非合子细胞，因此不同于合子胚。离体培养条件下体细胞胚的发生最早是在胡萝卜中发现的，经过胚状体形成、心形期、鱼雷期、子叶期、幼苗几个阶段（参见图 3-2）。

生长素对体细胞胚发生具有重要的调控作用。例如：可以在含高浓度的 2,4-D 培养基中诱导胚性细胞的形成，然后在降低了 2,4-D 浓度的培养基中产生早期胚胎。一般在球形胚形成后除去生长素有利于体细胞胚的继续发育。尽管在体细胞胚发生过程中生长素的使用具有一定规律，但是不同植物具体的生长素使用浓度差异较大。外源生长素在体细胞胚发生过程中的调控机制目前还不是十分清楚。一些研究表明，外源生长素并不能直接调控细胞的发育，而是通过一系列的细胞内外的信号转导途径进行调控。

分裂素在促进细胞分裂、维持细胞活跃生长上具有重要作用。体细胞胚发生过程中使用的培养基中均添加分裂素（如 6- 苄基嘌呤，6-BA），一般低于生长素的使用浓度。体细胞胚的发育以细胞分裂为前提，当胚胎结构建立以后，分裂素对于维持根和茎分生组织的正常发育具有重要作用。

除了激素在体细胞胚发生过程中的作用外，其他营养物质如氮源、无机盐等也有着重要作用。

体细胞胚的发生实质是细胞再分化，有直接和间接发生两大类，从来源上有以下几种途径：

器官外植体直接发生途径　属于离体培养条件下体细胞胚发生的直接途径。茎表皮、叶、子叶、下胚轴等外植体分化细胞经过脱分化后均可以产生胚状体。以叶片为外植体直接形成体细胞胚为例，一般经过两个阶段：①诱导期。叶片表皮细胞或亚表皮细胞感受刺激后进入分裂状态，形成小的瘤状突起；②胚胎发育期。瘤状物继续发育，经过球形胚、心形胚等阶段最后形成体细胞胚。

悬浮培养细胞发生途径　在悬浮培养的细胞中一些细胞可以产生胚性细胞团，一个胚性细胞团可以发育成一个胚状体，也可以产生多个胚状体。这种方式可以得到大量的胚状体。该技术首先在胡萝卜中建立。胡萝卜细胞的悬浮培养液中存在两种细胞：一种是自由分散的大而高度液泡化的细胞，这类细胞一般不具备胚胎发生能力；二是成簇、成团的体积小而细胞质致密的细胞，具有成胚能力，被称为胚性细胞团。在胚性细胞团外周是成群的非常活跃的分生细胞，具有若干个小液泡和一个大的核。胚性细胞团中央的细胞具有大的液泡和小而致密的核。随着胚性细胞团外周细胞不断分裂，中央细胞体积逐渐增大，彼此分离，从而引起胚性细胞团解体。周围的分生细胞离散形成新的小细胞团，再发育成新的胚性细胞团。将胚性细胞团转移到适宜的胚胎发生培养基上，周围的细胞开始第一次不均等分裂，细胞团的一个细胞较大，以后发育成类似胚柄的结构。另一些细胞继续分裂成类似原胚的结构，再经过类似于合子的发育过程经球形期、心形期等阶段发育的完整的体细胞胚。

愈伤组织发生途径　愈伤组织发生途径是胚状体发生常见的形式。愈伤组织内部或表面细胞均可以产生胚状体。这种途径包括三个阶段：第一阶段，诱导外植体形成愈伤组织；第二阶段，诱导愈伤组织胚性化；第三阶段，体细胞胚形成。三个阶段中第2阶段的胚性愈伤组织的形成是关键。以大蒜为例，首先在含有较高浓度的生长素2,4-D的培养基中诱导愈伤组织的产生，然后将愈伤组织转移到降低了2,4-D浓度的培养基中培养使愈伤组织胚性化。接着将胚性愈伤组织转移到再次降低了2,4-D浓度的胚胎发育培养基中培养，体细胞胚大量形成。

单细胞发生途径 主要是指小孢子或大孢子细胞培养产生胚状体。通过花药或花粉培养由小孢子诱导胚状体发生的方式较为常见。

原生质体发生途径 培养植物原生质体，再生细胞壁后，经过分裂产生的细胞团也可以形成胚状体。

3.2.6 植物组织培养的问题分析

知识拓展 3-7
玻璃化

3.2.6.1 玻璃化问题

植物组织培养中，常会出现半透明状的畸形，这种现象称为玻璃化（vitrification），又称过度水化现象。由于玻璃苗的组织结构和生理功能异常，移栽难成活，已成为植物组织培养的一大问题。

玻璃苗大多来自茎尖或茎切段培养物的不定芽，少数来自愈伤组织的再生芽。组织培养过程中试管苗的玻璃化现象主要是适应性的生理问题，是不能很好适应培养基和培养环境的结果。

可以采取的一些防治措施有：

① 适当提高光照强度，有助于克服玻璃化。

② 注意通气以尽可能降低培养容器内的空气相对湿度和改善氧气供应状况。

③ 适当降低培养基中 NH_4^+ 浓度。

④ 注意分裂素和生长素的配合以及激素和 K^+ 之间的配合使用。

⑤ 控制温度，适当进行低温处理，避免过高的培养温度，可消除玻璃化。

3.2.6.2 褐变问题

褐变（browning）可分为酶促褐变和非酶促褐变，主要是酶促褐变。酶促褐变是由多酚氧化酶（polyphenol oxidase，PPO）引起的。正常条件下，多酚类物质分布在细胞的液泡内，酚酶分布在各种质体（植物细胞中由2层膜包裹的一类细胞器的总称）或细胞质内，这种区域性分布使底物多酚类物质与酚酶被质膜分隔开来。当外值体处于机械损伤等逆境时，细胞膜的结构遭到破坏，酚酶催化多酚类化合物，使其发生氧化形成棕褐色的醌类物质和水；醌类物质经过非酶促聚合，形成黑褐色物质（羟醌与黑色素等），引起褐变的发生。褐变是植物组织培养中一种常见的现象。

可以通过以下途径防止或者缓解褐变的发生：

①选择适宜的外植体 处于生长旺盛时期的材料具有较强的分裂能力，褐变程度低，是植物组织培养之首选。此外，外植体受伤害程度直接影响褐变，切割时应尽可能减小伤口面积，并缩短切口在空气中的暴露时间。

② 选择适宜的培养条件 培养基的类型与组成（例如无机盐和蔗糖浓度、激素水平及组合等）要适宜；温度、pH要尽量调整到褐化物分泌最少的状态（酸性环境不利于褐变的发生）；使用液体静态培养和固体培养交替进行（液体培养基有利于伤口愈合），以减轻褐变。

③ 细胞筛选和材料预处理 在组织培养过程中经常进行细胞筛选，可以剔除易褐变的细胞。对较易褐变的外植体材料进行预处理，可减少醌类物质的产生。将易褐变的外植体材料放在黑暗条件下培养一段时间，连续转移，可以减轻褐变。

④ 使用抑制剂 在培养基中加入抗氧化剂和其他抑制剂可抑制外植体的酶促褐变。

⑤ 使用吸附剂 在培养基中加入吸附剂可以抑制褐变。活性炭是吸附性较强的无机吸附剂，但在防止褐变过程中，应尽量使用最小浓度，因为活性炭的吸附作用是无选择性的。聚乙烯吡咯烷酮

（polyvinylpyrrolidone，PVP）是酚类物质的专一吸附剂，常用作酚类物质的保护剂来防止褐变。

3.2.6.3 微生物污染问题

在植物组织培养过程中微生物污染经常发生。污染主要包括外部污染菌和内源菌。微生物污染主要由外植体带菌或培养基灭菌不彻底以及操作人员操作不慎造成。外植体带菌引起的污染与外植体的种类、取材季节、部位、预处理及消毒方法等密切相关。应该严格按照无菌操作，取材时应选择嫩梢、新芽或胚作为外植体材料，对外植体进行彻底消毒。

针对内源菌污染，可以采取以下防治措施：①改进外植体消毒方法。例如：经过一般的消毒过程后，把外植体放在不含激素和维生素的培养基中，培养一段时间后取出，再消毒 1 次；②反复检查培养物。在初代培养成功后要反复检查，看有无微生物污染，不要急于扩大繁殖；③使用抗生素。

3.2.6.4 其他问题

目前，植物组织培养研究主要集中在应用上，对于植物再生机制和激素作用机理等尚未开展深入研究。选择的材料大多是容易培养的植物，对于离体培养比较困难的植物缺乏研究，例如：被子植物组织培养成功的比较多，而裸子植物组织培养成功的比较少。许多珍贵、濒危的植物或者极具开发价值的植物，目前还不能得益于植物组织培养技术。

组织培养效率偏低，操作比较烦琐，培养结果比较难以确定，防止玻璃化和褐变等还没很好解决，还有培养基配方问题、外植体诱导时间长、继代过程中的遗传变异以及品种退化等问题。在组培种苗工厂化生产过程中，最突出的问题是成本过高。

⚠ 应用案例 3-1
一品红组培繁殖

思考
分析一些植物很难通过组织培养再生的原因。

3.3 人工种子

3.3.1 定义

人工种子（artificial seed）又称合成种子（synthetic seed）或体细胞种子（somatic seed），是指将植物离体培养产生的胚状体或芽包裹在含有养分和保护功能的人工胚乳（artificial endosperm）和人工种皮（artificial seed coat）中形成的类似种子的颗粒。结构上从外向里包括三部分：①人工种皮外层，保护胚状体中的水分免于丧失和防止外部力量冲击；②人工胚乳，含有必需的营养成分和某些植物激素；③胚状体或芽。

1978 年，美国生物学家缪拉西吉（Murashige）在第四届国际植物组织和细胞培养会议上首次提出"人工种子"的设想。1980 年，用聚氧乙烯包裹胡萝卜、柑橘等胚状体的人工种子问世。1986 年，改用海藻酸钠包裹胚状体后萌发率得到提高。人工种子具有以下优点：

① 便于运输和储藏。

② 人工胚乳可根据不同植物的要求配制，还可以加入植物激素、有益微生物或抗病、抗虫成分。

③ 固定杂种优势，加速良种繁育。

④ 作为植物基因工程育种的载体。

⑤ 保存珍贵稀有植物品种。

⑥ 利于快速繁殖，生产效率高。

人工种子可以包裹芽（bud）或腋芽（axillary bud），但多数包裹的是人工制作的胚状体（embryoid）。采用愈伤组织诱导胚状体制造人工种子的路线示意图如图 3-3 所示。

🔊 科技视野 3-2
人工种子

🔊 科技视野 3-3
人工种子应用

3.3.2 胚状体同步发育

高质量的胚状体是大量制备人工种子的基础。控制胚状体发育的同步化是人工种子制备的关键技术之一，主要方法如下：

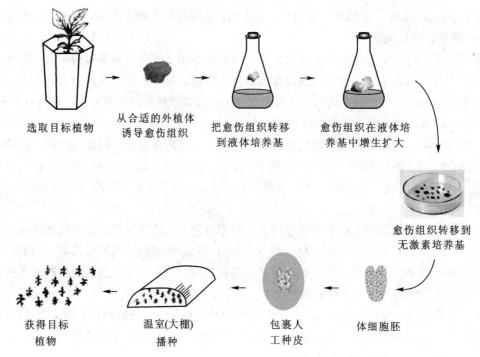

选取目标植物　从合适的外植体诱导愈伤组织　把愈伤组织转移到液体培养基　愈伤组织在液体培养基中增生扩大

愈伤组织转移到无激素培养基

获得目标植物　温室(大棚)播种　包裹人工种皮　体细胞胚

图 3-3　愈伤组织诱导胚状体制造人工种子的路线示意图

抑制剂法　在细胞培养初期加入细胞分裂抑制剂（如 5- 氨基尿嘧啶），一旦去除抑制剂后细胞可以同步发育。

低温法　低温处理抑制细胞分裂，再恢复正常温度可以使细胞分裂同步化。

渗透压法　不同发育时期的胚状体对渗透压的要求不同，用一定的渗透压使胚状体停止在某一阶段，然后再使其同步发育。

通气法　细胞分裂旺盛时有大量气体（如乙烯等）生成。可以通过在培养基中通入乙烯或氮气控制细胞同步分裂。

分离筛选法　用不同孔径的筛网将不同发育时期的胚状体分离开来，也可以采用密度梯度离心法来选择不同发育期的胚状体。

3.3.3　人工种子制作

3.3.3.1　人工种皮

人工种皮（artifical seed coat）具有保护胚状体的功能，具有无毒、良好的通气性、抗污染、适合运输等特点。最早采用的材料是聚氧乙烯，但是具有一定毒性、易溶解于水等不足。目前采用海藻酸盐较多，其具有成胶容易、操作条件温和、使用方便、毒性低、成本低廉等优点。但是也存在一些缺点，例如：水性营养成分易流失、表面易结团等。因此，开发理想的人工种皮材料仍是一个重要课题。

3.3.3.2　人工胚乳配制

胚乳是胚胎发育的营养保证。人工胚乳（artifical endosperm）主要由无机盐、糖类、蛋白质等组成。由于糖等物质的存在易导致微生物污染，所以还要加入防腐剂、抗生素、农药等成分。人工胚乳可以直接加在人工种子的凝胶囊中缓慢释放。

3.3.3.3　包埋

包埋是人工种子制作的重要一环。方法主要有以下两种：

干燥法　这是比较早的一种包埋方法。将胚状体置于 23℃、相对湿度 70% 左右、黑暗条件下逐渐

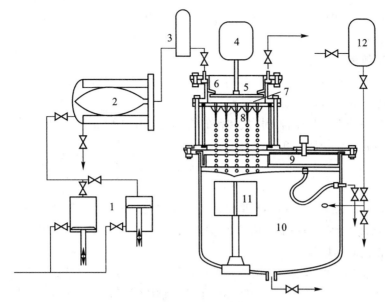

图 3-4　多喷头自动种皮包裹装置

（引自：谢从华等，植物细胞工程，2004）

1. 双活塞泵；2. 灭菌器；3. 加湿器；4. 振动器；5. 脉动腔膜；6. 同轴沟；7. 脉动腔；
8. 喷碟；9. 旁路系统；10. 反应池；11. 搅拌子；12. 硬化溶液

干燥，然后用聚氧乙烯等种皮材料包裹。

水凝胶法　这是目前比较常用的一种方法。用海藻酸钠等水溶性凝胶与 Ca^{2+} 进行离子交换后凝固的特点包埋单个胚状体或芽。大规模包埋制备人工种子的设备参见图 3-4。种子硬度由凝胶浓度与络合时间控制。

3.3.4　人工种子储存

一般将人工种子储存在 4~7℃ 低温、小于 67% 相对湿度的条件下。由于人工种子的储藏问题还没有很好解决，易发生后期停止生长、腐烂、失水等现象。可以采用添加防腐剂、抗生素、控制糖含量、种皮外包裹滑石粉、液状石蜡等措施来延长储藏时间、保证种子质量。

人工种子至今还有一些关键问题没有解决，例如：人工种皮性能不尽人意；还没有一种符合多数植物胚状体需要的人工胚乳；胚状体储藏阶段的休眠控制；如何保证长期储藏而又不影响萌发率；制作流程较繁琐、成本高等。可见，人工种子的大规模推广还有待进一步的研究。

▶▶ **教学视频 3-4**
人工种子

思考

植物人工种子应用的优势与限制因素有哪些？

3.4　植物胚胎培养

植物胚胎培养（plant embryo culture）是指对植物的胚（种胚）及胚器官（如子房、胚珠）进行人工离体无菌培养，使其发育成幼苗的技术。

植物胚胎培养具有以下意义：

① 克服杂种胚败育，获得稀有杂种。

② 克服种子生活力低下，打破种子休眠，提高种子发芽率。

③ 快速繁殖良种，缩短育种周期。

④ 研究胚胎发育的过程和控制机制。

⑤ 获得单倍体（子房培养）和多倍体（胚乳培养）植株。

3.4.1　成熟胚培养

成熟胚培养（mature embryo culture）是将子叶期以后的胚从母体上分离出来，放在无菌的人工环境条件下使其进一步生长发育形成幼苗的技术。

成熟胚培养属于自养型，只需含无机盐和糖的培养基，有时附加一些其他化合物，包括氨基酸类、维生素类、天然提取物、生长调节剂等。

3.4.2　幼胚培养

幼胚培养（immature embryo culture）是将子叶期以前的具胚结构的幼小胚从母体上分离出来，放在无菌的人工环境条件下使其进一步生长发育形成幼苗的技术。主要是指胚龄处于早期原胚、球形期胚、心形期胚、鱼雷期胚的培养。

未成熟幼胚是异养的，离体条件下培养要求培养基成分复杂。在自然条件下，幼胚生长发育依赖胚乳提供营养。因为尚不完全了解胚乳为胚提供了什么物质，所以幼胚培养比较困难。幼胚培养在具体做法上与成熟胚培养基本相同，但是幼胚剥离必须在高倍解剖镜下进行，操作难度大，技术要求高。培养基渗透压对幼胚培养至关重要。渗透压调节主要依赖于糖。蔗糖是最好的碳源和能源物质，可维持培养基适当的渗透压，并且还可防止早熟萌发。

思考

植物胚胎培养与组织培养繁殖植物有怎样的不同？

无论是单一的还是复合的氨基酸都能刺激胚的生长。各种胚乳汁、酵母提取物、麦芽提取物等天然营养物被广泛使用。各种维生素一直被用于胚培养中，对初期幼胚一般是必需的。除培养基影响外，环境条件也影响胚生长。通常认为，对于幼胚培养，弱光和黑暗更适宜，因为胚在胚珠内发育是不见光的，但达到萌发时期需要光。光有利于胚芽生长，黑暗有利于胚根生长，因此，以光暗交替培养更佳。大多植物胚培养要求温度以 25 ~ 30℃为宜。

3.4.3　胚珠培养与子房培养

胚珠培养（ovule culture）是指未受精或受精后胚珠的离体培养。未受精胚珠培养可为离体受精提供雌配子体，也可诱发大孢子发育成单倍体植株。

子房培养（ovary culture）是指授粉和未授粉子房的离体培养。

因为合子和早期原胚很难剖取，培养条件要求极高，难于成功。通过已授粉胚珠和子房培养可对合子及早期原胚离体培养过程进行研究，并使早期原胚发育成苗。

胚珠培养最早的尝试性工作开始于 1932 年，1942 年首次在兰花上获得成功，得到了种子。1958年，培养授粉后 5 ~ 6 d 的罂粟胚珠获得成功，但是胚珠中仅含合子或两个细胞的原胚。20 世纪 70 年代末至 80 年代初，开始进行未授粉胚珠培养，例如：培养了未授粉非洲菊和烟草胚珠，并经愈伤组织阶段分化成单倍体植株。

具体操作上，从花蕾中取出子房，表面消毒后在无菌条件下剥取胚珠，接种培养。培养基常用Nitsch、MS、N6、B5 等，添加 IAA、IBA、2,4-D 等激素和 YE（酵母提取物）、CM（椰子汁）、CH（胆固醇）等营养物质及糖和维生素。

子房培养工作最早始于 1942 年。1949 年和 1951 年，尼齐（Nitsch）培养了番茄、小黄瓜、菜豆等传粉前或传粉后的子房，其中已授粉的黄瓜和番茄的子房在简单培养基上发育成了有种子的成熟果实，未授粉番茄子房在添加生长素的培养基上发育成了小的无子果实。1976 年，法国科学家山挪姆（San Noeum）通过未授粉的大麦子房培养首次获得了单倍体植株。后来相继获得大麦、烟草、小麦、向日葵、水稻、玉米、百合、青稞、荞麦、白魔芋、杨树等数十种单倍体植株。

受精后子房仍需进行表面消毒后再接种。未受精子房可将花被表面消毒后，在无菌条件下直接剥取子房接种。子房培养可以采用 MS、White、Nitsch 等培养基。

3.4.4　胚乳培养

胚乳（endosperm）一般是指被子植物在双受精过程中精子与极核融合后形成的滋养组织，也称内胚乳。这种组织既不是配子体，也不是孢子体，其染色体倍性一般为三倍体。裸子植物的雌配子体具有贮藏营养的功能，也称为胚乳；但它是由未受精的大孢子发育形成的单倍体雌配子体组织，兼有分化产生卵细胞的功能，与被子植物的胚乳在起源及染色体倍性上都是不同的。有些植物的珠心组织（孢子体部分）在种子发育过程中，不但没有被吸收消耗，反而增殖并发育成充满丰富营养的组织——外胚乳。

知识拓展 3-8

胚乳

胚乳培养（endosperm culture）是指将胚乳从母体上分离出来，放在无菌的人工环境条件下使其进一步生长发育形成幼苗的技术。以植物发育中的胚乳为外植体通过组织培养的过程培养产生不同倍性植株个体。

胚乳组织培养过程中器官发生途径常见的是胚乳组织先增殖形成愈伤组织，再分化形成茎芽。若把茎芽剥离后继续培养，则又能形成愈伤组织，由此再诱导分化出茎芽。胚乳组织培养分化茎芽必须使用外源细胞分裂素，其中 2- 异戊烯基腺嘌呤（2-ip）具有显著的促进胚乳组织分化茎芽的效果，激动素的效果也十分明显。水解酪蛋白（CH）的添加对于一些植物胚乳培养也具有促进茎芽分化效果。胚乳组织培养再生植株也可通过愈伤组织产生胚状体途径。取带胚乳细胞的种子（或果实）表面灭菌后，无菌条件下剥离胚乳组织，接种培养。胚乳发育时期大致分为早期、旺盛生长期和成熟期。旺盛生长期是取材最佳期，愈伤组织诱导率可高达 60% ~ 90%。成熟胚乳培养和未成熟胚乳培养可诱导产生愈伤组织或直接进行器官分化。愈伤组织一般由胚乳表层细胞分裂产生。一般而言，生长较慢、结构致密的愈伤组织管胞分化程度较高。

从 1933 年科学家利用植物组织培养方法尝试培养玉米幼嫩胚乳，到 20 世纪 80 年代只有少数胚乳植株培养成功，例如水稻、苹果、柚、檀香、大麦、马铃薯和猕猴桃等。胚乳组织培养再生植株，不一定保持原来倍性。用胚乳试管苗根尖等细胞进行染色体镜检，发现有二倍体、多倍体和非整倍体植株，往往是混倍体。有的植物由胚乳组织分化的小植株或器官大多是三倍体，在形态上和解剖学特征上与合子胚形成的植株相似。由于染色体数目和形态发生变异，胚乳的试管培养可望得到新类型的植株。胚乳植株的培养成功，说明胚乳细胞与二倍体或单倍体细胞一样具有全能性。

3.5　脱毒植物培育

很多植物都带有病毒，尤其是一些无性繁殖植物，例如马铃薯、甘草、草莓、大蒜等经济作物，以及康乃馨、菊花、郁金香、水仙、百合、鸢尾等用无性繁殖方法来繁衍的花卉。病毒积累对于花卉而言会影响花卉的观赏效果，对于经济作物会影响质量与产量，因此必须进行脱毒（virus elimination）处理。

在病毒感染的植株内，病毒的分布随植株不同部位和年龄而异。老叶和成熟组织及器官中病毒含量较高，幼嫩和未成熟的组织及器官中病毒含量较低。在根尖、茎尖生长点 0.1 ~ 1 mm 区域则几乎不含病毒，因为分生组织细胞分裂和生长速度快，而病毒在植物体细胞内繁殖速度相对较慢。此外，病毒是通过维管组织或胞间连丝传播至其他组织细胞的，而茎尖分生组织无分化，没有维管组织，所以该区域病毒数量极少。20 世纪 50 年代初，莫雷尔（Morel）发现用茎尖培养方法可以从严重感染病毒的大丽花植株得到无病毒苗（virus-free plant）。目前，多种植物，特别是许多园艺植物采用茎尖培养解决病毒危害相继取得成功。

3.5.1 植物脱毒方法

3.5.1.1 物理方法

高温处理高温处理又称热疗法。高温处理去除病毒的原理是一些病毒对热不稳定，在高于常温的温度下（35~40℃）即钝化失活，繁殖力下降，失去浸染能力，而植物基本不受伤害。但是，该方法仅对一些圆形病毒（如葡萄扇叶病毒、苹果花叶病毒）或者线状病毒（如马铃薯 X 病毒、马铃薯 Y 病毒）有效，对于杆状病毒效果不好。而且高温处理也容易使植物材料受热枯死，造成损失。热处理方法有温汤处理和热风处理。

① 温汤处理　将材料放置 50℃ 左右热水中浸数分钟至几小时，可使病毒失活。此法简便易行，适于离体材料和休眠器官的处理，缺点是易伤害材料。

② 热风处理　将盆栽植物移入室内或生长箱中，以 35~40℃ 温度处理几十分钟至数月。应该根据植物种类、器官类别和生理状况及待脱除病毒的种类等确定处理温度与处理时间低温处理低温处理又称冷疗法，降低温度能使病毒活力下降，例如：感染菊花矮化病毒和菊花褪绿斑驳病毒的植株经过 5℃ 处理 4 个月，可以获得 67% 的菊花矮化病毒苗、22% 的去菊花褪绿斑驳病毒苗。

3.5.1.2 化学方法

利用嘌呤和嘧啶类似物、氨基酸、抗生素等化学药品处理患病植物可以抑制植物体内病毒的复制。例如：烟草愈伤组织培养基中加入 2-硫脲嘧啶，可抑制马铃薯 Y 病毒（PVY）；放线菌酮能抑制原生质体中病毒的复制。三氯唑核苷是防治动物 RNA 病毒和 DNA 病毒病的广谱性抗病毒制剂。常用的化学药品还有孔雀绿、硫脲嘧啶、8-氮鸟嘌呤等。一些化学物质在某些程度上可抑制病毒复制，但不能使病毒失活，且对植物有毒害，一定程度上限制了应用。

3.5.1.3 生物方法

病毒并不会浸染植物的每一个部位，因此选择不带病毒的外植体来再生植株就可以达到去病毒的目的。怀特（White）早在 1943 年就发现植物生长点附近的病毒浓度很低甚至无病毒。因为该区无维管束，病毒难以进入。同期，莫雷尔（Morel）也发现通过茎尖培养可以从严重感染病毒的大丽花植株得到无毒苗，从此茎尖培养成为获得无病毒植株的重要途径。除了茎尖培养以外，发展起来的技术还有微体嫁接法、愈伤组织脱毒法等。

茎尖培养　是有效的植物脱毒方法，具有周期短、效率高的特点。同一种病毒在不同植物体内分布部位不同，不同病毒种类在同一种植物中分布部位不同，根据所脱病毒的不同，取不同大小的茎尖。尖越小对培养基的要求越高，成功率越低。

切取茎尖的大小与脱毒效果相关，茎尖越小，虽然病毒含量越低，越容易脱毒成功，但其营养、水分含量也低，培养时对培养基要求越高，剥离技术要求也越高。茎尖通常取材 0.2~0.5 mm。采用茎尖培养脱毒法，必须将植物种类、病毒种类、剥离茎尖的大小以及培养基营养组成四个方面统一起来考虑，才能收到理想的脱毒效果。另外，有研究表明，茎尖培养结合高温处理法脱毒效果会进一步提高。

微体嫁接法　指将极小的茎尖（小于 0.2 mm）嫁接到不带病毒的种子实生苗砧木上得到无毒苗。适用于茎尖培养脱毒生根困难、不能形成完整植株的植物，如柑橘、桃、苹果等。茎尖来源包括成年无病毒植株的茎尖、热处理或温室培养植株的茎尖以及脱毒试管苗茎尖等，以热处理植株茎尖嫁接应用最广泛。木本植物茎尖培养难以生根形成植株，可以采用微体嫁接法培育无毒苗。

愈伤组织诱导脱毒　植物器官或组织经诱导可产生愈伤组织，再分化培养长成小植株。由无病毒细胞产生的愈伤组织可以获得无病毒苗。有些愈伤组织细胞病毒浓度较低，在愈伤组织细胞快速分裂过程中，病毒的复制能力衰退或丢失，因此也可能获得无病毒苗。

珠心胚培养法　珠心胚由珠心组织细胞分化形成，具有和母体相同的遗传特性。通过珠心胚培养可以获得无毒的再生植株，同时又保存了母株的遗传特性。缺点是苗期较长、变异率较高。

花药培养脱毒　花药培养可产生无病毒植株。例如：草莓花药培养产生二倍体植株频率很高，且操作较茎尖培养脱毒简便。

3.5.2　脱毒植物鉴定

经过脱毒技术得到的脱毒植物必须经过严格的病毒检测，证实确实无毒又具备优良性状后才能作为种苗。常用的检测方法有：

直接检测法　直接观察植株茎、叶等器官有无病毒引起的症状。

指示植物法　指示植物是指用以产生局部病斑的寄主。利用病毒在指示植物上产生的枯斑作为鉴别病毒种类和数量的标准。在一定范围内，枯斑数与侵染性病毒的浓度成正比，由此可表示病毒的有无和多少。常用的指示植物有千日红、曼陀罗、豇豆、辣椒等。该方法优点是条件简单、操作方便。局限是只能用来鉴定靠汁液传染的病毒。

指示植物鉴定病毒的方法有摩擦接种法和嫁接法。①摩擦接种法：取待测植株叶片，处理得到汁液后与金刚砂混合，然后轻轻摩擦指示植物叶片，汁液侵入指示植物叶片的表皮细胞而不损伤叶片，冲洗后培养数天，观察有无病毒感染症状，以此判断待测植株是否带有病毒。②嫁接法：对于木本多年生果树或草莓等无性繁殖的草本植物，它们的病毒不是通过汁液传播，病毒的检测可以采用嫁接法。将被鉴定植株的芽作为接穗，指示植物作为砧木，嫁接后根据指示植物有无病毒症状判断待测植株有无病毒。病毒检测方法如下：

电镜法　制作超薄切片，采用电子显微镜观察样品材料有无病毒存在，还可以鉴定病毒颗粒大小、形状和结构。

抗血清检测法　病毒携带抗原，注射进动物体内会在血清中产生抗体得到抗血清。不同病毒产生的抗血清具有高度的特异性和专一性。因此可以用已知病毒的抗血清与样品是否发生血清反应来鉴定是否存在病毒。

分子检测技术　利用已知病毒的核苷酸序列设计引物，采用 PCR 技术体外扩增病毒基因片段，或者通过探针杂交、序列测定等分子技术检测。

🔍 **发现之路 3-7**
植物组培发展历史

思考
举例说明脱毒植物培养的意义。

💬 **开放讨论题**

讨论分析植物组织培养繁殖植物的优势与不足。

❓ **思考题**

1. 结合一个植物组培繁殖的实例，分析激素在植物再生过程中的作用。
2. 请分析比较试管植物、人工种子两条途径人工繁殖植物的优缺点。
3. 查找文献，结合实例分析影响植物组培再生植物的物理、化学、生物因素。
4. 结合一个实例，分析植物脱毒技术流程是怎样的。

📖 **推荐阅读**

1. Vasil I K. A history of plant biotechnology: from the cell theory of Schleiden and Schwann to

biotech crops. Plant Cell Reports，2008，27：1423−1440.

点评：植物生物技术是建立在细胞全能性和遗传转化基础上的。本文从进化的角度讨论了植物生物技术的推广与商业化，并强调植物生物技术在食品安全、人类健康、环境和生物多样性的保护中的作用。

2. Moshelion M，Altman A. Current challenges and future perspectives of plant and agricultural biotechnology. Trends in Biotechnology，2015，33：337−342.

点评：了解植物与农业生物技术的现状与挑战，以及植物生物学、基因组改造和组学等技术的进展，新型分子工具、筛选技术和科学的经济评价相结合应用于植物生物技术中，从而提高植物生物技术产品的培育与生产效率，更好地实现农业生物技术革命目标。

网上更多学习资源……

◆教学课件　◆参考文献

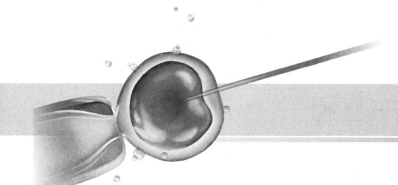

动物人工繁殖

　　具有优良性状和经济价值的动物的快速繁殖、动物品种改良以及珍稀动物保护也是细胞工程的重要研究内容，涉及生殖细胞和早期胚胎操作等一系列工程技术，包括人工授精、胚胎移植、体外受精、胚胎嵌合、动物克隆、动物性别控制等技术。本章重点针对试管动物、核移植动物进行介绍。

▶▶ **知识导图**

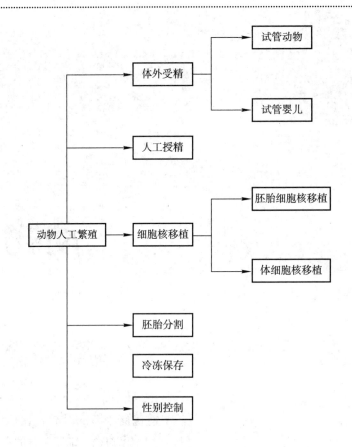

▶▶ **关键词**

胚胎工程　体外受精　胚胎移植　试管动物　人工授精　性别控制　细胞核移植　体细胞克隆
胚胎分割　冷冻保存

4.1　动物人工繁殖

动物人工繁殖（animal propagation）是以生殖细胞、体细胞或胚胎为材料，利用细胞工程技术手段实现动物人工繁殖的技术。

动物的人工繁殖不仅是物种延续的重要技术，也是提高繁育速度和质量、加快品种改良进程、获得特定遗传特性、提高生产效率、增加经济效益的重要途径。同时，动物繁殖技术也有力促进了人类生殖医学的发展，在生殖疑难疾病治疗、优生优育、开创疾病治疗新途径等方面发挥了重要作用。

胚胎工程（embryonic engineering）是指对动物早期胚胎或配子进行的显微操作和处理，包括配子与胚胎冷冻保存、卵母细胞体外成熟与体外受精、胚胎培养与胚胎移植、胚胎性别鉴定、胚胎分割和胚胎嵌合等技术。

动物人工繁殖主要包括有性繁殖和无性繁殖两条途径。前者关键技术是体外受精或人工授精，后者关键技术是核移植，两者都涉及胚胎培养与胚胎移植，依托胚胎工程技术（图4-1）。

▶▶ **教学视频 4-1**
动物人工繁殖的
意义

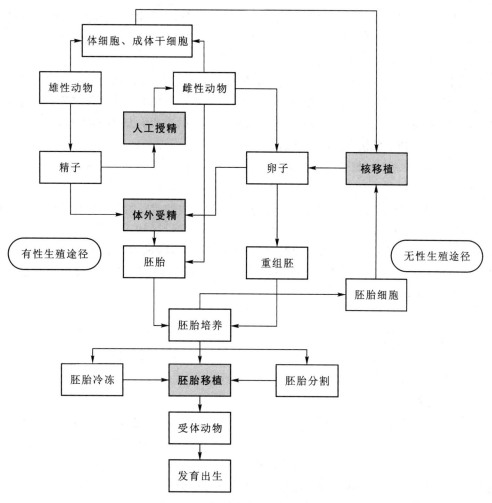

图 4-1 动物人工繁殖技术示意图

4.2 体外受精

体外受精（in vitro fertilization，IVF）是指将哺乳动物的精子和卵子在体外人工控制的环境中完成受精过程的技术。体外受精不仅有利于揭示受精本质和机理，而且有助于研究胚胎分化和发育过程。

胚胎移植（embryo transfer，ET）是指将受精卵或发育到一定阶段的胚胎移植到与供体同时发情排卵、但未经配种的"受体"母畜输卵管或子宫的技术。

体外受精动物也称试管动物（test-tube animal），是指将精子和卵子在体外受精，受精卵经体外培养发育到一定阶段后通过胚胎移植技术在代孕受体子宫内完成发育的动物。

早在 1878 年，德国人斯考克（Schenk）以家兔和豚鼠为材料，开始探索哺乳动物的体外受精，但一直没有获得成功。1891 年，英国剑桥大学的希普（Heape）首次成功地进行了兔子受精卵移植实验。1959 年，美籍华人生物学家张明觉以家兔为实验材料，从一只交配 12 h 后的母兔子宫冲取精子（即体内获能的精子），从另外两只经过超数排卵处理的母兔输卵管中收集卵子，将精子和卵子在体外人工配制的溶液中完成受精过程，然后将正常卵裂的 36 枚胚胎移植到 6 只受体的输卵管中，其中 4 只妊娠，并产下 15 只健康仔兔，这是世界上首批试管动物，它们的正常发育标志着体外受精技术的建立。1982 年，美国学者布拉吉特（Brackett）等培育出世界上第一只试管犊牛。

▶▶ 教学视频 4-2

哺乳动物受精过程

✦ 科学家 4-1

张明觉：哺乳动物
体外受精的奠基者

　　1978 年，爱德华（Edwards）培育成功了世界上第一例"试管婴儿"。目前，试管婴儿技术已经成为常规辅助生殖技术，每年帮助全球数以百万计的不孕夫妇实现孕育儿女的愿望。

　　试管动物具有以下优点：

　　① 充分利用优良母畜的繁殖潜力：自然条件下，一头优良品种母牛的卵巢内有几万个生殖细胞，但在一个正常性周期内只有几个卵泡同时发育，最后只有一个卵泡成熟并排卵。一头良种母畜一生大约只能繁殖 10 个左右的后代，大部分时间用于妊娠和哺乳。试管动物繁殖技术能够充分利用母体生殖潜力，满足大规模、快速繁殖优良动物品种的需要。

　　② 促进家畜改良的速度：繁殖能力提高可以使一头母畜在一个性周期内繁殖更多的仔畜，从而加速育种过程。

　　③ 便于保存遗传资源：利用胚胎超低温冷冻技术实现受精卵或胚胎的长期保存，对于优良或稀有哺乳动物的保护意义重大。

🔬 科技视野 4–1
体外受精技术示意图

　　④ 促进发育生物学、胚胎工程技术发展：体外受精不仅是克隆动物、转基因动物、胚胎干细胞分离和性别控制等重要辅助技术，直接应用于畜牧生产，而且也能广泛应用于配子发育、受精、胚胎发育、核质互作等一系列生殖机理基础研究。

4.2.1　试管动物培育

　　试管动物培育一般经过以下几个步骤：①精子采集与体外获能；②卵子采集与成熟培养；③体外受精；④早期胚胎体外培养；⑤胚胎移植；⑥妊娠与分娩。

4.2.1.1　精子的采集与体外获能

　　哺乳动物的精液中含有处于不同成熟状态的精子，需要对精子进行选择。通常在精液中加入少量培养液，活力强的精子会游到培养液表面。这种方法被称为"上浮分离法"。

　　精子获能（capacitation）是指精子获得穿透卵子透明带能力的过程。1951 年，美籍华人科学家张明觉和澳大利亚人奥斯汀（Austin）同时发现了哺乳动物的精子获能现象。精子获能去除了精子表面的覆盖物，使精子具有发生顶体反应的能力。当精子遇到卵子时，精子头部的"顶体"脱落，顶体酶释放，使卵子的放射冠和透明带溶解，精子进入卵子达到受精的目的。

　　自然状态下雄性精液中含有"去能因子"（大多是糖蛋白），附在精子表面，是顶体酶的抑制剂，抑制了精子的受精能力。去能因子的清除主要依靠宫颈、子宫及输卵管液中的 $\beta-$ 淀粉酶、胰蛋白酶、$\beta-$ 葡糖苷酶及唾液酸酶，后者在卵泡液中含量也很高。这些酶可以水解糖蛋白等"去能因子"，使精子具有受精能力。

　　20 世纪 60—80 年代中期，以家兔、小鼠和大鼠等为实验材料，在精子获能机理和获能方法方面取得很大进展。最初在同种或异种雌性生殖道孵育精子获能，发展到用子宫液、卵泡液、子宫内膜提取液或血清等在体外培养精子获能。也可在特定培养液中添加诱导精子获能的有效成分来完成精子体外获能。已经成功利用肝素和钙离子载体对牛、羊的精子进行化学药物诱导获能。1986 年，帕瑞斯（Parrish）等用肝素处理牛的冷冻精液，然后与体外成熟的卵母细胞体外受精获得成功。

4.2.1.2　卵子采集与成熟培养

（1）雌性动物体内采卵

　　超数排卵（superovulation）是给动物注射促性腺激素，使一头母畜一次排出比自然情况下多几倍到十几倍的卵子。影响超数排卵效果的因素包括：动物年龄、品种差异、卵巢状况、激素种类、剂量等。常用激素包括：孕酮（progesterone）、雌二醇（estradiol）、促卵泡激素（follicle stimulating hormone，FSH）、黄体生成素（luteinizing hormone，LH）、促性腺激素（gonadotrophin）、前列腺素（prostaglandin，PG）和孕马血清促性腺激素（pregnant mare serum gonadotropin，PMSG）等。

　　哺乳动物的受精在输卵管的前端进行，卵子处于第二次减数分裂的中期（M Ⅱ）。因此，用作体外受精的卵子需采用手术或腹腔镜的方法，从雌性动物的输卵管收集卵子。由超数排卵采集的卵子已在体内发育成熟，不需体外培养便可直接与精子受精。

（2）卵巢内卵母细胞收集、选择与成熟培养

活体卵巢采卵　借助超声波探测仪、内窥镜或腹腔镜直接从活体动物的卵巢中吸取卵母细胞。这种非手术方法简单省时、操作方便，而且可以反复多次采集。

卵母细胞的选择　采集的卵母细胞绝大部分与卵丘细胞形成卵丘 – 卵母细胞复合体（cumulus-oocyte complex，COC），要求卵母细胞形态规则、细胞质均匀，外围有多层卵丘细胞紧密包围。常把卵母细胞分为 A、B、C 和 D 四个等级。A 级卵母细胞要求有三层以上卵丘细胞紧密包围，细胞质均匀；B 级要求卵母细胞质均匀，卵丘细胞层低于三层或部分包围卵母细胞；C 级为没有卵丘细胞包围的裸露卵母细胞；D 级为死亡或退化的卵母细胞。在体外受精中，一般只选择培养 A 级和 B 级卵母细胞。

卵母细胞成熟培养　获得的卵丘 – 卵母细胞复合体需要在体外模拟动物体内环境进行体外成熟培养，获得具有受精能力的卵细胞。卵母细胞体外成熟培养的培养液的主要成分包括：氨基酸、水溶性维生素、无机离子、大分子营养物质、激素、能量物质等。普遍采用 TCM199 培养基添加孕牛血清、促性腺激素、雌激素和抗生素成分。还需对温度、渗透压、pH、气相等进行控制。

（3）卵母细胞成熟鉴定

卵母细胞成熟标志是处于第二次减数分裂中期，生发泡破裂、染色体凝集、纺锤体形成、极体排出、透明带软化、卵丘细胞扩散等。

减数分裂期间，卵母细胞染色体（chromosome）经历中期 I、后期 I 和末期 I，排出第一极体后停滞于减数分裂中期 II。双线期染色体扩散，进而显著凝集在核膜内缘，与核膜分解行为同步。该阶段，染色质包含很多致密的颗粒，加剧了染色体凝集。

在生发泡破裂和染色体凝集期间，着丝粒微管与微管中心结合，着丝粒与每对同源染色体的染色单体相连。卵母细胞体外培养一段时间，在纺锤体区伸出突起，形成第一极体（polar body）。

透明带（zone pellucida）主要由糖蛋白组成，位于放射冠和卵周隙之间。随着卵母细胞的体外成熟，透明带上精子受体（ZPl、ZPz、ZPa）发生重排，透明带外层呈网状，内层附着有已断裂的微绒毛，卵丘细胞胞质突起穿入透明带，同时透明带软化。

卵丘细胞（cumulus oophorus）扩展也常用作判断卵母细胞体外成熟的特征。靠近卵母细胞周围的卵丘细胞呈放射状排列，称为放射冠。

4.2.1.3　体外受精

受精过程中，精子顶体外膜与其相贴的卵细胞膜发生多点融合而破裂，继而出现小孔。顶体酶通过这些小孔释放出去，使卵细胞周围的卵丘细胞分散并去除放射冠，分解透明带。精子顶体内膜与卵细胞膜相互融合，最终雄性原核和雌性原核合二为一，完成受精过程。

体外受精（in vitro fertilization，IVF）或（external fertilization）是指哺乳动物的精子和卵子在体外人工控制的环境中完成受精过程的技术。通常有两种方法，一种方法是模拟体内的受精过程，称为共培养体外受精；另一种方法是借助显微操作器直接将精子注入卵周隙或卵细胞内，称为显微受精。

（1）共培养体外受精

将 2~3 个卵丘 – 卵母细胞复合体与约 10 万个精子，置 5% CO_2，37℃培养箱内共培养。培养液与动物细胞培养用培养液类似，但需添加肾上腺素、亚牛磺酸、肝素等。精子获能时间、精子添加密度、精 – 卵共培养的时间、培养液 pH 和离子强度等对受精率均有显著影响。将培养皿置于倒置显微镜下观察，卵细胞内出现一个雌原核，一个雄原核，标志着受精初步成功，但最终要通过观察受精卵是否可以发育至囊胚来评价。

（2）显微受精

显微受精是通过显微操作仪将哺乳动物精子注入卵细胞，使其在体外相互结合的技术。包括透明带修饰法、透明带下注射和卵浆内注射等。

透明带修饰法 对于有一定运动能力但顶体反应不全、无法穿过透明带的精子，可用人工方法破坏卵细胞的透明带，使精子比较容易通过破损处进入卵细胞完成受精。包括：机械法（用锋利的微型玻璃针切除部分透明带）、化学溶解法（选用透明质酸去除卵丘，然后用酸性 Tyrode 氏溶液局部溶解透明带）、激光法（用波长为 193 nm 的氟化氩激光束破坏透明带）。优点是对卵细胞的损伤小，但易造成多精子受精。

透明带下注射法 将精子直接注射入透明带下的卵周隙，从而完成受精。

卵浆内精子注射法 将精子直接注射入到卵细胞的细胞质内完成受精。可以避免多精受精问题；对精子没有太高要求，适用范围较广。

4.2.1.4 受精卵与胚胎体外培养

受精卵需在体外培养发育至桑葚期或囊胚期才能进行胚胎移植。

1957 年，维特（Whitten）用含牛血清白蛋白和乳酸盐的生理盐水把 2 细胞的小鼠胚胎培养到囊胚阶段，为哺乳动物胚胎的体外培养研究奠定了基础。

知识拓展 4-1
胚胎发育阻滞影响
因素分析

体外受精的早期胚胎在体外发育时，往往会停止在某一阶段不再发育，这种现象称为发育阻滞（developmental block），克服发育阻滞是胚胎体外培养技术发展的关键之一。造成胚胎发育阻滞的因素比较复杂。受精卵在发育早期基本受母源性信息调控，胚胎的发育阻滞与胚胎的母源基因调控向自身基因调控的转换有关。体外培养条件与体内发育条件的差异也可能会造成胚胎发育被阻断。

4.2.1.5 胚胎移植

胚胎移植（embryo transfer，ET）又称受精卵移植，是指将雌性动物的早期胚胎，或者通过体外受精及其他方式得到的胚胎，移植雌性动物体内，使之继续发育为新个体的技术。胚胎移植是动物胚胎工程的一项关键技术。胚胎移植的方法有手术法和非手术法两种。

手术法 对于绵羊等小家畜一般采用手术法移植。将同期发情的受体动物仰面固定在手术床上，全身麻醉，借助内窥镜观察排卵和黄体发育情况。腹部切口，将一侧卵巢上有黄体发育的子宫远端拉出，把胚胎输入子宫上 1/3 处。也可先用钝形针头在要移植部位刺一个小孔，然后把吸有胚胎的胚胎移植管（图 4-2）插入穿刺孔，小心输入胚胎。优点是移卵容易，卵损伤小，成功率较高。

教学视频 4-3
体外受精动物

非手术法 对于牛、马等大家畜经常采用非手术法。一般使用专用输胚枪直接插入子宫角内注入胚胎。非手术法胚胎移植开始于 20 世纪 60 年代，技术已经比较成熟。

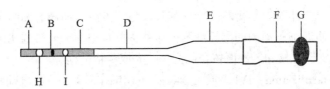

图 4-2　胚胎移植管
A. 液段 3；B. 胚胎液段 2；C. 液段 1；D. 细端；E. 粗端；F. 乳胶管；G. 玻璃珠；H. 气泡 2；I. 气泡 1
（引自：王蒂，细胞工程学，2003）

4.2.2 试管婴儿

试管婴儿（test-tube baby）是指将人的卵子与精子在体外受精，培养发育成早期胚胎，再植回到母体子宫内发育培育的婴儿，也就是采用体外受精（in vitro fertilization，IVF）联合胚胎移植（embryo transfer，ET）技术培育的婴儿，简称 IVF-ET 试管婴儿。

1978 年，世界首例试管婴儿路易斯·布朗在英国诞生。1983 年，澳大利亚培育出第一例人类冷冻胚胎试管婴儿。1988 年，我国首例常规试管婴儿在北京医科大学诞生。

试管婴儿根据体外受精技术不同可分为三个类型：

第一代试管婴儿　1977年，爱德华兹（Edwards）和斯蒂普特（Steptoe）培育的试管婴儿为第一代试管婴儿。主要特征是模拟体内受精过程，将精子与卵子通过共培养完成受精。主要适用于女性原因的不育，例如：输卵管堵塞、宫颈粘连等问题。

第二代试管婴儿　是指采用显微注射仪将单个精子注射进卵细胞内受精培育的婴儿。优点是正常受精率高，多精受精率低，主要适用于男性原因引起的不孕，例如：少精、弱精、畸形精和无精等。缺点是：由于使用的是非自然选择的精子进行受精，因此可能将遗传缺陷传给下一代，同时显微受精操作容易造成卵细胞损伤。

第三代试管婴儿　经过种植前遗传学诊断培育出的试管婴儿被称为第三代试管婴儿。与前两代试管婴儿区别在于，先从体外受精的胚胎取出部分细胞进行基因诊断，排除带致病基因的胚胎，然后再进行胚胎移植。这对于遗传病预防、提高婴儿质量具有重要意义。

试管婴儿培育基本与试管动物一致。主要技术环节包括：超排卵处理、阴道超声引导取卵、精液采集与体外获能处理、体外受精、受精卵体外培养、胚胎移植、子宫内发育、分娩等步骤。操作流程见图4-3。

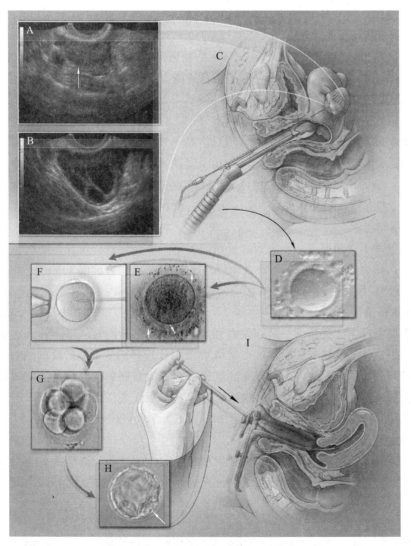

图4-3　试管婴儿的操作流程示意图

（引自：van Voorhis B J，New England Journal of Medicine，2007）

科学家4-2

试管婴儿之父：罗伯特·爱德华兹

教学视频4-4

试管婴儿

4.2.2.1 控制性超排卵与取卵

正常情况下，女性青春期起卵巢每月都有一些卵泡发育，但通常只有一个卵泡成熟并排出，而其他的一些卵泡退化成闭锁卵泡。这种自然排卵每个周期只能获得一个卵细胞，而且难以预测、控制排卵期，给采集卵细胞带来困难。人工使用药物诱发超排卵，能掌握并随意控制排卵时间。常用药物有氯蔗酚胺枸橼酸盐、枸橼酸克罗米芬（clomiphene citrate，CC）、人绝经期促性腺激素（human menopausal gonadotropin，hMG）和人绒毛膜促性腺激素（human chorionic gonadotrophin，hCG）。CC 或 hMG 可激发卵泡生长，而 hCG 则能激发卵母细胞继续进行减数分裂。

在月经周期的第 3～9 d，使用 CC 或者 hMG 激发卵泡生长，常规 B 超监测卵泡，当卵泡直径大于 16 mm 以上、血液中雌二醇浓度为 300 pg/mL，或尿中雌二醇值达 80～100 μg/d，单次给予 hCG，32～36 h 时可进行取卵。人工诱发超排卵每人每次平均可获 3.7 个卵细胞，为体外受精提供了保证。

早期采用开腹取卵；20 世纪 70 年代末改用腹腔镜下取卵；20 世纪 80 年代后借助超声波监视直接由腹面皮肤穿入腹腔，经膀胱到达卵巢取卵。目前多使用将超声装置和穿刺针结合为一体的阴道探头取卵：将阴道探头放入阴道，探头超声扫描，当探测到卵泡后，穿刺针刺入卵泡，负压吸取 2～3 mL 卵泡液。吸出的卵泡液在显微解剖镜下检查有无卵细胞，并对所取出的卵细胞成熟度进行评估。采集到的卵母细胞在进行体外受精之前需进行成熟培养，培养时间视卵母细胞成熟情况而定，从 5～8 h 到几十小时不等。

4.2.2.2 精子采集与获能处理

从供精者取得精液，室温 20℃，20～30 min 后精液液化进行常规检查。然后清洗精子去掉精浆；培养液 50 min 孵育，使精子具有在体外与卵子结合的能力（精子获能）和发生顶体反应能力。

4.2.2.3 体外受精

以共培养受精为例，将经处理的精子悬液 2～3 滴（含活动精子 5 万～10 万个）滴入具有成熟卵细胞的试管内或特制的培养盒中 37℃下共培养受精。精子发生顶体反应，穿过透明带与卵细胞结合。此时，卵细胞完成第二次减数分裂，并阻止其他精子受精。精卵结合后精原核及卵原核进行 DNA 复制，而后原核膜破裂，精卵染色体凝集。染色体凝集标志着受精过程的完成，受精卵开始第一次卵裂。可在显微镜下观察受精情况。若精子质量太差，无法自然受精，可以采用显微注射法辅助受精。

4.2.2.4 受精卵培养

在适宜培养条件下受精卵进一步发育。受精卵的第一次卵裂过程较长，随后较快。在体外受精后 30 h 左右，第一次卵裂形成 2 细胞胚胎；在 40 h 左右，第二次卵裂形成 4 细胞胚胎；到 48 h 后，胚胎一般处于 4～8 细胞阶段。胚胎发育到 16 细胞阶段约需 85 h，发育到早期囊胚约需 120 h。

4.2.2.5 胚胎移植

正常人体生理条件下，受精卵一般在发育到 8～16 个细胞阶段前从输卵管到达子宫，然后经附着植入。一般情况下，体外受精的胚胎移植在受精 48 h 后，选择约 8 细胞阶段的胚胎进行移植。胚胎移植时，先将移植导管牢固地接到注射针筒上，洗涤后吸入含有胚胎的移植液。应试者取卧位，在超声波引导下将导管插入宫腔中，注入胚胎移植液，静置 60 s 后慢慢拔出导管。应试者卧床 24 h，限制活动 3～4 d，同时接受黄体酮等孕激素助孕，于 10 d 后进行早期妊娠检查与诊断。

4.2.2.6 胚胎移植后处理与观察

胚胎移植后需补充黄体酮，目前多采用注射法给予黄体酮。胚胎移植后 14 d，可由验尿或抽血确定是否妊娠。如果确定妊娠，则改用 hCG 继续补充到怀孕 10 周。妊娠后 14 d，B 超检查胎儿数及胚胎着床部位。

4.2.2.7 存在问题

目前，体外受精的成功率已达 90%，卵裂率（体外培养成功率）为 70%，而经胚胎移植后的妊娠率只有 25%～30%，但是胎儿分娩成活率仅为 10%～15%。主要原因是妊娠早期胚胎的丢失率高。为保证成功率，一般移植 2~4 个胚胎较为合适。尽管多个胚胎移植可提高妊娠的成功率，然而多个胚胎移植会出现双胎、多胎现象。胚胎移植是妊娠成败的关键，提高胚胎移植成功率已成为研究人员的一个主要目标。

思考

试管动物繁殖技术的关键问题有哪些？

4.3 人工授精

4.3.1 定义与意义

人工授精（artificial insemination）是指将采集的精子注入发情母体内完成受精过程的技术。不同于体外受精，它不需要从供体获得卵子。1780 年，意大利科学家首次进行狗的人工授精试验并获得成功。1899 年，俄国学者伊万诺夫进行马和牛的人工授精，将其作为一门动物繁殖技术推广。目前，人工授精技术在奶牛人工繁殖方面应用最为广泛。

人工授精繁殖动物具有下面的意义：

① 提高优秀种公畜的利用率：可以使种公畜的交配母畜数超过自然交配的母畜数的几十倍甚至数百倍。冷冻精液的长期保存可以使优良种公畜精液的利用率大幅度提高。

② 加速品种改良：可以选择最优秀的种公畜用于配种，大幅度地提高了家畜后代的生产性能，加速了品种改良的速度。

③ 家畜配种不受时间及地域限制：收集和贮藏具有利用价值以及濒临绝种动物的冷冻精液，保证了家畜配种不受时间及地域限制。

④ 大幅度减少种公畜的饲养数量：只需保留极少数的优秀公畜，从而节省大量的饲料、饲草及管理费用，提高了畜牧业的经济效益。

⑤ 克服公、母畜体型悬殊和种间交配困难：采用人工授精技术可以解决体格硕大公畜与小体型母畜交配困难的问题。另外，在自然交配的情况下，马和驴、牦牛和黄牛、银狐和蓝狐等种间交配难以进行，而通过人工授精技术就可以顺利完成。

⑥ 防止疾病传播：人工授精避免了公、母畜的直接接触，可以防止疾病的传播，特别是某些因交配而感染的传染病。

⑦ 有利于提高母畜的受胎率：人工授精所使用的精液都是经过严格的品质检查的，同时母畜经过发情鉴定后配种，可以掌握适宜的配种时机，因此有利于提高母畜的受胎率。

4.3.2 人工授精技术

人工授精技术包括采精、精液处理、输精三个环节。人工授精与超数排卵技术联合使用，不仅可以增加优良公畜的利用率，也可增加优良母畜的利用率。

采精方法有假阴道法、按摩法、手握法、电刺激法等。其中手握法是广泛采用的方法。精液采集后要进行感官、精子密度、精子活率、精子畸形率、精子顶体完整率、精子存活时间、细菌学等检查，以评定精液质量。

精液处理主要包括精液稀释，在精液中添加一定数量、适宜于精子存活并保持其受精能力的溶液，可以供给精子代谢的营养物质、能源物质，保持良好的渗透压平衡，具有充分的酸碱缓冲能力，保护精子缓冲不良环境的危害，抑制细菌生长，便于精液的保存和运输。

输精采用专门的针对不同动物设计的输精器进行。一般情况下，经过超数排卵处理的母体动物在停药后 24~48 h 内有 95% 的母畜表现发情，在观察到发情的当日和次日晨进行人工输精。不同的家畜的输精次数、输精部位、间隔时间等均会影响其受胎率。

4.3.3 胚胎回收

通过超数排卵和人工授精的雌性供体动物，体内拥有超过正常数量的胚胎，因此可以经胚胎回收和胚胎移植，通过代孕母体达到大量繁殖优良后代的目的。

胚胎回收方法 因动物种类和回收时间不同而异，可分为离体生殖道回收、手术回收和非手术回收。小型动物多采用离体生殖道回收法，大型家畜采用非手术回收法，羊、猪或其他中小动物采用手术回收法。

离体生殖道回收法 此法主要用于小鼠的胚胎回收。回收方法是将小鼠处死，酒精棉球消毒后剖腹。无菌条件下取出输卵管，剪除附着于输卵管上的韧带及脂肪，冲洗干净放入含有少量冲卵液的平皿内，在显微镜下用异物针固定输卵管，用另一支异物针相反方向纵向撕开输卵管，胚胎会游离到液体中。回收进入子宫的小鼠胚胎时，将生殖道分离并冲洗干净后，从宫管结合部剪去输卵管。将子宫角放入平皿，用冲卵液分别冲洗两侧子宫腔，回收胚胎。

外科手术回收法 将母畜全身麻醉后仰卧固定于手术床上，前低后高成45°，破腹，借助内窥镜检查，用子宫专用钳引出子宫角和输卵管。一般采用输卵管——子宫双冲洗法收集胚胎：将玻璃导管插入输卵管，将注射器针头插入子宫角，然后将冲卵液（例如：杜氏磷酸缓冲液（PBS）加5%～10%的牛血清蛋白（BSA））向输卵管的反方向进行冲洗，含有胚胎的冲卵液通过玻璃导管流入采卵容器中。这种方法冲卵液用量少、容易观察、回收率高。但是不足之处是手术前动物需空腹1天、全身麻醉、术后易形成组织黏结和疤痕。目前，绵羊、山羊等小型动物一般采用这种方法。

非手术回收法 主要是借助采卵器从阴道到达子宫采集胚胎。采卵器是一种专用的二通或三通硅胶管制品，前端有一气囊。气囊充气后将子宫腔堵住，防止冲卵液从子宫颈流出。用一条导管向子宫角输入冲卵液，由原导管或另一条导管将冲卵液收集到采卵容器中。目前一些大家畜如牛、马等多采用这种方法。优点是母畜受伤害小、可重复多次采集、简单方便。但是缺点是对于桑葚胚之前的早期胚胎不太适用，操作前需清除直肠内粪便，不适用于体形小的动物。

4.3.4 胚胎鉴定

胚胎回收净化处理后，在胚胎移植前需进行胚胎鉴定。可根据以下特征进行：

① 胚胎的发育阶段和胚胎细胞的形态。
② 胚胎的形态与匀称性，胚内细胞大小。
③ 胞质的结构及颜色，胚内是否出现空泡、细胞碎片，有无脱出的细胞。
④ 胚胎的大小是否正常。
⑤ 透明带的形态和完整性。

思考

人工授精动物与体外受精动物有怎样的异同？

理想的胚胎呈球形，胚内细胞结构紧凑。胚内细胞间的界线清晰可见，细胞大小均匀，排列规则。透光度一致，既不很亮又不太暗。细胞质中含有一些均匀分布的小泡，没有细颗粒或不规则分布的空泡。有较小的卵周隙；透明带完整，无皱纹和萎陷；胚内没有细胞碎片。合格的胚胎可以用于胚胎移植繁殖后代。

4.4 核移植

▶ 教学视频 4-6
体细胞核移植简介

克隆（cloning）是指通过无性繁殖手段获得遗传背景相同个体的技术。生物的主要遗传物质存在于细胞核中，因此动物克隆可以通过细胞核移植实现，主要包括胚胎细胞核移植、体细胞核移植。利用胚胎分割得到的动物属于广义上的克隆动物。

细胞核移植（cell nuclear transfer）是一种利用显微操作技术将一种动物的细胞核移入同种或异种

动物的去核成熟卵细胞内的技术。

核移植动物（nuclear transplant animal）是用特定发育阶段的细胞（胚胎细胞、体细胞）核供体及相应的核受体（去核的卵细胞）体外构建重组胚，通过胚胎移植获得的动物。细胞核移植所得到的动物为核质杂种。

哺乳动物的胚胎细胞具有全能性，理论上每个胚胎细胞经过核移植，都能发育成遗传性状完全相同的个体。从未着床的早期胚胎中分离单个细胞，取核后注入卵母细胞并去掉两个原核，体外培养发育成早期胚胎后移入受体妊娠，就可以获得胚胎细胞克隆动物，后代具有与核供体相同的性状。

体细胞数量丰富并且易于获得，因此体细胞核移植动物技术在加快优良动物繁殖，抢救濒危动物方面意义重大。由于可以用患者本人细胞，因此，可以通过核移植体外培养胚胎得到干细胞或者新组织，在治疗性克隆方面具有应用价值。

4.4.1 核移植动物的发展历程

核移植动物研究经历了三个发展阶段：两栖类（20世纪50年代）、鱼类（20世纪60年代）、哺乳类（20世纪80年代）。

早在1892年，杜里舒（Driesch）和威尔逊（Wilson）就分别对海胆和文昌鱼分割后的卵裂球进行了动物克隆的尝试。1938年，德国胚胎学家施佩曼（Spemann）提出"分化细胞的核移入卵子中能否指导胚胎发育"的设想，目的是观察不同阶段的细胞核与新的卵细胞质结合后，是否影响和改变细胞核的功能以及细胞核的发育全能性，并在两栖类脊椎动物尝试了克隆动物实验，但是由于当时技术等方面的原因没能找到将细胞核导入卵细胞的方法。

与哺乳类动物相比，两栖类动物卵数量较多且容易获得，体积较大，操作方便，因此，两栖类动物成为早期动物细胞核移植研究的材料。1952年，美国科学家布里格斯（Briggs）和金（King）首先用两栖类卵细胞建立了细胞核移植技术。1962年，英国科学家戈登（Gurdon）将一个青蛙卵细胞的细胞核替换为成熟肠细胞的细胞核发育成为一只正常的蝌蚪。1974年，戈登等从蝌蚪的皮肤细胞中分离出细胞核，4%的核移植卵发育成了蝌蚪。

1981年，瑞士科学家伊尔门泽（Illmensee）等首次将小鼠囊胚内细胞团细胞的核移入去核的受精卵中，经培养发育到囊胚期，再将此胚胎植入同步假孕小鼠的子宫内，最后产下两雌一雄仔鼠。1984年，英国科学家维拉德森（Willadsen）利用胚胎细胞成功地克隆了一只小绵羊。1997年，英格兰爱丁堡罗斯林研究所和PPL制药公司利用高度分化的绵羊乳腺上皮细胞，通过核移植克隆了一只雌性小绵羊——多莉，这是第一个体细胞克隆的高等哺乳动物。

我国的动物核移植技术工作开始于20世纪50年代，主要是在两栖类和鱼类上进行。1963年，童第周等首次报道了鱼类的核移植研究。由他撰写的论文《鲤鱼细胞核和鲫鱼细胞质配合而成的核质杂种鱼》发表在1980年的《中国科学》上，报道了中国成功获得具有"发育全能性"克隆鱼的成果。1981年，中科院水生生物研究所将成年三倍体鲫鱼的肾脏细胞核移植到二倍体鲫鱼去核的卵子中，获得了三倍体的克隆鱼并发育成成体。1990年后，我国利用胚胎细胞核移植方法相继得到了克隆山羊、克隆牛、克隆小鼠等。2018年1月25日，中国科学院神经科学研究所科学家成功突破了克隆灵长类动物的世界难题，培育成克隆猴。

4.4.2 核移植动物技术

核移植动物技术环节主要包括：核供体细胞的获得与取核、受体细胞的准备与去核、细胞核移植、重组胚的激活与培养、胚胎移植、核移植后代鉴定。

4.4.2.1 核供体细胞获得与取核

供核细胞可以是原代细胞或传代细胞，从来源上包括胚胎细胞、体细胞。分离制备单个动物细胞，

科学家 4-3
戈登：克隆先驱

发现之路 4-1
胚胎核移植动物培育

知识拓展 4-2
体细胞克隆哺乳动物——克隆羊多莉

科学家 4-4
童第周：中国实验胚胎学的主要奠基人

教学视频 4-7
克隆动物及其发展历史

科技视野 4-2
体细胞克隆猕猴

发现之路 4-2
来源于胎儿和成年哺乳动物细胞的后代

体外培养得到正常二倍体体细胞系，通常采用处于 G_0 期细胞作为核移植的供体细胞。C_0 期细胞又称为 Q 细胞、静止细胞（quiescent cell）、休止细胞（resting cell）。G_0 期细胞从生长方面看是处于静止状态，在适宜的刺激下，细胞能被触发，从静止状态进入到增殖状态。在进行体细胞克隆时，在 5~10 d 内将培养液中的血清浓度从 10% 逐渐减少到 0.5%（即血清饥饿法），造成营养缺乏，诱导细胞脱离正常周期而进入 G_0 期。采用细胞松弛素 B（cytochalasin B）诱发细胞排核或者显微操作取核等方法得到细胞核。

4.4.2.2　受体细胞去核

核移植所用受体细胞一般采用 MⅡ期成熟卵母细胞。尽管体内成熟卵母细胞质量较好，但数量有限。目前，体外成熟（in vitro maturation，IVM）培养的卵母细胞可以替代体内成熟卵母细胞进行核移植。

几种卵母细胞去核方法如下。用荧光染料 Hoechst33342 对卵细胞 DNA 进行染色，在荧光显微镜下进行去核操作，可提高去核成功率。

盲吸去核法　用细胞骨架抑制剂——细胞松弛素 B 或秋水仙碱处理卵母细胞，使细胞骨架松弛。用固定管在第一极体对面吸引固定卵母细胞，将外径 25~30 μm 的尖头去核管轻轻刺入透明带，停在第一极体附近的卵周隙中，轻轻吸入第一极体及其临近的细胞质，将去核管连同其中的内容物拉出透明带，完成卵母细胞去核。去核后的卵母细胞用培养液洗涤后继续培养 1~2 h，用做细胞核移植受体。卵母细胞去核过程见图 4-4。

功能性去核法　通过用紫外线或激光照射使染色体失活而达到去核目的。例如将卵母细胞经 Hoechst33342 染色，经过短时紫外线照射，可使核失去功能。

▶▶▶ 教学视频 4-8
细胞核移植的操作
演示

化学诱导去核　用脱羰秋水仙碱（demecolcine）处理 MⅡ期卵母细胞使其排放第二极体。由于脱羰秋水仙碱的作用，核染色质没有分开而全部进入第二极体。这样就可完成去核。这种方法可以在同一时间大量去核，同时还避免了人为操作的不稳定性和低重复性。

4.4.2.3　细胞核移植

在显微操作仪操纵下，利用较细的注核针抽吸供体核后，注入去核的受体卵母细胞的间隙中，完成核移植（图 4-5）。根据移入的部位不同，可分为透明带下移植和细胞质内注射。直接注射到细胞质内对卵膜及卵细胞质损伤大，容易造成卵母细胞死亡。透明带注射可以避开对卵膜及卵细胞质的损伤。

4.4.2.4　重组胚激活

正常受精卵的发育启动和早期卵裂主要由卵母细胞胞质中母源信息所控制，成熟的卵母细胞质能

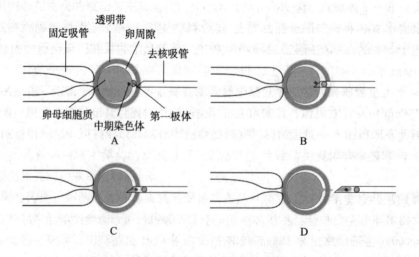

图 4-4　卵母细胞去核示意图
A. 接近透明带；B. 插入透明带；C. 吸取极体、中期染色体及周围胞质；D. 退出

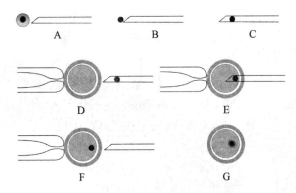

图 4-5 直接注射进行核移植示意图
A. 供体细胞核；B. 去除胞质；C. 吸入；D. 准备注入；E. 注入；F. 重组的胚胎；G. 激活
（引自：王蒂，细胞工程学，2003）

使移入的细胞核在形态上和功能上发生变化。但是重组胚的发育需要进一步激活，可以采用电激活和化学激活方法。

电激活时可把重组胚放在电融合槽两极之间，用几次瞬时直流脉冲刺激使其激活。如果在电激活的同时，采用一些化学物质或蛋白类物质对电激后的重组胚做进一步处理，可以更好地激活重组胚，例如：三磷酸肌醇、Ca^{2+} 离子载体和蛋白质合成抑制剂（放线菌酮）、细胞松弛素 B 等。

单独使用化学激活剂也可对重组胚进行激活。常用的化学激活剂包括 7% 乙醇（处理 5~7 min）、离子霉素（ionomycin）（5 μmol/L 的 DMSO 溶液，处理 5 min）、Sr^{2+}（氯化锶，5~10 mmol/L，处理 30~180 min）等。

4.4.2.5 重组胚培养和移植

激活后的重组胚可以采用体内和体外两种方式进行培养。体外培养是将重组胚在特定培养液中培养至囊胚，选择优质胚胎移入同种的同期发情的受体中继续发育。培养 48 h 时检查重组胚的卵裂率，并观察检查、记录桑葚胚及囊胚发育率。培养期间每 48 h 半量换液一次。体内培养是将重组胚植入同种或异种动物的输卵管中发育至囊胚或桑葚胚，然后进行胚胎移植。

4.4.2.6 核移植后代的鉴定

对于核移植培育的动物可以从形态、性别上鉴定，还可以采用分子生物学技术鉴定。

4.4.3 影响核移植动物成功率的因素

4.4.3.1 核供体、核受体与细胞周期同步化

在胚胎细胞核移植时，核供体如果超过了囊胚阶段会影响重组胚的发育。

核移植要求作为核受体的卵母细胞的核必须完全去掉，否则会形成异倍体，重组胚不能正常发育。

通常采用处于 G_0 期细胞作为核移植的供体细胞。细胞核移植所用受体细胞一般采用 M Ⅱ 期的成熟卵母细胞。另外，供体细胞周期的选择因诱导卵母细胞活化和胚胎融合的方法不同而有所差异。

如果将 S 期供体核与减数分裂中期卵母细胞质融合，会导致供体核发生早熟染色体凝集（形成的染色体形态与 G_0 期供体核不同），这对胚胎发育不利。S 晚期核由于不完全的染色体凝集也会导致染色体构建不正常。

如果将 G_1 期核或 G_2 期细胞核移植于去核的成熟卵母细胞，其命运取决于两个因素：第二极体排出；供体核的重新编序。

4.4.3.2 重组胚培养与激活

目前，重组胚的体外培养系统还不完善，重组胚经体外培养后会降低其发育能力和活力，体外培养得到的桑葚胚或囊胚移植后的妊娠及产仔率低。改善体外培养条件，提高重组胚的活力和囊胚的体

▶▶ 教学视频 4-9
动物克隆技术

思考
胚胎细胞克隆动物与体细胞克隆动物各有什么优势？

外发育率是动物克隆的重要环节之一。

重组胚的正常发育依赖于卵母细胞质的充分激活。核受体胞质是否被完全激活直接影响到重组胚的发育能力，而卵母细胞的成熟程度又与其激活能力密切相关。卵母细胞成熟包括核成熟和胞质成熟两方面。体外成熟培养的卵母细胞核、质成熟并不同步化，其中胞质成熟较慢，因而体外成熟培养的卵母细胞作为核受体时，培养时间要适当延长。电刺激的一个重要功能是激活卵母细胞质，使重组胚进入发育程序。一般认为老龄卵母细胞容易被激活，但核移植后的发育能力不如新鲜卵母细胞。

科技视野 4-3
克隆猴在中国诞生

知识拓展 4-3
动物克隆历程

知识拓展 4-4
动物人工克隆

4.5 胚胎分割

胚胎分割（embryo bisection）是指借助显微操作仪切割早期胚胎成多等份，再移植给受体，从而培育同卵后代的技术，是一种广义上的动物克隆技术。1970年，穆勒恩（Mullen）等将小鼠2细胞卵裂球分离、培养、移植，培育了同卵双生小鼠。

胚胎分割是扩大胚胎利用率的一种有效途径。胚胎分割技术不仅可以使胚胎移植的胚胎数目成倍增加，而且可以产生遗传性状相同的后代，这对畜牧业生产和基础研究有着重要意义。

常见的胚胎分割方法如下：

机械分割法　在显微操作仪下，一个臂固定吸住胚胎，另外一个臂用显微玻璃针摘除透明带，然后对裸露的胚胎进行切割，或者用显微手术刀直接将胚胎分割成2分胚胎、4分胚胎等（图4-6）。

知识拓展 4-5
胚胎分割克隆猴

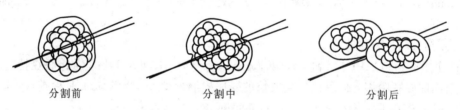

分割前　　　　　　　分割中　　　　　　　分割后

图 4-6　玻璃针分割胚胎示意图
（引自：王蒂，细胞工程学，2003）

思考
胚胎分割动物与试管动物、核移植动物有怎样的异同？

酶解 - 机械分割法　将胚胎用 0.2% ~ 0.5% 的链霉蛋白酶 -Hanks 溶液孵育，用机械法剔除透明带得到裸露的胚胎，然后再用显微手术刀进行胚胎分割。也可以在用酶软化透明带的基础上，用一只玻璃管除去外层透明带，然后用显微手术刀直接将胚胎分割。

4.6 冷冻保存技术

精子、卵母细胞和早期胚胎的冷冻保存保证了动物人工繁殖不受环境、地点和时间等因素的限制，还为建立优良动物的配子库、胚胎库提供了可能。

4.6.1 胚胎冷冻保存

与保存精子相比，胚胎冷冻保存具有优越性，可以通过胚胎移植获得后代。胚胎冷冻保存便于胚胎的运输和移植，但是与鲜胚移植相比，面临着产仔率较低、流产率较高等问题。

胚胎保存分为短期临时保存和长期冷冻保存两种。动物早期胚胎在 0 ~ 4℃ 条件下会暂时停止发育，因此胚胎可以在 0 ~ 4℃ 低温情况下保存 2 ~ 3 d；也可将动物早期胚胎放入含有 20% 血清的 PBS 溶液中 37℃ 恒温保存 2 d。

20 世纪 50 年代，史密斯（Smith）用甘油成功地保存了兔胚胎；1971 年，惠廷厄姆（Whittingham）用慢速冷冻保存小鼠胚胎获得成功，并于 1972 年报道小鼠冻融胚胎妊娠成功产出鼠仔。1978 年，维拉德森（Willadsen）建立了快速冷冻方法；1983 年，澳大利亚冻融人胚胎移植妊娠成功。1985 年，偌尔（Rall）和佛莱（Fahy）用 DMSO、乙酰胺、丙二醇、聚乙二醇组成玻璃化溶液一步冻存获得 87.5% 的冻后发育率。

4.6.1.1 抗冻保护剂

胚胎冷冻过程的关键是设法减少细胞内冰晶对胚胎的损伤。加入抗冻保护剂能避免冰晶的形成。常用的保护剂包括：

渗透型冷冻保护剂 属于细胞内液抗冻保护剂，一般为小分子物质，在 0℃ 以上很容易通过细胞膜进入细胞质。在进行胚胎冷冻时，如果加入该保护剂，则水分子从细胞内渗出，减少了细胞内冰晶的形成；同时保护剂与水分子结合形成氢键，降低了冻结部分的电解质浓度，从而减少了冷冻过程对细胞的损伤。常见的渗透型冷冻保护剂有甘油、二甲基亚砜（DMSO）、丙二醇和乙二醇等。

非渗透型冷冻保护剂 属于细胞外液抗冻保护剂，又称为细胞外冷冻保护剂，一般为高分子物质，能够溶解于水，但不能进入细胞。非渗透型冷冻保护剂主要通过改变渗透压引起细胞脱水，发挥非特异性保护作用。常见的非渗透型冷冻保护剂包括单糖（如葡萄糖）、二糖（例如蔗糖）、三糖（例如棉子糖）、聚乙烯吡咯烷酮、白蛋白等。

抗冻蛋白（antifreeze protein，AFP） 是在耐寒鱼类或昆虫等动物中发现的一种具有特殊功能的蛋白质，在低温（4℃）和超低温（-168 ~ -130℃）下可以与细胞膜相互作用而保护细胞。抗冻蛋白能够抑制细胞内冰晶的形成，增强生物体抵御寒冷的能力。

冷冻保护液常用 pH7.2 ~ 7.4 的磷酸盐缓冲液（PBS）来配制，也可用生理盐水来配制。在实际应用中，缓慢冷冻法经常只使用一种抗冻保护剂，如甘油或乙二醇或丙二醇；玻璃化冷冻常应用多种抗冻保护剂，如甘油和丙二醇，甘油和乙二醇或者乙二醇和丙二醇，再加入葡萄糖、蔗糖或半乳糖。甘油可调节细胞脱水并保护蛋白结构，本身并不能保持细胞膜结构，而且在高浓度和高温下可以诱发膜融合，因此解冻后需尽快除去甘油。

4.6.1.2 冷冻方法

将需要保存的胚胎装入特制的细管中放入液氮中保存是最常用的保存方法。用于胚胎冷冻的细管与装管方法见图 4-7。先将要冷冻的胚胎放入 20℃ 的平衡液中脱水 7 min，将细管有棉塞的一端插入装管器，将无塞端伸入保护液中，吸取一定量的保护液后移入一小段气泡（约 10 μL），然后再吸入胚胎和保护液，吸取约 10 μL 的气泡，再吸取保护液，然后封管。封管时可直接采用热合、塑料珠、明胶等方法。为避免在冷冻和解冻过程中的热胀冷缩引起细管破裂，在密封时尤其要注意棉塞与液体间要有小的空隙，不能接触。

根据冷冻速度不同可以采取缓慢冷冻法、程序冷冻法、快速冷冻法、超快速冷冻法；根据所用冷冻保护剂浓度的不同，胚胎冷冻方法又可以分为一步冷冻法和玻璃化冷冻法。缓慢冷冻法是最早建立起来的一种哺乳动物胚胎冷冻方法，比较费时，保护剂对胚胎作用时间较长、毒性大；快速冷冻法由于降温速度较快，胚胎脱水不充分，冷冻后细胞内外都有冰晶形成，从而对胚胎造成的机械损伤很大。这两种方法目前已较少应用，目前比较常用的方法如下：

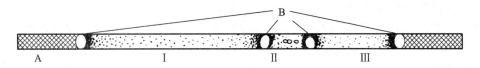

图 4-7 胚胎冷冻的细管与装管方法

A. 棉塞；B. 气泡；I、III. 保护液；II. 含胚胎段

（引自：李青旺，动物细胞工程与实践，2005）

程序冷冻法 是目前胚胎冷冻最常用的方法，所用冷冻保护剂一般为二甲亚砜（DMSO）、氨基酸、丙三醇（甘油）、1,2-丙二醇等。大致步骤如下：

① 将胚胎在含 20% 小牛血清的 PBS 溶液中洗涤 2 次。

② 将洗涤过的胚胎在室温条件下加入含 1.4 mol/L 甘油和 20% 小牛血清的 PBS 的冷冻液中平衡 20 min。

③ 将胚胎和冷冻液装入 0.25 mL 胚胎冷冻细管中，封口，并在细管外标记供体号、胚胎数量、等级、冷冻日期等。

④ 将装入胚胎的细管放入冷冻仪中，在 0℃ 平衡 10 min，以 1℃/min 的速度降至 -6～-7℃，并在此温度下诱发结晶，平衡 10 min，然后以 0.3℃ 的速度降温至 -35～-38℃，投入液氮保存。

⑤ 解冻时从液氮中取出装胚胎的细管，在空气中平衡 10s，立即置于 37℃ 水浴解冻，1 min 后取出完成解冻过程。

⑥ 将细管中的冷冻液及胚胎推出，在显微镜下尽快找到胚胎，并注入解冻液。再采用三步法脱除甘油，每步 5～7 min，最后用 PBS 液将胚胎洗 3～5 遍，进行移植。

玻璃化冷冻法 不需要专门仪器，加入高浓度的抗冻液急速冷冻，由液体转化成透明胶状固体。玻璃化冷冻保护液组成一般为：20.5% 的 DMSO、15.5% 乙酰胺、10% 丙二醇和 6% 乙二醇。优点是：简化了胚胎冷冻操作程序，具有快速、简单、高效、不需要复杂昂贵的冷冻仪器，生产上易于推广应用。一般步骤如下：

① 将胚胎在含 20% 小牛血清的 PBS 溶液中洗涤 2 次。

② 将洗涤过的胚胎在室温条件下加入含 1.4 mol/L 甘油和 20% 小牛血清的 PBS 的冷冻液中平衡 10 min。

③ 将胚胎转移到含抗冻保护液中，立即装入胚胎冷冻细管。

④ 将细管在液氮罐颈部预冷 5 min 后投入液氮中保存。

⑤ 解冻时从液氮中取出细管，在空气中平衡 7s，迅速投入 20℃ 温水中，摇动细胞管使其解冻均匀。

⑥ 将解冻后的胚胎移入含 1.0 mol/L 蔗糖 +20% 小牛血清的 PBS 溶液中平衡 10 min，除去保护剂；再用含 20 小牛血清的 PBS 溶液洗涤 2 次后用于移植。

思考

胚胎冷冻技术对于人工繁殖有怎样的意义？

4.6.2 精子冷冻保存

精液保存是体外受精、人工授精培育动物的一个关键问题。精液保存分为常温保存（15～25℃）、低温保存（0～5℃）、冷冻保存（-79℃、-196℃）三种。

低温保存 在抗冷剂保护下降温至 0～5℃ 保存，利用低温抑制精子活动，降低能量消耗，抑制微生物生长。可通过加入卵黄、奶类等抗冷休克物质避免产生不可逆的冷休克现象发生。

冷冻保存 将精液在 -79℃、干冰或者 -196℃ 液氮中保存，是目前精液保存使用最广泛的一种技术。在超低温条件下，精子的代谢活动完全被抑制，处于静止状态，一旦升温又能恢复受精能力。为了保证冷冻精子在解冻后仍具有较高的活力，必须克服冷冻、解冻处理对精子形态或生理、生化和功能上的损害。注意选择合适的稀释液和冷冻保护剂。

4.6.3 卵母细胞冷冻保存

卵母细胞冷冻保存比精子和胚胎困难。冷冻后卵母细胞的线粒体、微管、囊泡等亚细胞结构会受到损伤，冷冻保护剂也会促使透明带过早硬化。如果冷冻造成了卵母细胞亚细胞结构的损伤，会影响到卵母细胞复苏后的质量。

借鉴胚胎冷冻方法卵母细胞冷冻保存技术得以建立。1986 年人的成熟卵母细胞冷冻获得成功。1992 年日本由冷冻的牛成熟卵母细胞体外受精成功获得牛犊。玻璃化冷冻法是使用比较广泛的卵母细胞冷冻保存方法，所用的冷冻保护剂浓度较高。在超低温环境下，冷冻保护液凝固成无规则的玻璃样固体，该固体物质可保持液态时正常的分子与离子分布，卵母细胞在这种冷冻保护液中脱水至一定程度后，在冷冻过程中形成胞内玻璃化，从而使卵母细胞得到保护。目前，玻璃化冷冻法多采用两步法，即先将卵母细胞移入低浓度的冷冻保护剂中，室温下平衡 3 ~ 5 min，接着再移入冷冻保护液中，立即装管，经液氮熏蒸 1 ~ 2 min 或不熏蒸而直接投入液氮内。

4.7 性别控制技术

性别控制（sex control）是通过人工手段繁殖所需要性别动物个体的一门技术。1955 年，艾希瓦尔德（Eichwald）和斯劳姆热（Silmser）发现了雄性特异性弱组织相容性抗原（H—Y），引发了对精子分离选择和胚胎性别控制的广泛研究。通过性别控制可以有效控制动物后代性别比例，提高经济效益。

哺乳动物的 Y 染色体上有一个性别遗传控制因子，称为睾丸决定因子（testis determining facter，TDF）。在人 Y 染色体短臂发现了一个单拷贝基因，称为 Y 染色体性别决定区基因（sex determining region Y gene，SRY）（图 4-8）。一种假说认为：哺乳动物 XY 染色体上的 SRY 基因可以激发下游基因 MLS 的转录，引起缪氏体抑制和睾酮分泌，最终形成雄性组织。XX 染色体因缺少 SRY 基因，染色体上 DSS 位点基因转录促进卵巢发育，形成雌性。

动物性别控制方法主要包括受精前控制、胚胎移植前控制。

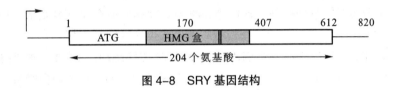

图 4-8　SRY 基因结构

4.7.1 哺乳动物受精前性别控制

根据哺乳动物 X 与 Y 精子在物理和生化特性上的不同可以实现彼此分离，再通过体外受精、胚胎移植得到需要性别的动物。

① 精子重量：X 与 Y 精子染色体所含 DNA 不同，X 染色体 DNA 含量比 Y 染色体多（两者的 DNA 含量差异一般在 3% ~ 5% 之间），质量和体积也大。由于密度不同，X 和 Y 精子沉降速度不同。

② 精子运动：Y 精子活动能力比 X 精子强，运动速度快，在含血清蛋白的稀释液中呈直线运动。

③ 精子耐酸碱性：Y 精子有嗜碱性，而 X 精子有嗜酸性。

④ 精子表面 H—Y 抗原及分布：H—Y 抗原（雄性特异性次要组织相容性抗原）是一种弱抗原，目前了解 Y 精子能表达 H—Y 抗原。附睾头分离的精子 H—Y 抗原主要分布于靠近精子的尾部，附睾尾分离的精子 H—Y 抗原主要分布在顶体后端。

基于以上 X 与 Y 精子的差异，有以下几种分离方法：

免疫学分离法　Y 精子上存在雄性特异性组织相容性抗原（H-Y 抗原），利用 H-Y 抗体检测精子质膜上是否存在 H-Y 抗原，以此分离 X 精子（H-Y 抗原阴性）和 Y 精子（H-Y 抗原阳性）。主要有免疫亲和柱层析法和免疫磁珠法。

离心分离法　X 精子 DNA 含量略大于 Y 精子，因此 X 精子密度较 Y 精子略大，因此可以采用离心分离。优点是分离时间短、对精子损伤小。缺点是因为 X、Y 精子密度相差不大（0.007 g/m³），分离纯化困难，对仪器精度要求高。

电泳分离法　利用表面电荷差异采用电泳进行分离。精子带负电荷，Y 精子负电荷略小于 X 精子，因此在中性缓冲液中，X 精子向阳极移动的速度较快，Y 精子移动略慢。优点是操作方便，缺点是分离效率不高。

化学药品处理法　根据 X、Y 精子嗜酸碱性不同，因此如果改变动物生殖道的 pH，从而一定程度上达到选择性利用精子控制动物性别的目的。

流式细胞仪分离法　将精子稀释并与荧光染料 Hoechst 33342 混合（这种染料可以定量地与 DNA 结合），由于 X 精子的 DNA 含量比 Y 精子多，X 精子放射出较强的荧光信号，以此分辨 X 精子和 Y 精子。当含有精子的缓冲液离开激光系统时，借助于颤动的流动室将垂直流下的液柱变成微小的液滴。与此同时，含有精子的液滴被充上正电荷或负电荷，并借助两块各自带正电或负电的偏斜板，把 X 或 Y 精子分别引导到 2 个收集管中。流式细胞仪分离法是目前最有效的精子分离法。

4.7.2　胚胎移植前性别控制

在移植前对胚胎进行性别鉴定，然后对所需要性别的胚胎进行移植，从而达到控制后代性别的目的，这是动物性别控制较为实用的方法。胚胎性别鉴别可采用细胞生物学、生化分析和分子生物学的方法识别胚胎性别。

4.7.2.1　细胞生物学方法——核型分析

通过核型分析而对胚胎进行性别鉴定是经典的胚胎性别鉴定方法。首先用含有丝分裂阻滞剂的培养液培养胚胎，然后用常规的染色体制备方法制备染色体，进行核型分析。该方法准确率高，但要获得高质量的中期染色体难度较大，胚胎浪费大，耗时费力。大致步骤：采集晚期桑葚胚或囊胚，分离得到胚胎细胞，体外培养，加入有丝分裂阻断剂使细胞有丝分裂停止在分裂中期；转移到载玻片上，采用 0.9% 左右的柠檬酸钠低渗液处理使细胞膨胀、染色体分开，再用第一固定液（甲醇：冰醋酸：无离子水 =3：2：1）固定处理，然后用第二固定液（冰醋酸）处理使细胞核破裂，使染色体分散到载玻片上，风干后以 pH 7.0 左右的 PBS 溶液配制的 10% 吉姆萨染色 5 min，水洗后晾干后经过二甲苯、中性树胶封固，油镜检查核型。

4.7.2.2　生化分析法——胚胎 H-Y 抗原检测法

雄性哺乳动物早期胚胎有表面特有 H-Y 抗原的存在，因此可以通过测定胚胎上 H-Y 抗原对胚胎性别进行鉴定。可采用间接免疫荧光法：以 H-Y 抗体为第一抗体，以用异硫氰酸盐荧光素标记的山羊抗鼠 γ 球蛋白为第二抗体，雄性胚胎上的 H-Y 抗原先与一抗结合，一抗再与二抗结合，通过洗涤将未结合的二抗洗去，在荧光显微镜下观察，有荧光的为 H-Y 抗原阳性胚胎。优点是不对胚胎造成损伤，鉴定过的胚胎还可以移植使用。

4.7.2.3　分子生物学方法——胚胎细胞 SRY 基因的检测

DNA 探针法：以 Y 染色体上 SKY 基因片段作为探针，将其标记后对胚胎细胞 DNA 进行 Southern 杂交，阳性结果为雄性，阴性结果为雌性。该方法准确率高，但是鉴定时间较长、需要制备特异探针等不足。

PCR 扩增法：利用 PCR 技术来检测 SRY 基因的有无。大致步骤：采集晚期桑葚胚或囊胚，分离得到胚胎细胞，提取 DNA，PCR 扩增 SRY 基因，电泳分析，根据目的条带的有无判断胚胎是雄性或雌性。该方法存在的问题是易于污染导致假阳性结果。

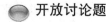
教学视频 4-10
动物人工繁殖的伦理学讨论

💬 开放讨论题

讨论动物人工繁殖对于生命伦理学的影响。

? 思考题

1. 胚胎工程动物培育的关键技术环节有哪些？如何控制成功率？
2. 核移植克隆动物与体外受精动物相比有怎样的优点与缺点？
3. 如何看待试管婴儿和体细胞克隆带来的伦理学问题？

推荐阅读

1. Campbell K H, Mcwhir J, Ritchie W A, et al. Sheep cloned by nuclear transfer from a cultured cell line. Nature, 1996, 380: 64-66.

点评：第一次采用体细胞通过核移植技术，无性繁殖出多莉羊，第一次证明高度分化的体细胞也具有全能性，为后续高等动物体细胞克隆技术奠定了基础，具有里程碑意义。

2. Liu Z, Cai Y, Wang Y, et al. Cloning of macaque monkeys by somatic cell nuclear transfer. Cell, 2018, 172: 881-887.

点评：中国科学家利用流产的雌性猕猴胎儿，提取部分体细胞，将其细胞核移植到去除了细胞核的卵细胞，利用精巧的化学方法和操作技巧，攻克了多年来导致克隆猴失败的障碍，获得了 2 只克隆猴后代，克服了与人类最相近的非人灵长类动物克隆的难题。

网上更多学习资源……

◆教学课件　◆参考文献

第三篇

新品种培育

5

细胞改造

　　细胞的改造是创造新生物的有效途径。对现有细胞进行改造创造新细胞不仅是研究细胞核、细胞质、细胞器功能的重要手段，而且也是物种遗传改良的基础。本章针对细胞重组、细胞融合以及人造细胞进行介绍。

▶▶ **知识导读**

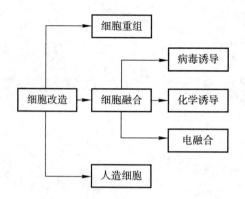

▶▶ **关键词**

　　细胞重组　　细胞质工程　　细胞器转移　　细胞融合　　人造细胞

　　在探讨真核细胞起源时，马吉利斯（Margulis）于1972年提出了内共生学说，认为真核细胞起源于原核细胞，共生参与了生物进化，例如：蓝阴滴虫细胞内含有的叶绿体是蓝藻在阴滴虫内共生的结果。绿草履虫体内的绿色物体是与之共生的一种小球藻。这些现象提示我们在自然界存在细胞的自然装配现象。

　　细胞是构成生命的基本结构和功能单位，因此对细胞进行重组将为重新构成不同类型的新细胞提供可能，达到了解细胞、改造细胞并进而创造出具有特定性状和功能的工程细胞。

5.1　细胞重组

　　细胞重组（cell recombination）是指从活细胞中分离出细胞器及其组分，在体外进行重新装配成为新的细胞的一种技术。

5.1.1　核体与胞质体

　　核体（karyoplast）是与细胞质分离后得到的带有少量细胞质并包有质膜的细胞核，因此也称为小型细胞（minicell）。核体能重新再生其胞质部分，继续生长分裂。

　　胞质体（cytoplast）是除去细胞核后由质膜包裹的无核细胞。电镜观察表明，植物细胞的胞质体内的细胞器与完整细胞相同。去核后的细胞质体是深入研究细胞质功能的重要材料。

　　20世纪60年代中期，卡特（Catter）发现用细胞松弛素B（cytochalasin B）处理体外培养的细胞能诱发细胞排核，再结合高速离心就可以得到核体与胞质体。大致步骤如下：将细胞松弛素B用二甲基亚砜（DMSO）溶解，采用特制的可置于离心管的塑料圆板培养细胞形成单层，将其倒扣在离心管中，加入含细胞松弛素B的培养基淹没细胞处理，促使核的排出；离心，管底部分含有细胞核。适宜的温度、细胞松弛素B的剂量、培养液浓度及血清含量、离心速度、细胞密度等因素都是获得高纯度核体、胞质体重要的影响因素。

5.1.2　微细胞

微细胞又称为微核体（micronucleus）是指含有一条或几条染色体，外有一薄层细胞质和一个完整质膜的核质体。与核体不同的是，微细胞仅含有一条或数条染色体。

秋水仙素及其衍生物和长春新碱等有丝分裂阻断剂能干扰微管的合成与装配，导致细胞分裂后期染色体发散，发散开的染色体各自组装出自己的核膜。动物细胞经过秋水仙素处理后，细胞核可以分裂成为若干个分别含有一条或数条染色体的微核体，再经细胞松弛素 B 处理和离心，微核体就从细胞质中分离出来。

思考

核体和微细胞的区别是什么？

5.1.3　核体、胞质体和微细胞的组装

以分离得到的核体、胞质体、微细胞为原料可以重新装配成新的细胞。核体、胞质体、微细胞的外面都有质膜包围，有利于与完整细胞的融合；同时，核体的细胞核和微细胞的微核外面有一薄层细胞质包围，有利于导入新的细胞质时不被降解。

核体与胞质体重新组合形成重组细胞是一种非常重要的细胞重组技术。利用显微操作技术将一个细胞的核移植到另一个细胞中，或者将两个细胞的细胞核（细胞质）进行交换，从而可能创造无性杂交的生物新品种。

微细胞和完整细胞的融合可以将一个细胞基因组的一部分转移到另外一个细胞中。如果微细胞中只含有一条染色体或者染色体片段，对于研究染色体的生物功能具有重要意义。

5.1.4　细胞器及细胞组分分离

细胞内不同的细胞器和分子有不同的密度，具有不同的沉降系数（图 5–1）。沉降系数以每单位重力的沉降时间表示，通常在 $(1 \sim 200) \times 10^{-13}$ 秒范围，1 个沉降单位 S=10^{-13} s。例如：血红蛋白的沉降系数约为 4×10^{-13} s 或 4S。大多数蛋白质和核酸的沉降系数在 4S 和 40S 之间，核糖体及其亚基在30S 和 80S 之间，多核糖体在 100S 以上。

细胞破碎后不同的细胞器或细胞组分的质量或密度不同，可采用差速分离、密度梯度分离等方法将它们彼此分离（图 5–2）。大致过程包括组织细胞匀浆、分级分离和分析三步。得到的组分可用细胞生物学和生物化学方法进行形态和功能鉴定。

一般采用分离介质产生密度梯度，通过离心使不同密度的颗粒悬浮到相应的介质密度区域。密度

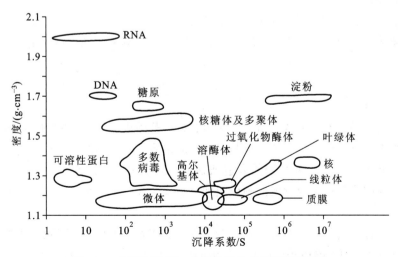

图 5–1　不同细胞器、生物分子的密度及沉降系数

（引自：王金发，细胞生物学，2003）

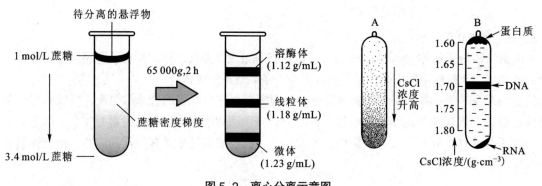

图 5-2　离心分离示意图
（引自：王金发，细胞生物学，2003）

低的介质在上层，密度高的介质在下层。密度梯度分离分为连续梯度、非连续梯度等。不同细胞（或细胞器、细胞组分）受离心力作用到达与其密度相同的分离介质层面，并保持平衡。在非连续密度梯度介质中，细胞主要集中在介于其自身密度的两种密度介质交界面上，从而达到分离的目的。

分离介质要求具有无刺激、对细胞无吸附作用、渗透压小等特点。目前常采用的分离介质有碘六醇、聚蔗糖（ficoll）等。蔗糖或者甘油的最大密度是 1.3 g/cm^3，通常用于分离膜结合的细胞器。如图 5-2 所示，采用蔗糖配制的密度梯度介质可以实现线粒体的分离。对于密度大于 1.3 g/cm^3 的样品，例如 DNA、RNA，需要使用密度比蔗糖、甘油大的介质。氯化铯是目前使用最多的离心介质，在离心力作用下可以形成浓度梯度。

5.1.5　细胞器转移

细胞器转移（organelle transfer）是将一物种的细胞器转移到另外一个物种细胞中的技术。一般采用类似细胞核移植的方法实现细胞器的转移。

叶绿体（chloroplast）能进行光合作用，把太阳能转变为化学能。如果能把高光合效率作物（如玉米、高粱）的叶绿体移到低光合效率作物（如水稻、小麦）中，就可使低光合效率作物变为高光合效率作物，从而达到增产的目的。可将分离纯化的叶绿体与原生质体一起混合培养，通过细胞的胞饮作用将叶绿体摄入原生质体，经过培养，原生质再生发育成完整的植株；也可以采用 PEG 处理诱导原生质体摄入叶绿体。

线粒体（mitochondrion）是进行能量转换的重要细胞器。线粒体有自己的遗传基因，能够合成一些蛋白质。因此，线粒体转移可以传递遗传信息给受体细胞，从而表现某些特征，例如抗药性和雄性不育性等。线粒体分离主要采用离心分离法（图 5-2）。线粒体转移方法有微注射、载体转移、胞饮摄入等。

5.1.6　胞质杂种

细胞核是遗传信息的主要携带者，细胞质内的线粒体基因也决定着生物的一些性状。采用细胞工程技术有可能获得细胞核、叶绿体、线粒体基因的不同组合，培育出胞质杂种。将两种来源不同的细胞质遗传物质与细胞核组合在一起得到的人造细胞是胞质杂种（cybrid）。目前已经开展了胞质杂种培育工作，例如：属间线粒体重组形成的胞质杂种有甜菜＋萝卜、胡萝卜＋烟草、马铃薯＋烟草、烟草＋矮牵牛花等。

对细胞质基因进行改造也可以改造植物的遗传性状。将目的 DNA 整合到细胞器的 DNA 中，然后通过细胞器转移方法转入原生质体进行培养，再生的植株可能具有新的性状。

思考

细胞器分离在细胞结构、功能研究以及细胞重组中有怎样的意义？

5.2 细胞融合

自然界存在自发的细胞融合现象。1838年，马勒（Mahler）报道在脊椎动物肿瘤细胞中观察到多核现象。1875年，朗格（Lange）观察到脊椎动物（蛙类）的血液细胞合并现象。动物细胞在自然状态下会发生一些自发的细胞融合，例如：肌管是由成肌细胞自发融合而形成。胚胎着床过程中也有细胞融合现象发生，例如：家兔胚胎着床时，胚泡表面细胞和母体子宫壁上皮细胞融合。由炎症产生的巨细胞是通过细胞融合形成的多核体。也有病毒诱导形成的巨细胞，例如：天花、麻疹、牛痘等会产生巨细胞。破骨细胞是由排列在骨骼表面的成骨干细胞自发融合形成的多核细胞。肿瘤细胞在体内也可以自发融合。

细胞融合（cell fusion）是指使用人工方法使两个或两个以上的细胞合并形成一个新细胞的技术。细胞融合诞生于20世纪60年代。由于它不仅能产生同种细胞的融合，也能产生种间细胞的融合，因此细胞融合技术在创造新细胞、培育新品种方面意义重大，同时也被广泛应用于细胞生物学和医学研究的相关领域。

基因型相同的细胞融合形成的融合细胞称为同核体（homokaryon）；来自不同基因型的融合细胞则称为异核体（heterokaryon）。

从融合效果上，细胞融合可以分为：

对称融合（symmetric fusion），即两个完整的细胞间的融合。

不对称融合（asymmetric fusion），利用物理（X射线或γ射线处理）或化学方法使一亲本的核或细胞质失活后再与另外一个完整的细胞进行融合。不对称融合后代容易有较大变异，一般都是非整倍体。

细胞融合主要经过了以下几个主要步骤（图5-3）：①两原生质体或细胞互相靠近；②质膜融合形成细胞桥；③胞质渗透；④细胞核融合。细胞桥的形成是细胞融合关键的一步，两个细胞膜从彼此接触到破裂形成细胞桥的具体变化过程图解如图5-4所示。

细胞膜有内外两层，细胞融合首先发生在外层，然后再到内层，由此就出现了融合通道，细胞内物质通过这种通道实现转移。

细胞质膜和细胞质融合后是细胞核的融合，只有细胞核发生了融合，融合细胞才能存活下去。细胞核的融合发生在有丝分裂过程中。但是只有当两个核的DNA合成基本同步时才能发生。同时进行有丝分裂，形成一个纺锤体，全部染色体都排列在一个赤道板上，结果伴随着细胞分裂各自平均分配到两个子细胞中去，就形成了单核的子细胞，其细胞核中含有双亲细胞的染色体。

融合细胞若是没发生细胞核的融合，仅发生了细胞质的融合，则可能成为嵌合细胞。嵌合细胞具有向两个母本细胞方向发育的能力，最终形成嵌合体。

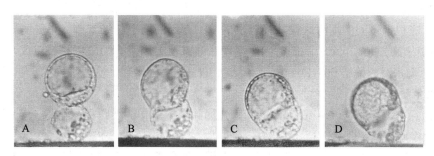

图5-3　显微镜下的细胞融合过程

（引自：韩贻仁，分子细胞生物学，2001）

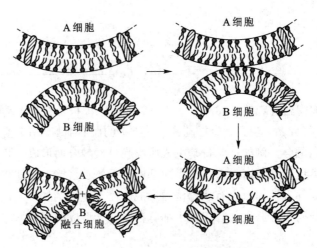

图 5-4　细胞融合过程中细胞桥的形成
（引自：韩贻仁，分子细胞生物学，2001）

5.2.1　融合材料

对于植物和微生物细胞的融合，必须先制备原生质体。动物单细胞可以直接用于细胞融合。

原生质体（protoplast）是去除细胞壁后裸露的细胞。原生质体虽然没有细胞壁，但是仍能进行基本的生命活动，同时在离体培养条件下可以再生细胞壁。在再生过程中可以通过原生质体自发或人工诱变、基因操作等改变原生质的遗传信息，从而获得性状改良的生物个体。因此原生质体是细胞工程或基因工程育种的重要原料。

5.2.1.1　原生质制备

植物细胞壁主要成分包括纤维素、半纤维素、果胶质和少量蛋白质。原生质体制备必须采用适当方法去除细胞壁。最原始的方法是机械去除法，但只适用于从高度液泡化的细胞中分离原生质体，效率低，易对细胞造成伤害，现在几乎不再使用。

1960 年，英国诺丁汉大学的科金（Cocking）第一次采用酶解的方法从番茄幼苗根尖中成功地大量制备出原生质体，建立了酶法获得原生质体的方法。该方法具有条件温和、原生质体完整性好、活力高、收率高等优点。酶解制备原生质体要注意以下几个问题：

材料选择　选择原生质体制备的材料非常重要。理论上，植物的各个器官及其愈伤组织和悬浮细胞都可以作为制备原生质体的材料。但是，植物部位、季节、年龄、生理与营养状况等都会影响制备原生质体的效率。一般选用生长旺盛、生命力强的组织作为原材料。例如：对于茄科植物，一般选用幼苗的幼嫩叶片；对于十字花科植物，一般选用幼苗下胚轴作为材料；对于豆科植物，一般采用未成熟种子胚的子叶为原料；禾本科植物原生质体制备比较困难，一般采用胚性愈伤组织或胚性悬浮细胞系进行原生质体制备。利用愈伤组织制备原生质体一般选择结构疏松、生长快速的细胞；也可以用避光培养的幼嫩叶片。

酶解处理　应根据不同的细胞来源选择合适的酶，常用的酶有纤维素酶、果胶酶等。同时还应考虑原材料、酶的浓度或酶的组合、酶解时间、温度、酸碱度等因素。一般将材料剪成 1 mm² 大小，然后在 25～28℃恒温水浴内酶解 60～90 min。

5.2.1.2　原生质体纯化

酶解处理后，一般可采用 40～100 μm 的网筛过滤除去未消化的细胞、细胞团、碎片，收集原生质体。然后进行原生质体纯化。

离心法　采用适当溶剂低速离心，原生质体沉于离心管底部；细胞碎片留在上清液中，反复 3～4 次收集原生质体。

漂浮法 原生质体能在具有一定渗透压的溶液（例如 25% 的蔗糖溶液）中漂浮，用吸管收集。

离心和漂浮结合法将酶解液低速离心，倾去上清液；将沉降得到的原生质体重新悬浮于纯化液中（例如含 25% 的蔗糖）离心，从表面得到漂浮的原生质体。再将漂浮得到的原生质体重新悬浮于纯化液中，离心，收集沉于底部的原生质体。根据需要重复 2 次以上操作，这样获得的原生质体纯度较高。

◆ 知识拓展 5–1
玉米原生质体分离过程

5.2.2 细胞融合方法

按照技术建立先后可分为生物法、化学法及物理法。目前，最常用的细胞融合技术有高国楠建立的聚乙二醇（PEG）诱导融合、齐默曼（Zimmerman）等创立和发展的电融合。

5.2.2.1 生物法

病毒诱导细胞融合的原理是病毒会与宿主细胞膜直接融合，同时进入两个细胞，这样就会打破两个细胞膜的隔阂，引发细胞质的交流，进而达到细胞融合的目的。

现在已知能诱导细胞融合的病毒种类很多，包括仙台病毒、疱疹病毒、牛痘病毒和副黏液病毒等。其中仙台病毒是最常用的诱导细胞融合的病毒，它诱导细胞融合的能力与其核酸无关，可以用紫外线照射仙台病毒破坏其核酸使其失去感染能力用于细胞融合。1962 年，日本冈田善雄发现仙台病毒（*Sendai virus*）能引起艾氏腹水瘤细胞融合成多核细胞。仙台病毒也称日本血凝病毒（HVJ），属黏病毒副流感类群，是 RNA 病毒，为圆球形，由 RNA 核心、衣壳和囊膜组成。病毒囊膜上有许多刺突。1965 年，英国哈里斯（Harris）等进一步证实灭活的病毒在适当条件下可以诱发动物细胞融合。

◆ 知识拓展 5–2
仙台病毒

病毒诱导细胞融合一般经过以下几步：

① 病毒颗粒附着在细胞膜上起搭桥作用，细胞聚集在一起。

② 通过病毒与原生质体或细胞膜的作用使两个细胞膜间互相渗透，胞质互相融合。黏结部位质膜被破坏，不同细胞间形成通道，细胞质流通并融合，病毒也随之进入细胞质。

③ 两个细胞合并形成融合细胞；筛选融合细胞。

可以将两亲本细胞或原生质体制备成细胞悬浮液，再将病毒加入；也可将一亲本细胞贴壁培养或两亲本细胞混合贴壁培养，再将病毒加入。多余的病毒要在融合后洗掉。由于病毒诱导法要提前大量培养病毒，并且灭活后才能作为融合剂使用，操作繁琐，而且一旦灭活不充分的话，病毒还可能感染操作者与亲本细胞。因此，目前已经很少使用病毒诱导法进行细胞融合。

5.2.2.2 化学法

20 世纪 70 年代初，华裔加籍科学家高国楠发现聚乙二醇（polyethylene glycol，PEG）能促使植物原生质体融合，开拓了植物细胞融合的研究。后来多种化学诱导剂被发现，包括：$NaNO_3$、高 pH 的高浓度 Ca^{2+} 离子、PEG、聚乙烯醇等。

聚乙二醇（PEG）诱导融合 聚乙二醇是一种多聚化合物，常用的 PEG 平均分子量在 200 ~ 20 000 之间，分子量 1 000 以下者为液体，1 000 以上者为固体。高国楠于 1974 年首次采用 PEG 对大麦与大豆、大豆与豌豆、大豆与烟草等的原生质体进行诱导融合，异种细胞融合率达到了 10% ~ 35%。

PEG 诱导细胞融合可能由于以下原因：

① PEG 分子具有轻微的负极性，可以与具有正极性基团的水分子、蛋白质、糖类形成氢键，在相邻的原生质体间起到分子桥的作用，促使原生质体彼此接触。当 PEG 分子被洗脱时，原生质体膜电荷发生紊乱而重新分配。此时，一种原生质体上带正电的基团可能与另外一个原生质体中带负电的基团相连，导致原生质体融合。

② 除了 PEG 分子桥作用外，它还可以改变原生质体膜的物理和化学性质，增加类脂膜的流动性，从而促进细胞融合。

③ PEG 会引起原生质体膜中磷脂的酰键及极性基团发生结构重排。

后来发现在高 Ca^{2+} 和 pH 溶液的作用下，将与原生质体膜结合的 PEG 分子洗脱，将进一步加剧电荷平衡失调，从而提高细胞融合的概率。因此，PEG- 高 pH- 高浓度 Ca^{2+} 离子诱导融合方法成为一种常用的细胞融合方法。

PEG 诱导细胞融合的优点是不受物种限制、成本低、不需特殊设备、异核融合率较高。缺点是融合过程操作比较繁琐，PEG 也可能对细胞有毒害。

$NaNO_3$ 诱导融合　1909 年，凯斯特（Kuster）发现发生了质壁分离的洋葱表皮细胞原生质体在 $NaNO_3$ 溶液中可以恢复并伴随着细胞融合。1972 年，卡尔森（Carlson）利用 $NaNO_3$ 诱导融合了粉兰烟草和郎氏烟草原生质体，培育出世界第一株体细胞杂种。$NaNO_3$ 的钠离子可以中和原生质体表面负电荷，引起原生质体聚集，促进细胞融合。$NaNO_3$ 对原生质体无损害，但融合效率低，一般小于 4%。

高 pH 的高浓度 Ca^{2+} 离子诱导融合　1973 年，凯勒（Keller）和梅尔切斯（Melchers）发现采用强碱性（例如 pH 10.5）的高浓度钙离子溶液（50 mmol/L $CaCl_2 \cdot 2H_2O$）在 37℃下处理两个品系的烟草叶肉原生质体，很容易促使融合，融合率可以达到 10%。钙离子中和原生质体膜或细胞膜表面负电荷，使彼此紧密接触；高 pH 能改变质膜的表面电荷，诱发细胞融合。

5.2.2.3　物理法

最常采用的物理诱导细胞融合方法是电融合（electrofusion），是指利用电场来诱导细胞彼此连接成串，再施加瞬间强脉冲促使质膜发生可逆性电击穿，促进细胞融合。

发现之路 5-1
电融合技术建立

1979 年，圣达（Senda）报道电刺激可以促使原生质体融合。1981 年，齐默曼（Zimmerman）利用可变电场诱导原生质体融合，建立了细胞电融合技术。现在已经开发出商业化的电融合仪装置，得到广泛应用。与 PEG 诱导细胞融合相比，电融合具有融合效率高、操作简便、易于控制、重复性强、对细胞伤害小等优点。

电融合原理：在电场刺激下，细胞膜或原生质体质膜表面的电荷和氧化还原电位发生改变，产生极化，使异种细胞或原生质体黏合，并发生质膜瞬间破裂，进而连接，直到形成融合体。

电融合步骤：一般经过聚集、细胞膜融合、异核体、融合细胞四个阶段。

将制备好的亲本细胞或原生质体均匀混合放入融合小室中，当使用电导率很低的溶液时，电场通电后电流即通过细胞或原生质体而不是通过溶液，其结果是细胞或原生质体在电场作用下极化而产生偶极子，聚集并紧密排开成串珠状。

知识拓展 5-3
电融合原理与技术

成串排列后，立即给予高频直流脉冲，使细胞膜或原生质体膜被击穿，从而导致两个紧密接触的动物细胞或原生质体融合在一起。微电极所产生的脉冲电流间断刺激 1～5 ms，动物细胞或原生质体在累计几秒到几十秒钟的时间内会发生暂时性的收缩，两膜之间形成小孔，连接成桥，形成一个个泡囊，经点粘连到面粘连，细胞膜、细胞质先后融合，最后形成融合体。

思考
分析比较生物、物理、化学三种细胞融合方法的优缺点。

电融合的主要技术参数包括交流电压、交变电场的振幅频率、交变电场的处理时间；直流高频电压、脉冲宽度、脉冲次数等。对于不同的亲本细胞一般需要进行参数优化，提供融合效率。

5.2.3　动物细胞融合

动物细胞融合技术的建立开始于病毒具有诱导细胞融合作用的发现，尤其是 1965 年哈里斯（Harris）等的研究证明：灭活的病毒在控制的条件下可以用来诱导动物细胞的融合；亲缘关系较远的不同种的动物细胞之间也可以被诱导融合；形成的融合细胞在适宜的条件下，可以继续存活下去。

动物细胞融合可以实现动物种间的细胞杂交，现已经被广泛应用于研究核质关系、绘制染色体基因图谱、制备单克隆抗体、研究肿瘤发生机制等方面。动物细胞融合与植物原生质体融合类似，可采用病毒诱导、化学诱导与电融合诱导。

5.2.4　植物原生质体融合

1972 年，美国科学家卡尔森（Carlson）等人用 $NaNO_3$ 作为融合诱导剂将来自不同种的两个烟草

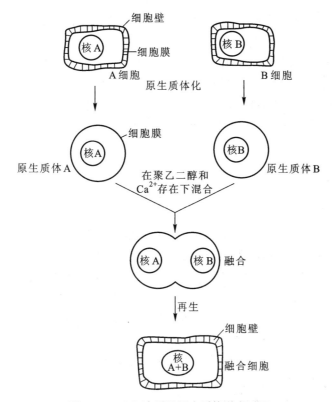

图 5-5　PEG 法诱导原生质体融合过程
（引自：李再资，生物化学工程基础，1999）

原生质体进行融合，获得了世界上第一个体细胞杂种植株。此后，凯勒（Keller）、高国楠和齐默曼（Zimmerman）等为首的三个科学家小组从不同方面改良和发展了植物体细胞融合技术。

　　植物原生质体融合一般经过亲本选择（考虑杂种细胞筛选标记）、原生质体制备、原生质体融合、融合细胞筛选、细胞壁再生几个步骤。植物原生质体融合常采用 PEG 法（图 5-5）和电融合方法。

⚠ 应用案例 5-1
丰香和红颜草莓原生质体提取与细胞融合的条件优化

5.2.5　融合细胞筛选

　　细胞融合处理液中含有多种类型细胞，例如：未融合的亲本细胞、同核体（同源细胞的融合体）、异核体（非同源细胞的融合体）、多核体（含有双亲不同比例核物质的融合体）、异胞质体（具有不同胞质来源的杂合细胞）、核质体（有细胞核而带有少量异种细胞质）。因此，需要通过筛选分离出需要的融合细胞。

　　融合细胞筛选一般有两大类方法，一类是根据遗传和生理生化特性的互补选择法，一类是根据可见标记性状的机械选择法。最简单的方法是利用双亲细胞形态和色泽上的差异选择融合细胞。融合细胞的具体筛选方法有：

　　抗药性筛选　利用细胞对药物敏感性差异筛选融合细胞。例如：亲本 A 对氨苄青霉素敏感，对卡那霉素不敏感；亲本 B 对卡那霉素敏感，对氨苄青霉素不敏感；融合细胞可以在含有两种抗生素的培养基上存活，而亲本细胞均会死亡。

　　营养互补筛选　细胞在缺乏一种或几种营养成分时不能生长繁殖，即属于营养缺陷型细胞。利用两亲本细胞营养互补作用原理可以筛选融合细胞。例如：亲本 A 为色氨酸缺陷型，亲本 B 为苏氨酸缺陷型，融合细胞可以在不含色氨酸和苏氨酸的培养基上存活，而亲本细胞均会死亡。

　　温度敏感筛选　一般的细胞能在 3～40℃的温度范围内生长，但温度敏感突变型的细胞能在高温或低温下生长。例如：亲本 A 具有卡那霉素抗性但只能在 37℃左右生长。亲本 B 为高温敏感突变型，但不能抗卡那霉素。只有融合细胞才能在高温和含卡那霉素的培养基上生长。

物理特性筛选 利用细胞在形态、大小、颜色上的差别可以在倒置显微镜下用微管将融合细胞吸取挑选出来；也可以利用密度差异，采用离心方法分离融合细胞。

思考

分析讨论影响细胞融合效率的因素。

荧光标记法 对于形态、颜色上都不能区分的情况，可以采用不同的荧光染料（例如发绿色荧光的异硫氰酸荧光素和发红色荧光的碱性蕊香红荧光素）分别标记两个亲本细胞，这样融合细胞内存在两种荧光标记，可以在荧光显微镜下挑选分离或用流式细胞仪分离。

5.3 人造细胞

除了对自然细胞进行改造外，通过人工组装构建一个具有预期功能的人造细胞（artifical cell）也是一个重要研究方向。从生物工程角度，人造细胞由于具有从环境吸收功能性生物大分子、调控物质交换、促进新陈代谢和能量转换、产生预期生物产品等特点，具有较大的潜在应用价值。

在人造细胞构建时必须解决人造细胞和环境之间的物质运输、能量支持、细胞内大分子代谢活动、核酶和细胞增殖等问题，例如：①需要一个和外界环境分隔但又允许外界分子和离子通过的膜结构。同时设计合适的载体分子、跨膜蛋白或特殊的通道和泵来实现大分子物质跨越人造细胞膜；②需要可携带信息功能的多聚物以及能够作为模板进行新物质合成（即相当核酸一类）的物质；③必须有一个保证细胞内生化反应和细胞功能的调控机制。

美国洛克菲勒大学的科学家将能够生产蛋白质的生物分子混合物悬浮在油中形成微小颗粒。然后在这些颗粒外包裹两层肥皂状的磷脂分子，像细胞膜一样将生物分子混合物颗粒包裹其中。这种"人造细胞"具备将氨基酸转变为蛋白质的能力，因此可以像一个微型"工厂"生成具有工业或医学价值的蛋白质。但是，这种简单的"细胞"并不是真正的生命体，不能分裂和分化。目前科学家正在研究如何使这些"人造细胞"像细菌那样复制。

2007 年 *Science* 报道，美国科学家通过实验成功地将一种细菌细胞内的 DNA 转植到另一种细菌的细胞内，并使后者具有了类似前者的功能。这一成果标志着人类向人造生命的目标迈出了重要的一步。

🔩 **科技视野 5–1**

细菌基因组替换

🔩 **科技视野 5–2**

可编程的芯片 DNA
室作为人工细胞

2014 年 *Scienc* 报道，研究者成功组装成具有新陈代谢、可编程蛋白质合成和通信的人工细胞。通过毛细血管内营养的连续扩散维持代谢，将蛋白质合成与环境相连接，实现了蛋白质表达程序、自动调节蛋白水平与信号表达程度的程序性控制。

💬 **开放讨论题**

细胞重组与融合、人造细胞等研究对于研究生命起源与活动规律有怎样的科学价值？

❓ **思考题**

1. 分析讨论细胞重组在细胞功能研究与应用方面的价值。
2. 举一例说明细胞融合在遗传育种中的应用。

推荐阅读

1. Skelley A M, Kirak O, Suh H, et al. Microfluidic control of cell pairing and fusion. Nature Method, 2009, 6: 147−152.

点评: 标准的融合过程中大多是随机的细胞接触, 导致融合效率低。作者采用微流体装置来捕获和适当地选择细胞, 对不同的细胞类型进行配对, 实现配对效率高达70%。该装置可以与化学和电融合技术结合, 实现了超过50%的配对和融合细胞, 比一般电融合效率高5倍左右。

2. Noireaux V, Maeda Y T, Libchaber A, et al. Development of an artificial cell, from self-organization to computation and self-reproduction. Proceedings of the National Academy of Sciences of the United States of America, 2011, 108: 3473−3480.

点评: 该文描述在一个装有DNA的磷脂囊泡, 可以进行体外基因表达。如果与外界营养交换顺畅, 基因表达可以维持数天。在此基础上讨论了设计具有自组装等功能的人工细胞的可能性与决定因素, 自我复制的人造细胞的设计是一个长期的目标。

网上更多学习资源……

◆教学课件　◆参考文献

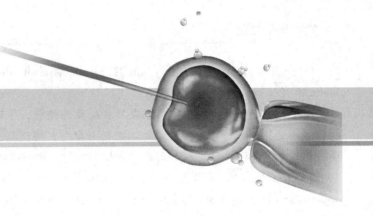

动植物新品种培育

　　动植物遗传性状改良以及新物种培育是细胞工程研究的一个永恒主题。本章针对一些细胞工程育种的关键技术予以介绍，主要包括：原生质体变异、组织培养诱变、体细胞杂交、多倍体与单倍体育种、植物离体受精、雌核发育、胚胎嵌合。转基因育种属于基因水平上的分子育种，本章仅对转基因动植物育种予以简单介绍。

▶▶ 知识导图

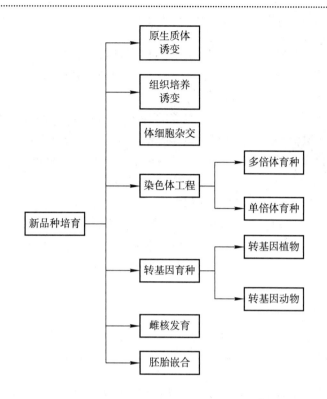

▶▶ 关键词

原生质体变异　组织培养诱变　体细胞杂交　多倍体　单倍体　离体受精　雌核发育　胚胎嵌合

6.1　原生质体变异

　　原生质体（protoplast）在离体培养条件下非常容易受到外界因素影响而发生遗传性状改变，主要表现在染色体数目和结构上的变异与基因突变，结果是由原生质体再生的植株在形态特征或性状上不同于母体植株。因此，可以利用原生质体培养过程中产生的变异进行遗传改良。

　　原生质体变异在性状上的改变包括生长习性、抗病性、发育特性等。以马铃薯叶片原生质体诱变再生植株为例，表现为植株异常高大、块茎大而色泽为白玉色、开花时间缩短，某些再生植株具有抗枯萎病等特性。

　　原生质体再生植株遗传变异的原因是多方面的。一方面，可能来自于植物材料本身的变异，这种变异在长期进行无性繁殖的植物材料时更易发生。另外一方面，原生质体在分离和培养过程中也容易发生突变。

　　通过植物原生质体培养可以获得大量的可供选择的变异群体，在很短时间内完成突变体的筛选。在细胞水平选择突变体有利于在分子水平研究突变机制。

　　同时，由于原生质体无细胞壁保护，可以很方便地进遗传操作，能摄入 DNA、质粒、病毒、细胞器等外源物质，原生质体也是植物细胞遗传操作的良好材料。因此，通过原生质体培养或者结合人工诱变、转基因等技术再生植株是一个获得遗传性状改良植物的有效途径。

思考

原生质体培养为什么容易发生变异？

6.2 组织培养诱变育种

植物组织培养与诱变育种技术相结合具有不受环境条件限制、变异率高、育种周期短等优点。采用人工诱变剂对离体培养的细胞（或原生质体）、组织进行处理，从中筛选正突变体，再利用组织培养再生植株就可以得到遗传性状改良的植株。

采用诱变剂处理植物茎尖分生组织、离体培养的不定芽、嫩枝等，通过筛选获得有益变异。此外，也可用射线照射处理愈伤组织，再将愈伤组织继代培养，通过筛选获得有益的突变体。

植物组织培养结合诱变育种的关键问题包括：①选择合适的处理材料；②选择适宜的诱变剂和剂量；③采用正确的筛选方法。目前多采用物理化学复合诱变产生累加效应来提高诱变效率，也多采用重复和累积处理提高突变率。常用的人工诱变剂如下：

物理诱变剂包括 X 射线、γ 射线、β 射线和中子等。按照突变频率大小，一般顺序为中子 >γ 射线（或 X 射线）>β 射线。近年来，激光、离子束、电子束和微波等诱变剂也开始在植物育种上应用。

化学诱变剂主要有 5- 溴（氟）尿嘧啶、2- 氨基嘌呤、亚硝基胍、甲基磺酸乙酯以及羟胺和亚硝酸等。

🔖 科学家 6-1

穆勒

思考

基于植物组织培养的诱变有什么优点？

6.3 体细胞杂交

体细胞杂交（somatic cell hybridization）是指将不同来源的体细胞融合并使之分化再生、培育新品种的技术。

利用体细胞杂交技术可以克服一些远缘杂交的困难，更加广泛地组合起不同物种的优良遗传性状，从而培育出理想的新品种。植物体细胞杂交研究是从 20 世纪 60 年代大量制备原生质体技术建立后才开始的。1972 年，美国科学家卡尔森（Carlson）培育出第一个体细胞杂种植物（烟草）。1978 年，德国科学家米歇尔斯（Melchers）首次将番茄与马铃薯细胞杂交成功。

一般先将两种不同植物的体细胞经过纤维素酶、果胶酶消化，除去其细胞壁得到原生质体，再通过物理或化学方法诱导细胞融合形成杂种细胞，继而再以适当的技术进行杂种细胞的筛选和培养，促使杂种细胞分裂形成细胞团、愈伤组织、直至形成杂种植株。

体细胞杂种植物的鉴定常用的方法有：形态学鉴定、细胞学鉴定、同工酶鉴定和 DNA 分子标记鉴定等。

形态学鉴定　根据茎、叶、花等组织的形态、颜色来鉴别杂种植物。

细胞学鉴定　亲本细胞一般为二倍体，杂种细胞的染色体应该为双二倍体。如果亲本的亲缘关系较远，一亲本的染色体可能会受到另外一亲本的排斥，产生大量非整倍体。因此可以从杂种植物染色体的形态、大小和数目上鉴定是否杂种植物。

同工酶（isoenzyme，isozyme）鉴定　同工酶是指生物体内催化相同反应而分子结构不同的酶。具体来讲，同工酶是指催化相同的化学反应，但其蛋白质分子结构、理化性质和免疫性能等方面都存在明显差异的一组酶。等位基因决定同工酶多态性，若等位基因纯合时，无论其拷贝多少，表现在酶谱上都只有一条带；等位基因杂合时则出现不同酶带。可根据亲本和杂种植物的同工酶谱的差异来鉴别杂种植物。杂种植物的同工酶谱应该是双亲本酶谱的总和，表现为条带增多、酶带颜色加深、宽度加大。但是有时会出现两亲本都不具有的新谱带或者丢失部分亲本酶带。常用来作为分析对象的同工酶有乙醇脱氢酶、乳酸脱氢酶、过氧化物酶、酯酶、氨肽酶、核酮糖二磷酸羧化酶等。

🔍 发现之路 6-1

番茄与马铃薯细胞杂交

📖 知识拓展 6-1

体细胞杂交形态学鉴定

📖 知识拓展 6-2

体细胞杂交同工酶鉴定

DNA 分子标记鉴定　在分子水平对亲本和杂种植物进行比较，能揭示出生物个体间核苷酸序列的差异。检测的是植物基因组 DNA 水平的差异，具有很多优点：①多态性高，植物上存在许多等位变异，不需专门创造特殊的遗传材料；②无上位性（epistasis），既不影响目标性状基因的表达，也不与不良性状连锁；③直接以 DNA 的形式表现，在植物各种组织、各发育时期均可检测到，不受季节、环境条件影响，不存在表达与否的问题；④大多数分子标记表现共显性，能够鉴别纯合基因型和杂合基因型，可提供完整的遗传信息。目前常用的分子标记有：简单重复序列（simple sequence repeat，SSR）、序列标定位点（sequence-tagged site，STS）以及片段长度多态性分析（restriction fragment length polymorphism，RFLP）、随机引物扩增多态性 DNA（random amplified polymorphic DNA，RAPD）、扩增片段长度多态性（amplified fragment length polymorphism，AFLP）等。

⚠ **应用案例 6-1**
油菜和播娘蒿体细胞杂交创造油菜高油双低新种质

思考
细胞融合与体细胞杂交有怎样的关系？

▌6.4　染色体工程育种

一般来说，每种生物染色体结构和数目是稳定的。但是这种稳定是相对的，在某些情况下，生物体的染色体会发生变异，而这种变异是绝对的。染色体的任何改变都可能引起基因的改变，从而导致生物性状的改变。这些变异可能产生一些对人类有利的性状，也可以产生新的物种类型，因此在物种进化和新品种培育方面具有重要价值。

6.4.1　染色体工程

染色体变异在自然界里会自发出现，但是频率较低。利用物理、化学、生物方法可以人工诱发染色体变异。

染色体变异主要体现在染色体结构和数目两个方面。染色体结构的变化包括基因的删除、扩增、重排等。

基因删除：染色体的某一片段缺失。

基因扩增：染色体重复，一个染色体上增加了相同的某个区段。

基因重排：染色体易位或者染色体倒位。

生物配子染色体为单倍体（haploid），用 n 表示，称为一个染色体组（chromosome set，genome）。体细胞为二倍体（diploid），以 $2n$ 表示。同一物种的染色体数目是相对稳定的。

染色体数目能以整套染色体组或单个染色体为单位进行增加或减少，从而产生整倍体（多倍体或单倍体）和非整倍体生物。体细胞内含有完整的染色体组的类型为整倍体，体细胞内的染色体数目不是染色体组的完整倍数的称为非整倍体。

染色体工程（chromosome engineering）是按照一定的设计，有计划地消减、添加或替换同种或异种染色体从而达到定向改变遗传性和选育新品种的一种技术。"染色体工程"这一术语最早由里克（Rick）和库升（Khush）在 1966 年提出。染色体工程不仅在培育新品种上有重要意义，而且也是基因定位和染色体转移等基础研究的有效手段。

◆ **知识拓展 6-3**
染色体工程

6.4.2　多倍体育种

多倍体（polyploid）是指细胞中含有超过正常染色体组数的个体。

如果多倍体的染色体来自于同一物种或在原有染色组的基础上加倍而成，这样的个体称为同源多倍体（autopolyploid）。如果多倍体的染色体来自于不同物种就是异源多倍体（allopolyploid）。自然界中存在的多倍体大多是异源多倍体。

多倍体动植物通常表现为形态上的巨大性，此外，糖类、蛋白质等物质含量、生长速度快、抗病能力等都会有所不同于二倍体。因此通过人工诱导多倍体可以改善动植物性状。

多倍体动植物细胞在减数分裂时同源染色体联会发生紊乱，很难将完整的一套染色体分配到一个配子中去。一般形成含有完整染色体的正常配子的概率是 $(1/2)^{x-1}$，这里 x 是一个染色体组中的染色体个数，几率非常低，也就是很难形成具有完整一套染色体组的配子，因此多倍体动植物表现出高度不育性。

为适应环境变化而选择有利的变异是植物多倍体形成的原因之一，而且植物可以通过无性繁殖方式将多倍体性状保存下去，因此自然界植物中的多倍体现象非常普遍。普通小麦、棉花、马铃薯、香蕉、甘蔗、烟草、苹果、梨、菊、水仙等都是多倍体。在被子植物中，至少有 1/3 的物种是多倍体。植物普遍为异花传粉，远源杂交能力很强。高等植物中几乎所有自然生成的多倍体都是异源多倍体，存在明显的杂种优势。

与植物不同，动物的多倍性现象比较少见。原因是：①高等动物的远源杂交能力很弱，难以形成杂种个体；②多倍体动物高度不育，很难得到多倍体的子代个体。尽管如此，在低等脊椎动物中有多倍体动物存在，包括鱼类、两栖类和爬行类。多倍体动物一般都是同源多倍体，大多以雌核发育的方式繁衍后代。

6.4.2.1 多倍体育种方法

1916 年，温克勒（Winkler）在番茄与龙葵的嫁接试验中发现番茄的四倍体。1937 年，勃莱克斯利（Blakslee）等用秋水仙素加倍曼陀罗等植物染色体数获得成功。1947 年，木原均、西山寺三选育成功三倍体无籽西瓜。我国 20 世纪 70 年代在蔬菜多倍体育种取得了许多重要进展，已培育出三倍体、四倍体西瓜，四倍体甜瓜以及萝卜、番茄、茄子、芦笋、辣椒和黄瓜等蔬菜多倍体。

人工诱导多倍体有化学方法、物理方法、生物方法三类。

（1）化学方法

一些化学物质可以阻止动物卵母细胞第二极体的释放或细胞分裂（有丝分裂或减数分裂）而产生多倍体。常用的化学物质主要有：细胞松弛素 B、秋水仙素、N_2O、$CHClF_2$ 和聚乙二醇等。

细胞松弛素 B（Cytochalasin B）能抑制肌动蛋白聚合成微丝，从而抑制细胞分裂。

秋水仙素又名秋水仙碱（colchicine）是从一种百合科秋水仙属植物器官中提取的生物碱（一般为淡黄色粉末，纯的为极细的针状无色晶体，分子式为 $C_{22}H_{25}NO_6 \cdot 12H_2O$，熔点为 155℃）。能特异性地与细胞中的微管蛋白质分子结合，从而使正在分裂的细胞中的纺锤丝合成受阻，导致复制后的染色体无法向细胞两极移动，最终形成染色体加倍的核。

在一定浓度范围内，秋水仙素不会对染色体结构有破坏作用，在遗传上也很少引起不利变异。秋水仙素处理一定时间的细胞可以在药剂去除后恢复正常分裂，形成染色体加倍的多倍体细胞。

知识拓展 6-4
秋水仙素加倍曼陀罗染色体（1937）

秋水仙素在植物多倍体诱导上的效果最早是 1937 年由达斯汀（Dustin）报道，后来美国学者莱克斯利（Blakslee）等用秋水仙碱加倍曼陀罗等植物的染色体数获得成功。秋水仙素是目前使用最为广泛的植物染色体加倍诱导剂，使用时应重点注意以下几个问题：

① 处理部位：处理分裂能力强的细胞才有可能获得多倍体。通常以植物茎端分生组织或发育期的幼胚为材料，花分生组织也可作为处理对象。

② 处理方式：秋水仙素一般用水溶液，也可混入羊毛脂、琼脂或凡士林中。处理方法包括浸渍法、涂抹法、喷雾法、注射法等，前两种比较常用。浸渍法是先将种子浸种催芽，待胚根露白时，把种子浸在 0.1%~0.5% 的秋水仙素溶液内 24 h，取出冲洗脱药，随即播种。涂抹法是把配制好的 0.1%~0.5% 秋水仙素溶液用吸管滴在树芽生长点上，每日早晚 1 次；也可用脱脂棉吸取秋水仙素溶液，覆被在生长点上；或用秋水仙素羊毛脂涂抹在生长点上，处理后用黑色薄膜包扎。

③ 药剂浓度：不同植物对秋水仙素的敏感性不同。秋水仙素的有效使用浓度一般在 0.01%~0.4%，以 0.2% 左右的浓度最为常用。

④ 处理时间：一般不少于 24 h。浓度高时处理时间可相应短些。秋水仙素处理后并不是全部的分生细胞数都会加倍。由于染色体加倍后的分生细胞生长比未加倍的分生细胞生长慢。如果未加倍的分生细胞多，加倍的分生细胞就可能从分生组织中消失。当秋水仙素处理时间过短时经常会发生这种情况。但是如果处理时间过长，又会造成分生组织的染色体多次加倍，而使分生组织停止生长而死亡。因此必须掌握好处理时间长短。对于幼嫩而分裂迅速的组织，处理时间可短一些，浓度可低一些；反之时间长一些，浓度高一些。一般来说，间歇处理要比持续处理的效果好。

⑤ 处理温度：一般在 18 ~ 25℃之间。

（2）物理方法

物理学方法主要包括温度激变（温度休克法）、机械创伤、辐射、水静压法和高盐高碱法等，主要用于动物多倍体培育。

温度休克法 包括冷休克法（0 ~ 5℃）和热休克法（30℃）两种。温度休克法廉价、处理量大、易操作，但是诱导率较低。使用温度休克法诱导多倍体的关键是能否成功地阻止细胞分裂或卵母细胞第二极体释放。需综合考虑处理时间、处理温度等因素。由于动物遗传背景及卵子的成熟度不同，因此不同动物甚至同一动物在不同情况下的最佳诱导条件会有所不同。目前，鱼类使用温度休克法诱导三倍体的报道较多。一般来说，冷水性鱼类应用热休克法好，温水性鱼类用冷休克效果较好。但这也不是绝对的，例如鲤鱼用热休克同样也可以获得较高比例的三倍体，香鱼三倍体的诱导用冷、热休克法均可获得较好的结果。

水静压法 较高的水静压（如 65 kg/cm^2）可抑制卵母细胞第二极体的释放或细胞分裂产生多倍体。该方法多用于鱼类三倍体的培育，具有诱导率高、处理时间短（3 ~ 5 min）、对受精卵损伤小、成活率高等优点，在动物多倍体培育中广泛应用。

（3）生物方法

生物学方法主要指体细胞杂交，利用染色体加倍个体与未加倍个体杂交繁殖多倍体后代。1965 年，瑞齐（Rasch）等首先证明了三倍体脊椎动物可通过四倍体个体与二倍体个体杂交产生。

由于染色体数目会发生变异，被子植物的胚乳培养（endosperm culture）也可能得到多倍体植株。

△ 应用案例 6-2
三倍体太平洋牡蛎培育

6.4.2.2 多倍体生物倍性鉴定

由于人工诱导不能百分之百成功地诱导出多倍体，处理过的群体可能是由多倍体、二倍体甚至是多倍体与二倍体构成的混合群体。常用的多倍体鉴定方法有用间接法（如核体积测量、形态学检查等）和直接法（如染色体计数和 DNA 含量测定等）两类。

核体积测量法 一般而言，细胞核大小与染色体数目成比例。为了维持恒定的核质比例，随着细胞核的增大，细胞大小也按比例增加。多倍体细胞及细胞核通常要比二倍体大一些。因此，通过体细胞核体积的测定可以鉴定细胞染色体倍性。缺点是比较费时、准确性不高。

染色体计数法 将细胞固定制片、染色后观察染色体个数。由于染色体制片技术比较成熟，因此该方法是目前鉴定多倍体倍性的一种直观、准确的方法，缺点是比较费时。

DNA 含量测定 细胞 DNA 含量测定是另一个比较有效的直接鉴定方法。可以测定单个细胞的 DNA 含量，再根据细胞 DNA 比较来推断出细胞染色体倍性。如果发现 DNA 含量是其亲本的一倍半，可以确定是三倍体。DNA 含量测定法快速准确，但是缺点是需要专门仪器。

6.4.2.3 多倍体育种的应用

与二倍体相比，多倍体在对不利环境的适应性上经常表现出优势，例如：对逆境的耐抗性、光合效率等方面会得到增强。此外，三倍体桑树表现为体细胞较大、叶肉厚、叶色深、叶质较好、抗寒性增强。三倍体鲍鱼具有不育性，因而体细胞生长方面的能量相对增加，增强了鲍鱼的抗逆性和抗病能力，也提高了生长速度。对于花卉而言，可使花器官增大、色彩更鲜艳，同时还能使花期延迟，大大提高了花卉的观赏价值和商业价值。

（1）同源多倍体

同源多倍体（autopolyploid）指增加的染色体组来自同一物种，一般是由二倍体的染色体直接加倍产生的。同源多倍体在植物界是比较常见的。由于大多数植物是雌雄同株的，两性配子可能有同时发生异常减数分裂的机会，使配子中染色体数目不减半，然后通过自交形成多倍体。同源多倍体中最常见的是同源四倍体和同源三倍体。

同源多倍体代表性的例子是无籽西瓜。普通有籽西瓜是二倍体（$2n=22$）。三倍体无籽西瓜的果实由于具有没有籽、品质好、食用方便、高产抗病、耐贮运等优点而深受消费者欢迎。三倍体西瓜培育原理是：利用秋水仙碱处理普通二倍体西瓜，使染色体数目加倍形成同源四倍体，然后用同源四倍体西瓜为母本与二倍体西瓜为父本杂交得同源三倍体。由于三倍体西瓜的同源染色体在减数分裂联会时发生紊乱，形成正常配子的概率仅为 $(1/2)^{10}$，导致同源三倍体高度不育，即在果实内一般没有种子。大致流程如下：

① 四倍体母本的获得　取二倍体西瓜的幼苗，用 $0.2\% \sim 0.4\%$ 的秋水仙素溶液滴在幼苗的生长点上，每天 $1 \sim 2$ 次，连续 2 d，可以获得四倍体。

② 三倍体获得　选择优质高产的带有显性基因标志的二倍体作父本，与四倍体母本植株杂交获得三倍体种子。

③ 无籽西瓜的获得　将三倍体种子种下，长出三倍体植株。子房发育成果实必须有生长素，三倍体无籽西瓜因为不形成种子，所以缺乏由幼嫩种子产生的生长素。花粉中含有使色氨酸转变成吲哚乙酸的酶体系，能引起子房形成大量生长素。因此要刺激子房发育成果实，就要授以成熟的花粉。子房中的生长素可"吸引"营养器官的养料集中运输到子房组织，使子房发育成果实。因此通过把三倍体和二倍体相间种植，以保证有足够的二倍体植株的花粉传到三倍体植株的雌花上去，提供生长素，促使三倍体无籽果实发育。

（2）异源多倍体

异源多倍体（allopolyploid）指不同物种杂交产生的杂种后代，经过染色体加倍形成的多倍体。常见的多倍体植物大多数属于异源多倍体，例如，小麦、燕麦、棉、烟草、苹果、梨、樱桃、菊、水仙、郁金香等。

应用案例 6-3
大白菜与结球甘蓝种间异源多倍体的鉴定

中国遗传育种学家鲍文奎经过 30 多年的研究，在 20 世纪六七十年代用普通小麦（六倍体）与黑麦（二倍体）杂交，成功地培育出异源八倍体小黑麦新物种。小黑麦是由小麦（$6n=42$，AABBDD）和黑麦（$2n=14$，RR）杂交而成的。普通小麦的染色组是 ABD，黑麦的染色体组是 R，最后获得的杂种的染色体组是 ABDR。因为这四个染色体组来自不同属的物种，因此属于异源多倍体。异源多倍体（21+7）子一代不育，但只要将它的染色体加倍（42+14），这样就能顺利地进行减数分裂而形成正常的雌雄配子，变为正常可育。培育出的八倍体小黑麦具有许多新的特点，形态上像小麦，但穗子、籽粒显著大于小麦，同时能抗寒冷、干旱、贫瘠等不良条件，在高寒地区和盐碱地区具有一般小麦不具有的优势，而且增产效果较明显，营养价值（如蛋白质）也有了较大改善。

思考
多倍体育种有什么优点？

6.4.3 单倍体育种

单倍体（haploid）是细胞中含有正常体细胞一半染色体数的个体，即具有配子染色体组的个体。与多倍体一样，由于在减数分裂时同源染色体联会发生紊乱，很难形成具有完整一套染色体组的配子，因此单倍体也具有高度不育性。

对于二倍体来源的单倍体，只有一套染色体组，染色体上的每个基因都能表现相应的性状，所以极易发现所产生的突变，尤其是隐性突变，所以单倍体是进行染色体遗传分析的理想材料。通过人工方法使单倍体的染色体加倍就可以获得纯合二倍体，可缩短育种年限，大大提高了选育效率，在育种上具有极高的利用价值。

6.4.3.1 单倍体产生途径

假受精 雌配子经花粉或雄核刺激后未受精而产生的单倍体植株。

雄核发育（androgenesis）或孤雄生殖 卵细胞卵核消失，或卵细胞受精前失活，由精核在卵细胞内单独发育成单倍体（只含有一套雄配子染色体）。

雌核发育（gynogenesis）或孤雌生殖 精核进入卵细胞后未与卵核融合而退化，卵核未经受精而单独发育成单倍体。

动物雌核发育研究较多，技术相对成熟。精子虽然正常地钻入和激活卵子，但精子的细胞核并未参与卵球的发育，胚胎的发育仅在母体遗传的控制下进行。自然界里一些无脊椎动物和鱼类等都存在雌核发育现象。

📖 知识拓展 6-5

动物雌核发育

雌核发育为生产单性种群提供了可能。由此产生的雌核发育个体可被用来筛选某些性状，从而获得优质高产品系。采用雌核发育方式已经进行单性别草鱼、鲤鱼的培育。雌核发育还能获得纯合的同源型二倍体后代，这不仅在遗传育种上具有重要价值，而且也为遗传学研究提供了研究材料。

6.4.3.2 花药和花粉培养获得单倍体植物

花药和花粉培养（anther and pollen culture）指离体培养花药和花粉，使小孢子改变原有的配子体发育途径，转向孢子体发育途径，形成花粉胚或花粉愈伤组织，最后形成花粉植株，从中鉴定出单倍体植株并使之二倍化。花药和花粉培养培育单倍体和纯合二倍体示意图如图 6-1 所示。花药和花粉培

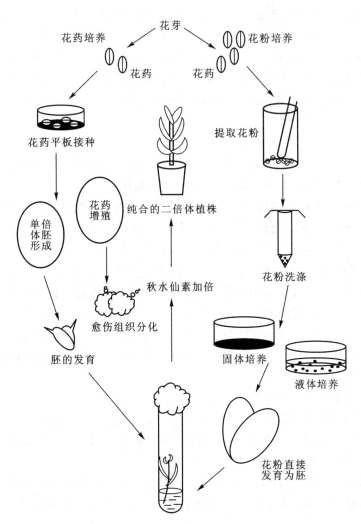

图 6-1 花药和花粉培养培育单倍体和纯合二倍体示意图

（引自：谢从华等，植物细胞工程，2004）

养培育单倍体属于植物雄核发育。

（1）培养材料

在花药和花粉培养中，选择发育到特定时期花粉进行培养是成功的关键。一般情况下，单核期（包括单核早期、中期、晚期）的花粉比较容易培养成功。确定花粉发育时期的方法可用涂片法，找出小孢子发育的细胞学指标与花蕾发育的形态指标的相关性，取材时便可根据花蕾的形态指标来进行。

花药和花粉供体植株的生理状态对花药愈伤组织的诱导率也有直接影响。在很多情况下，低温处理可明显提高花药和花粉培养的效果。花药和花粉组织脆嫩，在外植体制备和接种时要防止损伤。

一般情况下，花药和花粉培养所取材料是未开放的花蕾。花蕾经表面灭菌后，在无菌条件下剥取花药，接种在培养基上。对于花粉培养来说，可采用漂浮培养自然释放法和机械分离法从花药中获得花粉。

自然释放法是把花药接种在加有聚蔗糖（ficoll）的液体培养基上，花药漂浮于液体表面，培养1~7 d，花药壁开裂，花粉散落，过滤收集后接种培养。

机械分离法获得花粉一般经过分离、过筛和清洗三个步骤：

① 分离　把花药放在玻璃容器中，加入一定量适当浓度的蔗糖溶液或直接加入适量液体培养基，用注射器内径轻轻挤压花药将花粉挤出；或者用磁力搅拌器把花药破碎使花粉散出来。

② 过筛　把花药残渣和花粉混合液经一定孔径的过滤网过滤。孔径大小根据不同植物花粉粒的大小进行选择。将带有花粉的滤液注入离心管。

③ 清洗　根据花粉粒大小选择不同离心速度和离心时间。离心使花粉沉淀，小块花药壁残渣悬浮在上清液中，用吸管将上清液弃除，重新加入蔗糖溶液或培养基再离心，弃去上清液，重复2~3次，最后一次需用培养花粉的液体培养基进行。最后，取出上清液后加入一定量液体培养基，使花粉的密度达到所需要求。

（2）植株再生

花药或花粉接种到培养基后，在适宜条件下，经过一段时间培养，小孢子发生脱分化，改变原来发育途径，通过器官发生型或胚状体发生型再生成单倍体植株。

对于器官发生途径，在花药或花粉诱导培养获得具有形态发生能力的愈伤组织后，应转向含较少（甚至不含）生长素和较多细胞分裂素的分化培养基上诱导芽的形成。之后，应将无根苗转入诱导不定根形成的根分化培养基上培养。根分化培养基与芽分化培养基的不同之处在于含有较多的生长素和较少（或不含）的细胞分裂素，无机盐浓度较低。在诱导芽和根的培养中，不同种类的植物要求的生长素和细胞分裂素的种类、浓度比例是不同的。应采用尽可能低浓度的生长调节物质，否则会使诱导出的花粉植株过于纤弱，甚至形成白化苗。

通过胚状体途径产生植株可分为两种情况：一是从离体培养的花药或花粉直接产生胚状体，即直接胚状体发生；二是离体培养的花药或花粉先形成胚性愈伤组织，然后再由胚性愈伤组织分化出胚状体，即间接胚状体发生。

花粉发育的可能途径如下：

花粉均等分裂途径：单核小孢子（花粉营养细胞）第一次进行的细胞核分裂为均等分裂，产生的细胞壁将小孢子分隔成大致相等的两个营养型细胞，再经过几次分裂后，形成多细胞花粉粒，撑破花粉壁以胚状体或愈伤组织形式释放出来。

生殖细胞发育途径：单核小孢子（花粉营养细胞）第一次进行的细胞核分裂为非均等分裂，形成一个营养核和一个生殖核。营养核分裂1~2次即退化，而生殖核经多次分裂发育成多细胞团，进而通过愈伤组织或胚状体。

营养细胞发育途径：单核小孢子（花粉营养细胞）第一次有丝分裂形成不均等的营养核和生殖核。

其生殖核较小，一般不分裂或分裂几次就逐步退化。而较大的营养核经多次分裂而形成细胞团，并迅速增殖而突破花粉壁，细胞持续分裂形成胚状体或愈伤组织。

营养细胞和生殖细胞并进发育途径：单核小孢子第一次进行的细胞核分裂为非均等分裂，形成一个营养核和一个生殖核。生殖核和营养核同时进行持续分裂，形成由营养核分裂形成的细胞较大多细胞团和由生殖核分裂形成细胞较小的多细胞团，破壁而形成愈伤组织或胚状体。特点是生殖核和营养核共同参与花粉植株的形成。

花粉细胞培养可以采用以下方法：

平板培养法：将花粉悬浮液按密度要求与尚未凝固的培养基混合，使花粉均匀分布在培养基内进行培养。

双层培养法：上下两层为一薄层固体培养基，中间为均匀散开的花粉。使花粉夹在两层培养基中间。

看护培养法：在花粉培养时将花药作为看护材料，利用完整花药发育过程中释放出的有利于花粉发育的物质，促进花粉发育，使其形成细胞团，进而发育成愈伤组织或胚状体。

条件培养法：在培养基中加入失活花药的提取物。

（3）单倍体筛选

由花药或花粉培养获得的植株并不都是期望的单倍体，通常包括单倍体、二倍体、多倍体和非整倍体，单倍体所占比例不高。可能的原因是体细胞组织的干扰和生殖细胞的自发加倍导致花药植株倍性混杂：①花药构造包括药壁、药隔、药囊、花粉，花药又与花丝相连。药壁、药隔、花丝都是体细胞组织，在离体培养条件下也能再生出植株，而且在很多情况下比花粉更易诱导生成再生二倍体植株；②生殖细胞核内有丝分裂不正常，形成不完全的细胞壁，造成核分裂与细胞壁形成不同步而发生核融合现象，再生出的植株是二倍体或多倍体。

因此，必须对获得的花药或花粉培养获得的植株进行倍性鉴定，筛选出需要的单倍体植株。鉴定方法有：形态鉴定、结实性鉴定、染色体数目鉴定和遗传标记鉴定等。

形态鉴定　通过观察花药或花粉植株的形态特征进行染色体倍性鉴定。具有简单直观的优点，但是形态标计数量少，受环境条件和人为经验的影响大，鉴定的准确性低。因此，形态鉴定一般只用于对大量材料进行初步筛选。

结实性鉴定　不同染色体数目的植株在结实性方面有不同表现，因此可通过观察植株的结实性来鉴定花药和花粉植株。例如：单倍体植株、三倍体植株和非整倍体植株虽然都能开花但不结实；二倍体植株则开花结实都正常；四倍体植株虽能开花但结实性不良。

染色体数目鉴定　染色体数目是花药和花粉植株倍性的直接证据，因而是花药和花粉植株倍性鉴定的重要方法。植株染色体数目的鉴定通常采用涂片法（或压片法）检查根尖或茎尖染色体数目。

6.4.3.3　胚珠和子房培养获得单倍体

未受精的胚珠离体培养和未授粉的子房培养均有可能获得单倍体植物。

6.4.3.4　纯合二倍体植物

由于单倍体植株只有配子染色体组成，生活力很弱，如果不进行二倍化处理，则较难存活，因此，对鉴定的单倍体植株应尽早进行染色体加倍处理。通过染色体加倍就可以获得可育的纯合二倍体植物，具有可育性。

最常用的方法是秋水仙素方法，大致如下：

① 用0.02%～0.4%秋水仙素处理花药或花粉单倍体植株，禾本科植物的处理应在分蘖期进行，将分蘖节以下部分浸泡在0.1%左右秋水仙素溶液中2～3 d。处理后用流水冲洗0.5 h，然后栽入土中，鉴定出加倍植株。木本植物用浸透0.1%～0.4%的秋水仙素的棉球放置在植株顶芽和腋芽生长点处，一般处理2～3 d，从处理过的顶芽和腋芽萌发出的枝条中鉴定出染色体是否加倍。

② 在组织培养过程中在培养基中加入秋水仙素进行培养，也可在培养过程中单独用秋水仙素溶液

思考

单倍体育种有什么优点？

浸泡培养材料，然后置于不含秋水仙素的培养基中培养。也可以采用愈伤组织加倍法，将单倍体植物外植体诱导产生愈伤组织，经过继代培养，转移到分化培养基再生植株，经过筛选可以获得染色体加倍的植物。

6.5 植物离体受精

植物离体受精（plant in vitro fertilization）是指在体外无菌条件下培养未受精的子房、胚珠和花粉，使花粉萌发进入胚珠完成受精的技术。植物离体受精包括离体传粉和体外受精两类。

6.5.1 离体传粉

子房离体授粉 通过人工方法将花粉引入子房，使花粉粒在子房腔内萌发并完成受精过程。可以使花粉管不经过柱头和花柱组织直接进入子房的胚珠，从而获得远源杂种。

胚珠试管受精 离体培养胚珠，在人工控制条件下授粉。有两种方法，一是将直接在胚珠表面授予无菌的花粉，二是预先培养花粉，将花粉撒在培养基表面，再接种带有胚座的裸露的胚珠于花粉培养基上。

20 世纪 60 年代已经可以使被子植物带胎座的胚珠、整个雌蕊或子房置在离体培养的条件下实现传粉和受精。1962 年，甘达（Ganda）等用罂粟为材料在无菌条件下将没有受精的带胎座的胚珠置于装有培养基的试管中，同时用无菌针从花药中取出花粉撒在胚珠的表面上，结果发生了与正常相似的受精过程，最后结出有活力的种子。这些种子可在试管中长成健康的幼苗。

6.5.2 体外受精

6.5.2.1 精细胞和卵细胞获得

体外受精首先必须分离出大量有活力的精细胞和卵细胞。

精细胞的大量分离主要采取机械力、渗透压冲击、酶解破裂等方法。

研磨法 利用玻璃匀浆器的机械力使通过预处理（例如：消毒，水合，一定浓度介质温育等）的花粉的壁破裂而释放精细胞。

渗透压冲击一步法 将花粉置于适宜渗透压条件下任其吸水后自行破裂，释放出精细胞。

渗透压冲击二步法 先将花粉在一定浓度蔗糖溶液或其他介质中水合一段时间再加入等量蒸馏水造成渗透压骤降，促使花粉大量并较为同步地破裂而释放出精细胞。

活体–离体技术 先对柱头进行人工授粉，当花粉管在花柱中生长到一定程度后，切下一段花柱（一般切取 1 cm 左右），将切口插入液体培养基中继续生长，待花粉管中已有精细胞出现后，即可将之从基部切断，用酶液（纤维素酶、半纤维素酶、果胶酶等）水解，或继而再低渗冲击使花粉管破裂而释放出精细胞。

精细胞从花粉或花粉管中释放来后要进行纯化处理，一般用小于 35 μm 的筛网过滤去杂及营养核，再用密度梯度离心进一步纯化。保存精细胞多在培养基（如 BK）中添加适宜浓度的蔗糖、山梨醇等维持渗透压，再加入膜稳定剂如葡聚糖硫酸钾（PDS）、牛血清白蛋白、Ca^{2+} 等，在合适的 pH（6~7）下低温保存。

雌性生殖细胞的分离比精细胞的分离难度大，从胚囊或胚珠中分离少量卵细胞已获得成功。胚囊分离常采用的方法有：解剖法、压片法和酶解法。酶解法常与前两种方法结合使用。

酶解法 依靠水解酶的作用酶解分离出胚囊，再延长酶解时间，将单个胚囊内细胞相互分开，可得到离散的游离卵细胞，通过微吸管挑选卵细胞，于一定培养介质中保存。

酶解 – 压片法　酶解胚珠后再轻压挤出卵细胞。

酶解 – 解剖法　胚珠先经酶解后，再在倒置显微镜下从胚珠中解剖卵细胞。

6.5.2.2　体外受精

目前进行体外受精采用的是与植物原生质体融合类似的方法进行人工诱导融合，例如：采用化学药剂（聚乙二醇，高 pH、高钙溶液等）、电融合法使精细胞与卵细胞发生融合。这样获得的融合胚胎称之为人工合子。

1991 年，科兰（Klanz）等用显微操作电融合法使玉米精卵细胞成对融合，融合率 79%，再用显微操作挑选融合体进行单细胞看护培养，细胞分裂率达 83%，并形成了多细胞结构。在玉米上首次实现了离体条件下被子植物精 – 卵融合，将体外受精所产生的"人工合子"培养得到了再生植株。

6.5.3　植物离体受精在新品种培育中的意义

植物离体受精培育植物无论在基础研究或应用研究方面均具有重大意义。理论方面，对受精的生理生化机制及早期胚胎发育的研究具有理论意义。应用方面，离体传粉和体外受精技术在育种过程中有可能克服有性生殖中自交或杂交存在的不亲和性障碍。自交不亲和植物在受精过程中的障碍通常发生在柱头或花柱中，由于花粉与柱头识别反应导致花粉管生长受到抑制，不能进入柱头或在花柱中生长停滞，以致受精失败。因此利用离体的胚珠授粉顺利完成受精。可见，植物离体受精可以越过花粉 – 柱头识别障碍，克服远缘杂交不亲和性或克服自交不亲和性。

体细胞杂交培育植物的主要困难是杂种细胞培养困难，具体表现在亲缘关系较远的体细胞杂交中常出现一方亲本染色体被排除的现象。因此，在体细胞杂交中往往存在着杂种细胞不分裂、杂种愈伤组织不分化、后代长期不稳定等诸多问题。植物离体受精后合子中绝大部分细胞质来源于卵细胞，因此合子的早期发育过程是靠卵细胞中储存的物质调控。培养人工杂种合子对于解决上述体细胞杂交中出现的问题也显示出优势。

思考

植物离体受精在植物繁殖与育种方面有怎样的应用价值？

6.6　转基因育种

1953 年，沃森（Watson）与克里克（Crick）提出 DNA 双螺旋结构模型。1974 年，科恩（Cohen）将金黄色葡萄球菌质粒上的抗青霉素基因转到大肠杆菌体内，揭开了转基因技术应用的序幕。

转基因技术（transgenic technique）是利用现代分子生物学技术，将目标基因导入并整合到受体生物的基因组中，获得具有新性状的转基因生物，达到修饰和改良原有性状的目的。转基因技术标志着不同种类生物的基因都能通过基因工程技术进行重组，人类可以根据自己的意愿定向地改造生物的遗传特性，创造新的生命类型。

6.6.1　转基因植物育种

转基因植物（transgenic plant）是利用基因工程将原有作物的基因加入其他生物的遗传物质，并将不良基因移除，从而造成品质更好的作物。

自 1983 年美国培育出第一例抗除草剂的转基因烟草后，对植物转基因技术的研究与应用成为生物学研究领域的热点之一。目前，利用植物转基因技术可以达到如下目标：

① 植物抗性和耐性改良。如抗虫、抗病害、抗除草剂、耐旱、耐寒等的转基因研究。

② 对农作物进行品质改良。

③ 将转基因植物作为生物反应器，获得人类需要的大量使用且有重要经济价值的产品。如疫苗、抗体、糖类、蛋白质、工业酶制剂等。

知识拓展 6–6

转基因育种技术和传统育种技术的区别

6.6.1.1 植物抗性和耐性改良

抗虫害植物 苏云金杆菌（*Bacillus thuringiensis*，Bt）是一种好氧革兰氏阳性细菌，在其芽孢形成的过程中同时也形成了具有杀虫活性的伴孢晶体，被称为 δ- 内毒素或杀虫晶体蛋白（insecticidal crystal protein，ICP），昆虫摄取晶体蛋白后在肠道经蛋白酶水解，转变成对蛋白酶有抗性的毒性多肽分子，它能结合到昆虫中肠上皮细胞的刷状缘毛的特异结合位点上，因其构象发生改变后插入到细胞膜上，形成穿孔，引起细胞膨胀甚至裂解，最后导致昆虫死亡。我国先后获得转 Bt 基因的烟草、甘蓝、棉花、玉米、水稻和油菜等作物，并成为世界上拥有自主知识产权、独立成功开发转 Bt 基因棉花的第二个国家。

抗除草剂植物 目前使用的除草剂或多或少会对农作物产生杀伤作用，利用基因工程技术构建抗除草剂的转基因作物有望解决这一问题。按作用机理的不同，抗除草剂基因主要有 3 种类型。①产生靶标酶或靶标蛋白质，使作物吸收除草剂后，仍能进行正常代谢作用。5- 烯醇丙酮莽草酸 -3- 磷酸合酶（EPSPS）是莽草酸途径中的关键酶，可催化磷酸烯醇式丙酮酸与莽草酸 -3- 磷酸生成 5- 烯醇丙酮莽草酸 -3- 磷酸（EPSP），为芳香族氨基酸的合成提供前体物质。EPSPS 是除草剂草甘膦的靶标，若 EPSPS 缺失，则会导致细胞死亡。经过筛选获得抗草甘膦的矮牵牛品系，分离其 EPSPS 基因并应用于转基因工作，以提高植物 EPSPS 基因的表达水平。②产生除草剂原靶标的异构酶或异构蛋白，使其对除草剂不敏感。③产生能修饰除草剂的酶或酶系统，在除草剂发生作用前将其降解或解毒。一般认为，产生外源酶使除草剂失活的基因比上述两种类型优越，因为靶标酶或靶标蛋白的过量产生会给作物造成代谢负担，对作物的生长势和产量不利；而如果靶标酶改变了，其异构酶的活性通常会降低，甚至对转基因作物有害。根据以上原理，目前已获得了很多抗（耐）除草剂作物，诸如抗草丁膦（glufosinate）转基因作物、抗草甘膦转基因作物、抗磺酰脲类除草剂转基因作物、抗溴苯腈转基因作物、抗阿特拉津（atrazine）转基因作物等。

耐环境胁迫转基因植物 目前已从植物中分离、克隆出大量与抗逆相关的基因，包括抗旱、抗寒、耐冷、耐盐、耐热等相关基因，将这些基因在目的植物中进行过表达，可增强植物耐受环境胁迫的能力。

6.6.1.2 农作物品质改良

可以通过基因操作，使得植物中原本低产甚至不产的氨基酸得到增产或生产，从而改良作物的品质。例如为了改善稻米在蛋白质含量和氨基酸平衡方面存在的缺陷，提高稻米中赖氨酸和蛋白质含量，人们常将蛋白质中赖氨酸含量较高的豆类蛋白质基因转入水稻中以改良其营养品质。赖氨酸是蛋白质含量第一限制性氨基酸，提高赖氨酸含量，可以提高蛋白质的转化率，改善稻米的品质。利用 PEG 诱导法分别将菜豆和豌豆的球蛋白基因导入水稻，使其在水稻种子的内胚乳中表达，其中菜豆球蛋白约占内胚乳蛋白质总量的 4%。食物中维生素 A 的缺乏会导致人类失明和免疫水平的低下，通过转基因技术将玉米的基因（*psy1*）、细菌 *Pantoea ananatis* 的基因（*crtI*）和源自大肠杆菌菌株 K-12 的磷酸甘露糖异构酶基因（*pmi*）转入到大米胚乳中获得的转基因大米，又称黄金大米（golden rice），其中富含胡萝卜素及维生素 A。前两个基因表达的八氢番茄红素合酶蛋白（PSY1）和胡萝卜素去饱和酶蛋白（CRTI）是水稻胚乳中不存在的蛋白质，却是 β- 胡萝卜素合成过程中提供支持性作用的必需中间体。花青素（anthocyanin）是一类黄酮类植物色素，作为植物营养素具有强抗氧化活性，对人体健康具有重要的保健作用。天然的有色类谷物的花青素等色素只存在于种皮中，作为主要食用部分的胚乳不含花青素。华南农业大学刘耀光研究员课题组利用高效的多基因载体系统 TGSⅡ（trans-gene stacking Ⅱ）调控花青素生物合成的多个基因，首次实现了在水稻胚乳合成花青素的目标，培育出首例胚乳中富含花青素的新型功能营养型水稻种质"紫晶米"。

此外，还可以通过基因改良植物的代谢产物途径，来提高目标产物产量或降低副产物的含量。例如，植物细胞内的颗粒结合型淀粉合成酶（granule-bound starch synthase，GBSS）控制直链淀粉的合成，通过将 GBSS 反义基因导入马铃薯，使 GBSS 酶活性降低，从而获得低直链淀粉比率的淀粉。

6.6.1.3 植物转基因技术

植物转基因技术是指运用 DNA 重组技术，把从动物、微生物或植物等中分离得到的目的基因或经过一定修饰的基因导入到受体植物，使目的基因能够在受体细胞内得到稳定的表达与遗传，同时获得所需性状，如抗病、抗虫、抗逆、代谢产物含量提高等。转基因技术操作的基因一般是功能明确的，其经过几代选育后能够获得纯合的转基因材料，可大大加快遗传育种的进程，是对传统育种技术的拓展与补充。常用转基因的植物受体包括外植体、叶盘、原生质体、悬浮细胞、愈伤组织、胚状体等。自 1983 年，美国孟山都公司（Monsanto company）利用根癌农杆菌（*Agrobacterium tumefaciens*）的 Tumor inducer（Ti）质粒载体把细菌的新霉素磷酸转移酶（neomycin phosphotransferase，NPT）基因成功导入到烟草中，并获得了卡那霉素抗性的烟草后，有多种植物转基因方法相继问世。比如，我国科学家周光宇先生创立了一种借助花粉管将外源 DNA 导入植物体内的方法——花粉管通道法，并成功应用于棉花的遗传转化。1985 年，美国孟山都公司创立了农杆菌 Ti 质粒介导的叶盘转化法（leaf disc transformation），并成功应用于烟草、牵牛花和番茄等的遗传转化。1987 年，美国康奈尔大学的 Sanford 实验室开创了利用高速微粒将外源基因转入植物细胞的基因枪法，并成功地应用于玉米的遗传转化。随着不断探索，人们利用不同转基因技术获得了一大批转基因植物。综合而言，常用的植物转基因技术主要包括载体介导法及直接导入法。载体介导法包括农杆菌及病毒介导法，需要将目的基因与载体连接，通过载体介导目的基因整合到植物基因组中。常用的直接导入法包括花粉管通道法、基因枪法、PEG 法（聚乙二醇法）、电击法等。

知识拓展 6-7
叶盘转化法

（1）载体介导法

农杆菌介导法　农杆菌是一类普遍存在于土壤中的革兰氏阴性菌，能生活在植物的根表面并依赖渗透出的营养物质生存。常用于植物转基因的农杆菌主要有根癌农杆菌与发根农杆菌两种。根癌农杆菌细胞中染色体外的遗传物质为 Ti 质粒，其为闭合环状双链 DNA。根癌农杆菌通过侵染植物表面的伤口进入植物体内，其 Ti 质粒上的 T-DNA 区能够整合到植物基因组中。将外源基因插入到根癌农杆菌的 T-DNA 区，可实现外源基因转移、整合到植物细胞内。发根农杆菌中含有 Ri 质粒，其与 Ti 质粒类似，能够携带目的基因转移并整合至植物细胞中，使其产生发根。

知识拓展 6-8
农杆菌侵染植物形成瘤的机制

农杆菌介导法又称为"共培养法"（图 6-2b），有根癌农杆菌和发根农杆菌两种载体系统。

野生型根癌农杆菌 Ti 质粒（图 6-3）大小为 200～800 kb，其中 T-DNA（transferred DNA）区为 12～24 kb，*vir* 区有 35 kb，T-DNA 上有 *tms*、*tmr* 和 *tmt* 三套基因，分别编码合成植物生长素、分裂素和生物碱的酶。在 T-DNA 两端各有一个 25 bp 的末端重复序列 LB 和 RB，在 T-DNA 的切除及整合过程中其着重要作用。T-DNA 区可高效整合到植物受体细胞的染色体上并得到表达。利用这一特点，将目的基因转入 Ti 质粒的 T-DNA 区构建根癌农杆菌的转化载体。将根癌农杆菌与植物原生质体、悬浮细胞、叶盘、茎段共同培养，用根癌农杆菌含有目的基因的质粒去转化植物受体。将短暂共培养的受体洗去根癌农杆菌在含有适量抗生素的培养基上培养，筛选具有抗生素抗性标记的转化细胞，然后用特定培养基诱导这些细胞形成转基因植株。双子叶植物经常采用这种方法。大多数单子叶植物因为不能诱导 Ti 质粒 *vir* 区基因表达信号分子，应用受到限制。

在植物转基因操作中，用作外源 DNA 转化的 Ti 质粒是由野生型 Ti 质粒改造获得的。包括：

① 删除 T-DNA 上的 *tms*、*tmr*，解除其表达产物对植株再生的抑制，同时减少酶切位点。由于有机碱合成与 T-DNA 转化无关，并消耗大量精氨酸和谷氨酸，影响细胞生长，因此删除 *tmt* 基因会减少对细胞生长的抑制。

② 加入大肠杆菌复制子和选择性标记，构建农杆菌－大肠杆菌穿梭质粒，便于重组分子的克隆与扩增。

③ 引入含有植物细胞启动子和末端寡聚腺苷酸化信号序列的标记基因，便于转基因植物细胞筛选。

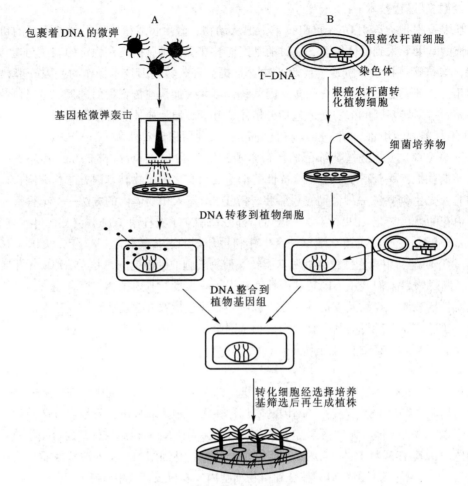

图 6-2 外源目的基因转化植物细胞

A. 基因枪法；B. 根癌农杆菌共培养

（引自：吴乃虎，基因工程原理，2 版，2001）

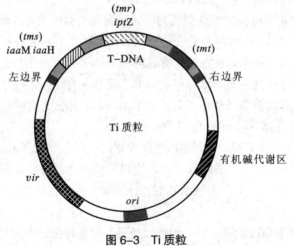

图 6-3 Ti 质粒

（引自：张惠展，基因工程概论，1999）

④ 插入人工接头片段，利于外源基因克隆。

目前已经建立的转化系统有 Ti 质粒介导的共整合转化系统、双元载体系统等。

Ti 质粒介导的共整合转化系统：将外源基因整合到修饰过的 T-DNA 上形成可穿梭的共整合载体，在 vir 基因产物作用下完成目的基因向植物细胞的转移和整合。将删除 tms、tmr 和 tmt 基因的 T-DNA 片段克隆到大肠杆菌载体质粒 pBR322 上（有氨苄青霉素抗性标记），然后分别插入新霉素磷酸转移酶（NPTII）基因（卡那霉素抗性）和根癌农杆菌筛选标记，接入外源基因，转化大肠杆菌，利用氨苄青霉素（Ap^r）筛选阳性克隆。将重组大肠杆菌与含野生型 Ti 质粒的根癌农杆菌进行结合，通过同源重组，T-DNA 质粒整合到 Ti 质粒上得到重组根癌农杆菌，利用根癌农杆菌筛选标记筛选。将得到的整合型根癌农杆菌感染植物愈伤组织，携带大肠杆菌重组质粒的 T-DNA 便随机整合在植物细胞染色体上，采用含卡那霉素的培养基筛选出植物细胞转化子。该方法存在载体构建困难、效率低等不足。

Ti 质粒介导的双元载体系统：双元载体系统利用 vir 区参与 T-DNA 的转移与整合到植物细胞基因中的用，将带有目的基因的 T-DNA 和 vir 区分别安置在 Ti 微型质粒和辅助质粒构成，通过反式激活 T-DNA 转移至植物细胞基因组内。微型 Ti 质粒小，转移到农杆菌比较容易，载体容易构建，效率较高。这是目前 T-DNA 转化植物细胞比较常用的方法。

发根农杆菌是与根癌农杆菌同属的一种病原土壤杆菌，含有 Ri 质粒，可以诱导植物细胞产生毛状根，毛状根细胞能分化形成植株。由于 Ri 质粒也含有可高效整合到植物受体细胞的染色体上并得到表达的 T-DNA，因此也可用作转基因植物的载体。

病毒介导法　病毒核酸能在宿主细胞中复制、表达，因此病毒可作为植物转基因的一种载体。与农杆菌不同，病毒载体不受寄主的限制。目前研究的植物病毒载体系统有单链 RNA 植物病毒载体系统、单链 DNA 植物病毒载体系统及双链 DNA 植物病毒载体系统。

烟草花叶病毒 TMV（tobacco mosaic virus）是一种单链 RNA 病毒。在构建 TMV 载体时，可将外源基因置于衣壳蛋白基因启动子的调控之下，通过侵染植物以高效表达外源目的基因；或者可将外源基因置于编码衣壳蛋白基因的下游，利用衣壳蛋白基因的连读，获得融合蛋白。Dawson 等将氯霉素乙酰转移酶基因（CAT）融合到 TMV 次基因组 RNA 启动子上，实现了 CAT 基因的表达。

花椰菜花叶病毒 CaMV（cauliflower mosaic virus）含有双链 DNA 基因组，在将 CaMV 病毒基因组中对病毒繁殖非必需的一段核苷酸序列去除之后，再将外源目的基因插入到 CaMV 的 DNA 基因组中，重组的 DNA 分子在体外被包装成具有感染能力的病毒颗粒后，即可高效转染植物的原生质体，进而培养为再生植株。但其也有如下缺点：可插入的外源 DNA 片段较小；CaMV 感染的寄主范围有一定限制，且感染后寄主容易患病；感染病毒的受体只能限制在原生质体；复制稳定性差、转录和复制机理复杂；外源基因无法稳定地在后代中得到表达。

（2）直接导入法

花粉管通道法　植物授粉一段时间后，从珠孔到珠心间会出现一条花粉管通道，外源基因可通过此管道进入胚囊，并转化尚不具备正常细胞壁的卵、合子或早期胚胎细胞，进而借助于天然的种胚系统形成转基因种胚。花粉管通道法已被成功应用于多种农作物如转基因抗虫棉。花粉管通道法操作简单；对受体植物无特别要求；无需进行组培和再生；转化速度快，育种周期短。但该方法转化率低，稳定遗传性差。

基因枪法　又称微粒轰击法，将外源目的 DNA 包裹在直径为 1~4 μm 的钨粉或金粉微粒中，再利用基因枪装置，以火药爆炸力、电弧放电蒸发浪或高压气体作为动力，将微粒加速到 300~600 m/s，穿过植物的细胞壁和细胞膜到达细胞中，目的基因以一种未知的方式整合到植物基因组并得以表达，再通过细胞和组织培养技术，再生出植株。目前已利用基因枪法获得了转基因烟草、水稻、玉米、小麦、大豆等植物。该方法对于植物受体材料无严格要求、具有操作简便、转化时间短、外源基因片段大等优点，但存在转化效率较低，轰击过程有可能造成外源基因断裂等不足。

知识拓展 6-9
转基因西红柿培育

PEG 法　将原生质体悬于含质粒 DNA 的 PEG 液体中，引起原生质体膜的通透性发生变化，导致质粒 DNA 易于进入细胞，并可随机整合到植物基因组中，通过原生质体再生形成完整植株。该方法操作简便，对细胞的伤害较小，且可一次转化多个原生质体。

电击法　电击法是通过高压电脉冲把外源基因导入细胞，实现遗传转化的方法。通过电击法实现外源基因导入植物细胞的原理如下：通过电击产生的高压电脉冲，在原生质体膜上电击穿孔，形成可逆的瞬间通道，从而利于外源 DNA 的摄取。当电脉冲以一定的场强和持续时间作用于细胞等渗液时，细胞膜上将生成一些小孔，其大小随电击条件的不同而变化。电场消失后，这些小孔又可以重新闭合，闭合时间依赖于温度，温度越低，小孔维持时间越长。该方法不受宿主范围的限制，操作较方便，但需要专门的电击仪，且原生质体再生为植株需要一定时间过程。

知识拓展 6-10
玉米遗传转化过程

思考
比较不同植物转基因技术的优缺点。

6.6.1.4　转基因植物的检测

转基因植物检测的目的是为了了解外源目的基因是否稳定整合到植物基因组中，是否能够得到正常表达。检测对象包括报告基因及目的基因。但一般情况下，在受体植物的细胞群中只有少部分细胞获得了外源目的基因，被整合到基因组并正常表达的更少。因此，必须从转化体系中筛选出含有外源目的基因的重组体。通常先检测报告基因，再检测目的基因。

（1）报告基因检测

报告基因是一种指示基因，植物表达载体上均带有一个或多个报告基因，以方便从遗传转化后的植株中筛选阳性转化子。报告基因是一种表达产物和功能非常容易被检测的基因，因此可以快速报告细胞、组织、器官或植株是否被转化。报告基因必须具有以下条件：基因较小、编码一种正常植物细胞中不具备的酶、可以在转化体中得到充分表达、易于检测。目前植物基因工程中使用的报告基因主要有两类，一类是抗性基因，其可使转化细胞产生对某种筛选物质的抗性，使抗生素或其他选择物失效，但不影响转化细胞的生长，而未转化细胞则不能生长，从而将转化细胞筛选出来。常见的抗性基因包括抗卡那霉素基因、抗链霉素基因及抗除草剂基因等。另一类报告基因是一些具有明确功能的基因，其产物常具有简单易检测的特征，如 β- 葡糖苷酸酶基因（GUS）、荧光素酶基因等。

知识拓展 6-11
抗性基因种类及作用原理

选择性培养检测 Ti 质粒改造时插入有抗生素标记基因，例如 *Cat* 基因可使植物细胞表现抗氯霉素，NPTII 为卡那霉素抗性基因，因此可以利用抗生素选择性培养基培养选择转入外源基因的细胞、愈伤组织。另外，转入 Ti 质粒的受体能在无激素培养基上存活，未转化的细胞则不能，因此可以用无激素的培养基培养筛选。

遗传标记检测为了便于在受体中检测到载体的存在，通常选用具有特殊遗传标记的质粒。常用的遗传标记有：① β- 葡糖苷酸酶（β-Glucuronidase，GUS）基因，来自于大肠埃希菌染色体上的 uidA 位点，其编码 β- 葡糖苷酸酶。β- 葡糖苷酸酶是一种水解酶，可催化裂解多种 β- 葡糖苷酯类物质，产生具有荧光或发色团的物质。它可使植物细胞在 5- 溴 -4 氯 -3- 吲哚葡糖苷（5-bromo-4-ehloro-3-indolyl glucuronide，X-gluc）底物溶液中显示蓝色。②荧光素酶基因，可使植物细胞发出蓝绿色荧光。

知识拓展 6-12
GUS 染色结果图

（2）目的基因检测

目的基因的检测包括基因整合和基因表达两个方面。外源 DNA 插入植物基因组后会发生重排，即使载体上的抗性基因能表达，目的基因也不一定会完整的存在于转化体中，所以要初步检测阳性植株中是否真的含有外源基因。一般常用的方法有 PCR 检测或 Southern 杂交检测等。目的基因的表达检测一般分为两个水平，其一是在转录水平上检测，包括定量 PCR 检测或 Northern 杂交检测。其二是在翻译水平上对蛋白质的检测，常用方法有 Western 杂交检测或免疫技术检测。

思考
常用检测转基因植物的方法有哪些？

6.6.1.5　转基因植物的安全性

转基因技术可以将任何生物甚至人工合成的 DNA 转入植物，其安全性是转基因技术在应用中最受人关注的关键问题，也是现今争论的热点问题之一。食用安全性及生态环境安全性是转基因植物安全性评价的主要内容。

生态安全性问题主要包括基因漂移对生物遗传多样性的影响、对靶标生物物种进化的影响（如影响昆虫种群），转基因植物"杂草化"对生态系统的影响和转基因植物对土壤生态系统的影响等。目前转入植物的外源基因主要是抗除草剂、抗虫和抗病毒、抗逆等基因。基因漂移若使野生种稳定获得这些转化基因后，植物本身及其野生种就有可能演变成杂草。因此在转基因植物商业化之前，对其进行科学严格的杂草化潜力预测是非常重要的。转基因植物进入土壤最重要的途径是作物收获后残留物存在于土壤中。一旦环境由于转基因产品的释放而发生改变，即有影响到整个土壤生态系统。但土壤是一个复杂多变、相互响应的生态系统，即便转基因产品影响了土壤微生物，也不能就此断定这种影响一定是破坏性的。转基因过程一般要用抗生素抗性标记基因，而不能排除抗生素标记基因有向微生物产生水平基因转移的可能，从而使有害微生物可能获得抗生素抗性。

转基因植物对人畜健康的影响主要是通过转基因作物产品商品化加工转变为食品或食用原料来实现的。目前转基因食品安全性的焦点问题是外源基因的表达产物是否安全，包括产品有无过敏性、有无毒性以及抗生素抗性标记基因等的安全性。

我国农业部在 2016 年 7 月 25 日修订的《农业转基因生物安全评价管理办法》明确指出，按照对人类、动植物、微生物和生态环境的危险程度，将农业转基因生物分为以下四个等级：安全等级 I：尚不存在危险；安全等级 II：具有低度危险；安全等级 III：具有中度危险；安全等级 IV：具有高度危险。

◈ 知识拓展 6-13
农业部转基因作物安全性评价管理办法

6.6.2　转基因动物育种

转基因动物（transgenic animal）是指在基因组内稳定地整合外源基因，并且外源基因可以稳定地遗传给后代的基因工程动物。

1982 年，帕尔米特（Palmiter）等人于将大鼠的生长激素基因导入小鼠受精卵的雄原核中获得了比普通对照小鼠生长速度快 2～4 倍、体形大一倍的转基因"硕鼠"。在随后的十几年里，转基因动物技术飞速发展，转基因兔、转基因绵羊、转基因猪、转基因牛和转基因山羊陆续育成。除哺乳动物外，科学家还分别育成了转基因鱼及转基因鸡。

转基因动物在基础理论研究、畜牧业与动物育种、医学领域具有利用价值。尤其在对于生产药用蛋白、用于异体器官移植、动物模型、疫苗生产等领域应用潜力巨大。此外，转基因动物技术在建立人类疾病动物模型、研究真核生物基因表达调控机制等方面也有重要应用价值。

转基因技术为动物品种改良提供了有效途径，具有常规育种技术无可比拟的优势：周期短、成本低、选择效率高、不受有性繁殖的限制等。目前，转基因技术已被用于提高生长速度、抗病育种、提高绵羊产毛性能、抗冻品种培育等领域。但是，实现转基因动物养殖品种商品化必须解决安全性问题。

快速生长与肉质改善　转生长激素基因的猪等动物的生长速度和饲料利用效率显著提高，瘦肉率也有所增加。可能机理是刺激宿主动物胰岛素生长因子的合成与分泌。

增加羊毛产量和性能　由于羊毛是角蛋白通过二硫键紧密交连组成的，半胱氨酸是制约羊毛产量的限制性氨基酸。来源于细菌的丝氨酸乙酰转移酶（seracetyltransferase，SAT）、D-乙酰丝氨酸硫化氢解酶（DAS）可以将二硫化物转化成半胱氨酸。以 *SAT*、*DAS* 基因建立转基因羊，并将其定位表达于胃肠道上皮，从而提高胃肠道中半胱氨酸的量并加以利用，可达到提高羊毛产量的目的。将毛角蛋白 II 中间细丝基因导入绵羊基因组，得到的转基因羊毛光泽亮丽，而且羊毛中的羊毛脂含量明显提高。

抗冻品种培育　美洲拟鲽等鱼类由于其体内存在抗冻蛋白（antifreeze protein，AFP）基因而能在寒冷环境中生存，罗非鱼和鲮鱼等热带鱼抗寒能力低下而不能在温度较低的地区生存。建立 AFP 转基因鱼将使热带鱼对低温的耐受性增强。

6.6.2.1　动物转基因技术

转基因动物的核心技术是如何成功地把目的基因转入动物早期胚胎细胞中。目前，制备转基因动物的主要方法有基因显微注射法、胚胎干细胞移植法、逆转录病毒感染法和精子载体导入法、卵母细胞显微注射法等。

原核期胚胎显微注射法 原核期胚胎显微注射法是一种比较经典、应用比较广泛、效果比较稳定的动物细胞转基因方法。通过激素疗法使雌性动物超数排卵，并与雄鼠交配，取出受精卵。然后借助于显微镜将纯化的 DNA 溶液迅速注入受精卵中变大的雄核内。将该受精卵移植到另外一只假受孕母鼠的输卵管内，正常发育、繁殖出转基因鼠。这种方法转入的基因长度可达数百 kb，并能随机地整合在受体细胞染色体 DNA 上。首例表达人胸苷激酶基因、人生长激素基因的转基因小鼠都是利用这种方法获得成功的。目前采用这种方法已成功培育出转基因小鼠、猪、绵羊、兔和牛。但是这种方法有时会导致转基因动物基因组的重排、易位、缺失或定点突变。

胚胎干细胞方法 胚胎干细胞（ES）是一种含正常二倍染色体的具有发育全能性的细胞，因此只要将外源 DNA 导入胚胎干细胞就可以实现基因的转移。可以通过核移植产生转基因动物；也可以将其转入到植入前胚胎的胚泡腔，带有外源基因的胚胎干细胞可嵌入宿主囊胚的内细胞团中参与胚胎发育，出生的动物其生殖系统就有可能整合上外源基因（图 6-4）。

精子载体法 由于显微注射技术的效率很低，设备昂贵，因此人们一直在试图寻找一种简单、有效和广泛适用的方法将外源基因导入到动物（如哺乳类、禽类及鱼类）基因组内。

1971 年，布莱凯特（Brackett）等开始精子介导外源 DNA 转移的工作，证明异源 DNA 分子可以结合进入哺乳动物的精子。1989 年，阿雷佐（Arezzo）发现同源性和异源性分子能够穿透活的海星精子，借助于精子载体将外源 pRSVCAT 或 pSV2CAT 质粒带入卵子，发现外源的 CAT（氯霉素转乙酰基酶）基因可以在胚胎中表达。同年，意大利学者莱威揣诺（Lavitrano）等将获得的小鼠附睾精子与线粒体或环状 pSV2CAT 质粒一起 37℃孵育 30 min 后与成熟卵子进行体外受精，得到的胚胎在 2 细胞期移植入受体鼠的输卵管内，受体鼠产出的 250 只体外受精鼠有 30%（70/250）为 CAT 基因阳性个体。

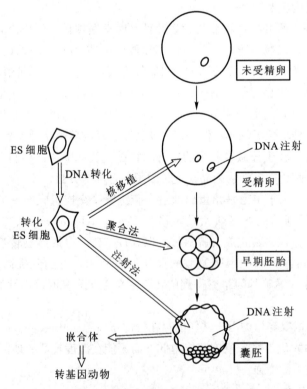

图 6-4 胚胎干细胞法及显微注射获得转基因小鼠

（引自：韩贻仁，分子细胞生物学，2001）

精子载体法是一种直接用精子作为外源 DNA 载体的转移方法。基本方法是：精子直接与外源 DNA 混合培养，外源基因可以进入精子头部，受精后就可发育成转基因动物。

后来，罗特曼（Rottman）对此方法进行了改进，将外源 DNA 在与精子共孵育之前用脂质体包埋，使脂质体与 DNA 相互作用形成脂质体–DNA 复合物。这种复合体比较容易和精子细胞融合进入细胞内。

逆转录病毒感染法 将目的基因重组到逆转录病毒载体上，人为感染着床前或着床后的胚胎，或直接将胚胎与能释放逆转录病毒的细胞共孵育达到感染目的，通过病毒将外源目的基因插入整合到宿主基因组 DNA 中。由于逆转录病毒的高效率感染和在宿主细胞 DNA 上的高度整合特性，可以提高基因转移效率。应用该方法已成功培育出转基因鸡和牛。

卵母细胞显微注射法 逆转录病毒载体注射 MⅡ期的卵母细胞是对逆转录病毒载体感染发育早期的动物胚胎方法的改进。由于处于减数分裂中期（MⅡ）的卵母细胞无核膜的时间远长于处于有丝分裂期的细胞，因此为逆转录病毒载体介导的基因插入提供了更大的可能性。

将外源基因克隆至逆转录病毒载体，然后将这一携带外源目的基因的逆转录病毒通过显微注射技术注入受精前卵细胞的卵周腔，然后在体外受精，培养至囊胚期，移入假孕的雌性动物子宫内发育。优点包括：

① 由于大型动物受精卵的原核不如小鼠的清晰，显微注射不方便，受精前卵细胞显微注射法避免了这一难题，使首代转基因动物阳性率显著提高。

② 对卵的机械损伤小，因此注射后的卵细胞成活率显著提高。

③ 由于在体外培养的卵细胞在 MⅡ期包裹染色体的核膜会暂时消失，因此在这个时候进行外源基因转入，可大大提高外源基因进入核内与核染色体接触的机会。

④ 选用受精前卵细胞作为外源基因的转入对象，让外源基因比精子染色质先进入卵细胞，这样只要发生外源基因的整合，每一个细胞都会携带外源基因，从而避免了嵌合体动物的产生。

⑤ 受精前卵细胞比受精卵和早期胚胎更易转染逆转录病毒，因此可以提高外源基因的整合率。

6.6.2.2 转基因动物鉴定

Southern 印迹分析 是常用的转基因动物鉴定技术。具体步骤是：提取待检动物组织 DNA，消化后电泳，转膜后选择适当的探针进行杂交，通过放射自显影检测。该方法的优点是结果可靠，但缺点是工作量大、操作繁琐。

聚合酶链式反应（PCR）技术 设计一对特异性引物，以组织提取的 DNA 为模板进行 PCR 扩增，通过对扩增产物进行序列分析就可以实现转基因动物的鉴定。但是 PCR 方法有时也会存在假阳性。

除了以上方法，近年来不断出现一些新技术。例如可用染色体原位杂交的方法鉴定转基因猪。虽然操作比较繁琐，但其独到之处是可确定出外源基因在染色体上的整合位点以及整合状态。

6.6.2.3 转基因动物存在的问题

（1）外源基因表达效率低和遗传丢失

目前，外源基因与动物本身的基因组整合率低，例如牛、羊和猪的整合率一般为 1% 左右。表达不理想，遗传性状会发生丢失或分离。原因是多方面的，例如：不同外源基因表达水平不相同，并因个体而异；外源基因表达载体的构建需要进一步优化；无法控制外源基因整合的位置，只能是随机整合。

（2）转基因技术尚不成熟

目前，用于转基因动物制备的方法还不成熟。显微注射法虽然是应用最为广泛的技术，但是它需要昂贵的设备，存在易损伤受精卵、外源 DNA 整合进受体基因组的机会小等不足。尽管 ES 细胞传代稳定，体外操作性强，适用于多种方法导入外源基因，而且可以在体外培养细胞进行转基因整合的筛选和鉴定，是现有技术中最有前途的一种。但是，ES 细胞建系非常困难，而对于许多大型动物尚未成功。

（3）转基因动物成活率低及其后遗症

转基因动物出生后，部分个体易表现出一些生理和免疫上的缺陷。此外，转基因动物也存在许多后遗症，例如：如转生长激素基因的动物的死胎和畸形率高，患关节炎、胃溃疡、肾病和生殖能力丧失等疾病也较为普遍。

6.7 胚胎嵌合

6.7.1 定义

嵌合体（chimera）动物是指由两个或两个以上遗传特性不同的受精卵发育而成的个体。即这种动物在个体发生过程中，不同遗传特性的卵裂球组合到一起可以共同形成一种组织或一个器官，并各自保留原有的遗传特性。自然个体发生过程中，由于细胞的基因突变也可形成不同细胞相嵌的组织或器官，习惯上被称为镶嵌体（mosaic）。

胚胎融合技术不仅在发育生物学、免役学和医学动物模型的研究领域中得到应用，目前也已经在畜牧业生产中展现了广阔的前景。第一个获得的嵌合体动物是 1961 年塔可夫斯基（Tarkowski）培育的小鼠嵌合体。20 世纪 70 年代，人们获得了绵羊、大鼠、兔等动物的嵌合体。20 世纪 80 年代，获得了大鼠-小鼠、绵羊-山羊、马-斑马、黄牛-水牛等属间嵌合体动物。利用种间动物胚胎融合培育嵌合体新品种可以克服动物种间杂交的繁殖障碍。通过培育含有人类细胞的动物，有望为人类器官异种移植提供材料来源。随着胚胎干细胞和转基因技术的发展，嵌合体技术也成为研究哺乳动物发育、细胞分化、基因表达和调控的重要途径。

6.7.2 嵌合体动物培育技术

6.7.2.1 聚合法

聚合法（aggregation）是将两个或多个去除透明带的早期胚胎简单地聚合在一起培养形成嵌合胚胎的方法。一般使用 8 细胞后期至桑葚期胚胎，去除透明带后，将两枚或多枚胚胎的卵裂球聚合在一起形成一个新的胚胎，体外培养发育后经代孕受体孕育形成新的个体。

6.7.2.2 胚泡注射法

胚泡注射法（blastocyst injection）是将不同来源的卵裂球、胚胎干细胞或内细胞团注射到另一个胚胎的囊胚腔中形成嵌合胚的方法。该方法操作比较复杂，需要借助显微操作系统完成组合过程，但在研究细胞分化、肿瘤细胞的发生、分化方向的调整等方面具有许多优势。

胚泡注射法的操作见图 6-5。子代是否形成嵌合体有多种鉴定方法，通过毛色分布和色素分析是简单易行的鉴定方法。其他组织的嵌合状态须经遗传标志的分析进一步判定。如葡糖磷酸异构酶分析、微卫星 DNA 分析、单核苷酸多态性分析等。

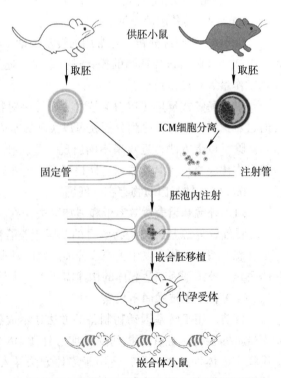

图 6-5 胚泡内注射法制备嵌合体小鼠示意图

🗨 开放讨论题

细胞或染色体水平上育种技术与转基因育种各自有什么优缺点？

❓ 思考题

1. 举例说明多倍体育种的具体应用，并对比植物多倍体与动物多倍体培育的不同技术流程。
2. 举例说明单倍体在优良品种选育中的应用。
3. 针对一个成功案例，分析讨论体细胞杂交育种在获得性状改良植物中的应用。
4. 查阅文献，简述农杆菌介导的植物转基因技术原理及植物表达载体的构建流程。
5. 举一例说明利用植物转基因获得抗旱农作物的具体应用。

📚 推荐阅读：

1. Guo W, Xiao S, Deng X, et al. Somatic cybrid production via protoplast fusion for citrus improvement. Scientia Horticulturae, 2013, 163: 20-26.

点评：该文综述了过去 20 年体细胞杂交技术在柑橘改良上的发展演化，同时介绍了组学技术在胞质杂种选择中的应用。

2. Xia G, Xiang F, Zhou A, et al. Asymmetric somatic hybridization between wheat (*Triticum aestivum* L.) and *Agropyron elongatum* (Host) Nevishi. Theoretical and Applied Genetics, 2003, 107: 299-305.

点评：将长穗偃麦草与冬小麦的原生质体采用 PEG 技术进行体细胞杂交，获得多种杂种细胞系。并通过同工酶、RAPDs 和 5S rDNA 间隔序列的分析等分析予以证实，培育出跨属的不对称杂交植物品种。

网上更多学习资源……

◆教学课件　◆参考文献

第四篇

生 物 制 品

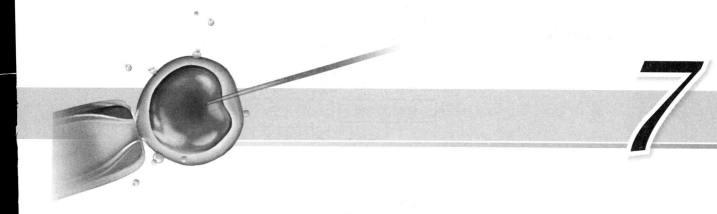

植物次级代谢产物

7

植物次级代谢产物（天然产物）化学结构独特、复杂，具有特定的生物活性，在药物研发中具有广泛的应用。利用植物细胞或组织培养可大量获得有价值的次级代谢产物，是解决药源紧缺问题的重要候选途径。大规模培养植物细胞或组织制备有价值代谢产物将克服传统的以采集植物提取制备途径的缺陷，是现代生物制药的重要发展方向之一。本章对植物细胞培养技术、植物次级代谢产物类型与代谢途径、利用植物细胞或组织培养技术生产次级代谢产物以及提高植物次级代谢产物含量的常用策略等内容进行介绍。

▶▶ **知识导图**

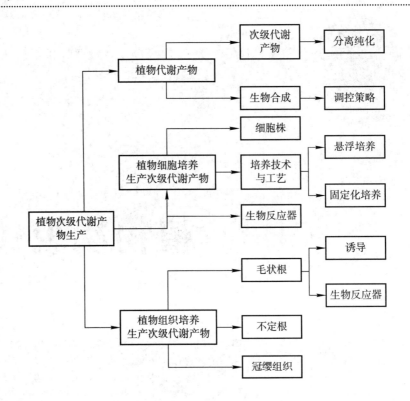

▶▶ **关键词**

植物次级代谢产物 细胞培养 组织培养 生物反应器 悬浮培养 固定化培养 冠瘿组织
毛状根

7.1 植物代谢产物

7.1.1 代谢产物分类

初级代谢产物（primary metabolite）是通过初级代谢产生的维持细胞生命活动必需的物质，如氨基酸、核苷酸、多糖、脂质等。在不同种类的细胞中，初级代谢产物的种类基本相同。初级代谢产物的合成时时刻刻都在进行着，任何一种产物的合成发生障碍都会影响细胞正常的生命活动，甚至导致死亡。

次级代谢产物（secondary metabolite）是通过次级代谢合成的产物，大多是分子结构比较复杂的小分子化合物。次级代谢产物大多具有生物活性，能促进植物生长、调节与环境的关系，是药物或工业原料的重要来源，例如从红豆杉中提取的紫杉醇是一种重要的抗癌药物、从青蒿中分离得到的青蒿素是世界范围内广泛使用的抗疟药物等。因此植物代谢产物研究具有重要价值。

▶▶ **教学视频 7-1**

植物次级代谢产物

7.1.2 植物次级代谢产物生物合成

植物次级代谢产物合成的基本途径包括聚酮途径、莽草酸途径和甲瓦龙酸途径等（图 7-1）。

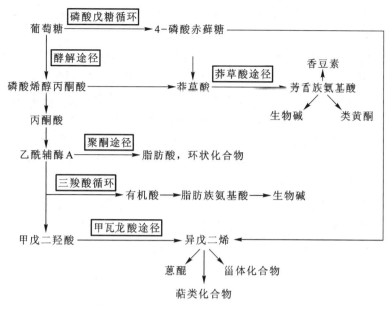

图 7-1　植物次级代谢产物的主要合成途径
（改自：郭勇等，植物细胞培养技术与应用，2004）

聚酮途径　又称乙酸丙二酸途径，乙酰辅酶 A 通过直线式聚合生成脂肪酸和环状次级代谢产物。一般由 4～10 个乙酰基直线式聚合，然后环化。聚酮类化合物是一类非常重要的次级代谢产物。

莽草酸途径　磷酸烯醇丙酮酸与 4- 磷酸赤藓糖缩合，经过莽草酸生成芳香族氨基酸，进一步生成生物碱、类黄酮、香豆素等产物。生物碱是种类非常丰富的一类次级代谢产物，具有多种生物活性。生物碱类由不同种类氨基酸合成。根据结构可以分为：喹啉类、异喹啉类、吡咯啶类、乌头类、吲哚类、大环类生物碱等。

甲瓦龙酸途径　又称甲戊二羟酸途径，是乙酰辅酶 A 经过甲戊二羟酸生成异戊二烯，再合成萜类、甾体、蒽醌等产物。萜类、甾体是植物主要的次级代谢产物。

（1）萜类化合物生物合成

萜类（terpenes）是以异戊二烯为基本单元构成的一类烃类化合物，根据异戊二烯的数目，可将萜类化合物分为单萜、倍半萜、双萜、三萜、四萜和多萜等；根据萜类分子结构中的碳环数目，可将其分为链萜、单环萜、双环萜、三环萜、四环萜等；由于具有不同的含氧基团，又可将其分为酸、酮、酯、苷等萜类化合物。

萜类化合物具有重要的应用价值：①提升植物的抗病能力。萜类化合物具有较显著的抗病与杀菌能力，可直接或间接地帮助植物抵御天敌；②萜类化合物具有重要的经济价值，如抗肿瘤药物紫杉醇、抗疟疾药物青蒿素等；③萜类化合物被广泛应用于农业及工业领域，如除虫菊酯被广泛用作杀虫剂、柠檬烯和芳樟醇等是植物精油和香料的主要成分。

萜类化合物生物合成途径主要由三个阶段组成：

第一阶段：生成异戊二烯焦磷酸（IPP）及二甲基丙烯焦磷酸（DMAPP）通用前体。可通过两条不同的途径进行，分别是位于细胞质中以乙酰辅酶 A 为起始原料的甲羟戊酸（MVA）途径，以及位于质体中以丙酮酸和甘油醛 -3- 磷酸为原料的细胞质体（MEP）途径。在 MVA 途径中，两分子乙酰辅酶 A 在乙酰乙酰 CoA 硫解酶（AACT）的作用下缩合形成乙酰乙酰辅酶 A，随后在 HMG-CoA 合成酶作用下，乙酰乙酰辅酶 A 与乙酰辅酶 A 缩合形成 3- 羟基 -3- 甲基戊二酰 CoA（HMG-CoA），HMG-CoA 被 3- 羟基 -3- 甲基戊二酰 -CoA 还原酶（HMGR）还原生成甲羟戊酸，再经过两步磷酸化作用及一步脱羧反应最终生成 IPP。MEP 途径第一个关键酶 1- 脱氧 -D- 木酮糖合成酶（DXS）催化丙酮酸与 3- 磷

思考

植物次级代谢产物主要分为哪几类？

酸甘油醛生成 1- 脱氧 -D- 木酮糖 -5- 磷酸（DOXP），随后 DOXP 在 1- 脱氧 -D- 木酮糖 -5- 磷酸还原酶（DXR）的作用下生成 MEP，再经过一系列酶促反应生成 DMAPP。

第二阶段：牻牛儿基二磷酸（GPP）及牻牛儿基牻牛儿基二磷酸（GGPP）等直接前体的生成。一分子 IPP 和一分子 DMAPP 在牻牛儿基二磷酸合成酶（GPS）催化下生成 GPP 作为单萜的前体；法尼基二磷酸合酶（FPS）催化两分子 IPP 和一分子 DMAPP 缩合生成 FPP，成为倍半萜和三萜前体；三分子 IPP 和一分子 DMAPP 经过牻牛儿基牻牛儿基二磷酸合酶（GGPS）催化反应生成 GGPP，作为二萜和四萜的前体。

第三阶段：萜类物质的生成及修饰。GPP、FPP、GGPP 等直接前体在不同的萜类合酶或修饰酶的催化或修饰作用下，如甲基转移酶、脱氢酶、细胞色素 P450 单加氧酶、还原酶等，最后形成终产物（图 7-2）。

（2）生物碱生物合成

生物碱（alkaloid）是生物体内一类碱性含氮有机化合物，目前已经分离到 12 000 余种，其中许多种类是药用植物的有效活性成分。基于核心的含氮骨架不同，生物碱主要分为吲哚类生物碱、托品烷生物碱（莨菪烷类生物碱）、喹啉类生物碱等。目前，吲哚生物碱和托品烷生物碱（莨菪烷生物碱）的代谢途径研究的较为清楚。

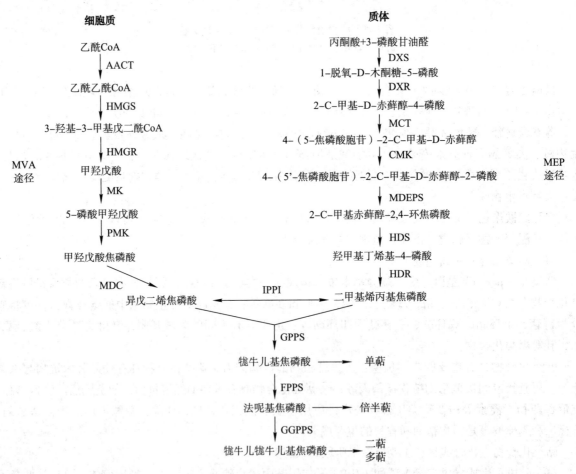

图 7-2 植物萜类物质的生物合成途径

AACT：乙酰乙酰 CoA 硫解酶；HMGS：3- 羟基 -3- 甲基戊二酰辅酶 A 合成酶；HMGR：3- 羟基 -3- 甲基戊二酰 -CoA 还原酶；MK：甲羟戊酸激酶；PMK：磷酸甲羟戊酸激酶；MDC：5- 焦磷酸甲羟戊酸脱羧酶；DXS：1- 脱氧 -D- 木酮糖合成酶；DXR：1- 脱氧 -D- 木酮糖 -5- 磷酸还原酶；MCT：2- 甲基 -D- 赤藓醇 4- 磷酸胞苷转移酶；IPPI：异戊烯基焦磷酸异构酶；GPPS：牻牛儿基焦磷酸合酶；CMK：4-（5'- 二磷酸胞苷）-2 甲基 -D- 赤藓醇激酶；MDEPS：2-C- 甲基赤藓醇 -2,4- 环焦磷酸合成酶；HDS：羟甲基丁烯基 -4- 磷酸合成酶；HDR：1- 羟基 -2- 甲基 -2-（E）- 丁烯基 -4- 焦磷酸还原酶；FPPS：法呢基焦磷酸合酶；GGPPS：牻牛儿基牻牛儿基焦磷酸合成酶

（改自：Kai et al., Metabolic engineering tanshinone biosynthetic pathway in Salvia miltiorrhiza hairy root cultures, 2011）

科技视野 7-1
植物萜类生物合成

① 吲哚生物碱

吲哚生物碱（TIA）在夹竹桃科如长春花、蓝果树科如喜树等物种中被陆续发现。大多数萜类吲哚生物碱生物合成途径的研究都以长春花作为模式植物，目前已从长春花中分离、鉴定出 130 多种萜类吲哚生物碱，按化学结构可以划分为 3 种结构类型：单萜类（如阿玛碱和文朵灵）、二氢萜类（如长春质碱和蛇根碱）和双萜类（如长春碱和长春新碱）。长春花体内萜类吲哚生物碱合成的上游阶段主要由两条途径完成，分别是类萜途径和吲哚途径。

类萜途径：首先由 MVA 途径和 MEP 途径生成萜类化合物的共同前体异戊二烯焦磷酸（IPP）及二甲基丙烯焦磷酸（DMAPP），再生成香叶基二磷酸，进一步在香叶醇 -10- 脱氢酶（G10H）的催化下生成 10- 羟基香叶醇，10- 羟基香叶醇随即被氧化还原生成 10- 羟基香叶酮，再环化生成环烯醚萜，进一步甲基化生成甲基马钱子苷，最后由马钱子苷合成酶（SLS）裂环生成裂环马钱子苷。

吲哚途径：又称为莽草酸途径，其以分支酸为起始化合物，在邻氨基苯甲酸合成酶（AS）的作用下生成邻氨基苯甲酸，随即在磷酸核糖二磷酸苯甲酸转移酶（PDAT）的催化下生成磷酸核糖苯甲酸，苯甲酸异构酶（PRAI）催化磷酸核糖苯甲酸生成脱氧核酮糖，再由吲哚 -3- 甘油磷酸合成酶（IGPS）催化形成 3- 吲哚磷酸甘油，3- 吲哚磷酸甘油在色氨酸合成酶 α（TSα）的催化作用下生成吲哚，再经过色氨酸脱羧酶（TDC）的催化作用下形成色胺。

色胺和裂环马钱子苷在异胡豆苷合成酶（STR）的催化作用下生成长春花生物碱合成的共同前体化合物异胡豆苷。异胡豆苷在异胡豆苷 β-D 型葡糖苷酶（SGD）的催化作用下形成葡萄糖和去糖苷基异胡豆苷，随之在两种不同还原酶的催化作用下分别形成阿玛碱和它波宁。阿玛碱在过氧化物酶的作用下进一步生成蛇根碱；它波宁在一系列催化酶（T16H、OMT、NMT、D4H、DAT）的作用下生成文朵灵，文朵灵经过催化反应最终形成长春碱、长春新碱等生物碱终产物（图 7-3）。

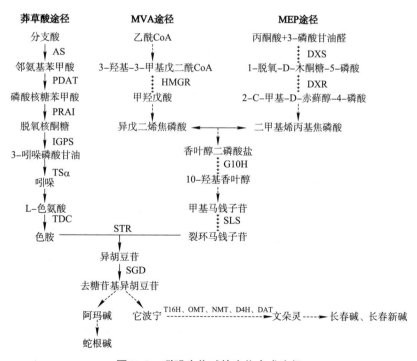

图 7-3 吲哚生物碱的生物合成途径

AS：邻氨基苯甲酸合成酶；PDAT：磷酸核糖二磷酸苯甲酸转移酶；PRAI：苯甲酸异构酶；IGPS：吲哚 -3- 甘油磷酸合成酶；TSα：色氨酸合成酶 α；TDC：色氨酸脱羧酶；HMGR：3- 羟基 -3- 甲基戊二酰辅酶 A 还原酶；DXS：脱氧木酮糖 -5- 磷酸合成酶；DXR：- 磷酸还原异构酶；G10H：香叶醇 -10- 脱氢酶；SLS：马钱子苷合成酶；STR：异胡豆苷合成酶；SGD：异胡豆苷 β-D- 葡糖苷酶；T16H：它波宁羟化酶；OMT：16- 羟基它波宁甲氧基化酶；NMT：N- 甲基转移酶；D4H：去乙酰氨基文朵灵 4- 羟化酶；DAT：4-O- 去乙酰文朵灵 4-O- 乙酰转移酶

② 托品烷生物碱

托品烷生物碱（TA），又称莨菪烷生物碱，主要包括：莨菪碱、东莨菪碱、山莨菪碱和樟柳碱等。TA 是在颠茄、曼陀罗、三分三等茄科植物中广泛存在的一大类生物碱，能开发成作用于副交感神经系统的抗胆碱药，具有麻醉、解痉、止痛、抗休克的功能，此外它还具有改善机体微循环的作用，临床上可用于治疗人体微循环障碍性疾病。TA 的化学结构相似，氧桥具有中枢镇静作用，羟基可使中枢镇静作用减弱。东莨菪碱与樟柳碱均有氧桥，但樟柳碱在托品酸部位多一个羟基，可使中枢镇静作用减弱，因此临床上东莨菪碱中枢镇静作用强于樟柳碱。莨菪碱和山莨菪碱均无氧桥，故其中枢镇静作用极弱。

莨菪类生物碱前体最早是以鸟氨酸或精氨酸为底物合成的，这两种底物分别在脱羧酶（OrnDc，ArgDC）作用下形成腐胺，之后经腐胺 N- 甲基转移酶（PMT）作用生成氮 - 甲基 -1,4- 丁二胺；后经二胺氧化酶（DAO）作用生成 4- 氨基正丁醛；4- 氨基正丁醛自发环化生成 1- 甲基 -△1 吡咯啉正离子。随后代谢途径分为两支，一支是 1- 甲基 -△1 吡咯啉正离子同烟酸结合生成尼古丁；另一支是 1- 甲基 -△1 吡咯啉正离子生成托品酮。托品酮经托品酮还原酶 I（TRI）和托品酮还原酶 II（TRII）的羟化作用分别生成莨菪醇和假莨菪醇。莨菪醇同苯乳酸缩合生成莨菪碱，莨菪碱在莨菪碱 6β- 羟化酶（H6H）的催化作用下，首先在 C6 位置加氧生成山莨菪碱，然后再环氧化最终生成东莨菪碱。而假莨菪醇没有经过酯化作用，而是经过在不同位点的羟化作用生成不同类型的旋花碱（图 7-4）。

（3）苯丙烷类生物合成途径

苯丙烷类化合物在植物中普遍存在，以羟基芳香环为基本结构单元，存在着不同的结构形式，包括总黄酮、黄酮醇、花青素、木质素等多种化合物。这些化合物对植物生长与发育有重要的作用，也可作为逆境胁迫保护因子、植物抗毒素、花和果实色素、信号途径的传导分子等，在植物逆境胁迫中

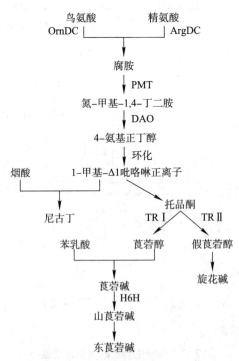

图 7-4 托品烷生物碱（莨菪烷生物碱）的生物合成途径

OrnDC：鸟氨酸脱羧酶；ArgDC：精氨酸脱羧酶；PMT：腐胺 N- 甲基转移酶；DAO：二胺氧化酶；

TRI：托品酮还原酶 I；TRII：托品酮还原酶 II；H6H：莨菪碱 6β- 羟化酶

（改自：Kai et al., Co-expression of AaPMT and AaTRI effectively enhances the yields of tropane alkaloids in

Anisodus acutangulus hairy roots, 2011）

发挥着重要的作用，同时也可用于医药、香料、保健品、农药生产。

苯丙烷类化合物起始于 L- 苯丙氨酸，经苯丙氨酸解氨酶（PAL）催化生成肉桂酸，肉桂酸在肉桂酸羟化酶（C4H）的催化下形成 p- 香豆酸；在 4- 香豆酰 -CoA 合成酶（4CL）的作用下，p- 香豆酸被催化形成 4- 香豆酸辅酶 A；由 4- 香豆酸辅酶 A 起始分成 3 条分支途径。第一条分支途径为：4- 香豆酸辅酶 A 经肉桂酰辅酶 A 还原酶（CCR）的催化形成香豆醛，香豆醛再经肉桂醇脱氢酶（CAD）催化生成香豆醇，后经过一系列步骤形成木质素。第二条分支途径为：4- 香豆酸辅酶 A 与丙二酰辅酶 A 在查耳酮合酶（CHS）的催化作用下生成柚苷配基查耳酮，柚苷配基查耳酮在查尔酮异构酶（CHI）催化下生成柚苷配基。柚苷配基在黄酮醇 3′- 羟化酶（F3′H）的作用下与黄烷酮结合生成二氢黄酮醇，然后在二氢黄酮醇 -4 还原酶（DFR）的催化下二氢黄酮醇被催化生成无色花青素，进而在无色花青素双加氧酶（LDOX）的作用下生成花青素。第三条分支途径为：4- 香豆酸辅酶 A 经过一系列催化反应生成查尔酮、黄烷酮或是总黄酮（图 7-5）。

思考

简述几种代谢产物的生物合成途径及其代谢途径中的限速酶。

7.1.3 提高植物次级代谢产物产量的策略

7.1.3.1 诱导子策略

诱导子（elicitor）是指对植物细胞目标产物起促进作用的因子。包括狭义和广义两类诱导子。狭义诱导子是指那些能够与细胞发生相互作用，通过细胞内一系列的信号转导过程，作用于与细胞次级代谢相关的基因表达，进而改变细胞次级代谢相关酶的活力，最终使细胞次级代谢水平发生改变的物质。广义诱导子是指所有能够提高细胞次级代谢相关酶活力，进而提高细胞次级代谢水平的外界因素。温度、光照、紫外线、红外线等都是广义诱导子。从来源上可以分为外源性和内源性诱导子，后者是指在外界信号刺激下细胞合成的物质。

从来源上可分为生物诱导子和非生物诱导子。

生物诱导子是指植物在防御过程中为了对抗微生物感染所产生的物质，包括各种病原菌、植物细胞分离物和代谢物、降解细胞壁的酶类以及培养物滤液中的成分（主要为细胞壁水解物）。

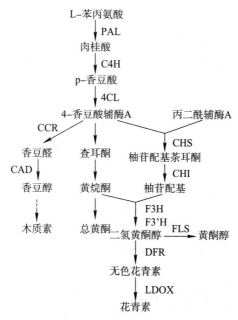

图 7-5 苯丙烷类化合物的生物合成途径

PAL：苯丙氨酸解氨酶；C4H：肉桂酸羟化酶；4CL：4- 香豆酰 -CoA 合成酶；CCR：肉桂酰辅酶 A 还原酶；
CAD：肉桂醇脱氢酶；CHS：查耳酮合酶；CHI：查尔酮异构酶；F3H：黄烷酮 -3- 羟化酶；
F3′H：黄酮醇 3′- 羟化酶；FLS：黄酮醇合酶；DFR：二氢黄酮醇 -4 还原酶；LDOX：无色花青素双加氧酶

非生物诱导子是指能引起诱导作用的紫外线、辐射、冻融等物理因子和乙烯、氯仿、重金属盐类等化学因子。目前研究较多的化学诱导子有：茉莉酮酸、花生四烯酸、水杨酸等。来源于微生物或者动植物的生物诱导子有多糖类、糖蛋白类、多肽类、不饱和脂肪酸类。

研究表明，某些诱导子能有效地调控植物细胞次级代谢产物的合成和分泌。例如：真菌诱导子（尖孢镰刀菌的细胞壁组分粗提物）在南方红豆杉细胞悬浮培养的过程中能够在短时间内激发细胞的防御性应答，通过提高代谢途径中 PAL 基因的活性，从而促进紫杉醇的积累。利用 $\beta-$ 氨基丁酸（BABA）诱导丹参毛状根，可以促进毛状根中隐丹参酮、丹参酮 I、丹参酮 IIA 的积累；$\beta-$ 氨基丁酸可与酵母提取物（YE）协同作用，共同促进丹参酮的合成。在培养基中添加 0.1 mg/mL 的酵母提取物，人参发根中总皂苷的含量可提高 0.57 倍，且培养基中总皂苷的含量也有相应的提高，说明酵母提取物既能促进人参发根中皂苷的积累，也能促进人参皂苷的外排。

7.1.3.2　基因工程策略

随着分子生物学技术的飞速发展，目前已有多种次级代谢产物的合成途径被解析，例如青蒿素、丹参、紫杉醇等。在植物中过表达合成途径中的关键酶基因已成为提高有效次级代谢产物含量的有效策略。在人参不定根中过表达人参鲨烯合酶基因 $PgSS1$ 可激活人参皂苷下游合成途径中 SE，bAS，CAS 的表达，从而促进甾醇含量的合成及人参皂苷 Rb1，Rb2，Rc，Rd，Re，Rf 和 Rg1 的积累。通过遗传工程策略，在丹参毛状根中过表达牻牛儿基牻牛儿基焦磷酸合酶（$SmGGPPS$）可显著提高丹参酮的含量，将 $SmGGPPS$ 和 $SmDXS2$ 共同导入丹参可更显著地促进丹参酮的积累。利用根癌农杆菌介导的遗传转化技术将长春花中的异胡豆苷合成酶基因（$CrSTR$）和色氨酸脱羧酶基因（$CrTDC$）共同转化长春花悬浮细胞，不仅合成途径中相应酶的表达上升，且转基因细胞中异胡豆苷、色胺及多种生物碱的含量均有一定程度的提高。由此可见，利用基因工程策略大幅度提高植物中特定有效成分的含量是切实可行的方法，具有重要的应用、开发前景。

7.1.3.3　基因工程结合诱导子策略

Shi 等（2014）在丹参毛状根中同时过表达 $SmHMGR$ 和 $SmDXR$ 基因，可显著提高丹参酮的含量；以 HD42 为目标株系，分别用 YE、Ag^+、YE-Ag^+ 诱导，丹参酮含量分别提高 0.81、1.07、0.36 倍。Hao 等（2015）用甲基茉莉酸（MeJA）、水杨酸（SA）诱导处理过表达 $SmGGPPS$ 基因的丹参毛状根 G50 株系，毛状根中总丹参酮明显积累，定量 PCR 结果表明其是通过影响丹参酮生物合成途径中 $SmGGPPS$，$SmCPS$，$SmKSL$ 等关键酶基因的表达，从而促进毛状根中总丹参酮的积累。由此可见，诱导子结合基因工程策略是促进次级代谢产物积累的有效方式之一。

7.1.3.4　转录调控策略

随着高通量测序和现代分子生物学技术的发展，调控次级代谢物生物合成途径关键酶基因表达的相关转录因子也逐渐被发掘。植物中常见的转录因子家族包括 WRKY 家族、MYB 家族、AP2/ERF 家族、bHLH 家族等，其通过调控生物合成途径中关键酶基因的表达而介导不同的信号通路，最终调控次级代谢产物的生成合成。例如长春花 $CrWRKY1$ 转录因子通过与多个转录因子如 $ORCA2$，$ORCA3$ 及 $CrMYC2$ 之间的相互作用来调节次级代谢物合成途径中关键酶基因的表达，从而调控长春花中萜类吲哚生物碱的合成。丹参中的 bHLH 家族转录因子 $SmMYC2a$ 和 $SmMYC2b$ 能调控丹参酮代谢通路中 $SmCPS$，$SmKSL$，$SmDXR$ 等关键酶基因的表达，均是丹参酮合成途径中的正调控因子。

miRNA 是在真核生物中发现的一类内源性具有调控功能的非编码 RNA，其大小为 19~25 个核苷酸。其通过碱基互补配对的方式识别靶 mRNA，指导沉默复合体（RISC）降解靶 mRNA 或阻遏其翻译。研究发现 miRNA 在调控植物生长发育的过程中发挥重要作用。例如，苍耳子腺毛中表达的 miR7539，miR5021，miR1134 的目标基因是萜类合成途径中的关键基因 DXS，$HMGR$，IDS，IDI 等，推测其对苍耳子中萜类物质的积累具有一定的影响。

思考

常用提高植物次级代谢产物含量的策略有哪些？

7.1.4 次级代谢产物的分离纯化

知识拓展 7-1

细胞代谢与调控

细胞培养结束后采用过滤或离心将细胞与培养液分离，如果目标次级代谢产物存在胞内，要经过细胞破碎后再分离提取。如果分泌到培养液中，则直接可以通过浓缩培养液后进行分离提取。

常用的分离提取方法包括经典方法和色谱分离方法，前者包括溶剂法、分馏法、沉淀法、升华法、膜分离法和结晶法等。色谱分离方法是目前使用最广泛的方法，包括薄层色谱和柱色谱两大类，柱色谱适合分离大量的样品。用于色谱分离的固定相包括：硅胶、氧化铝、聚酰胺、葡聚糖凝胶等。

植物次级代谢产物的萃取分离包括有机溶剂提取、水溶液提取。应该根据水溶性还是脂溶性极性大小选择合适的萃取剂。常用的有机溶剂的极性强弱顺序如下：石油醚 < 二硫化碳 < 二氯甲烷 < 氯仿 < 乙醚 < 乙酸乙酯 < 丙酮 < 乙醇 < 甲醇 < 乙腈 < 吡啶，其中使用最普遍的是石油醚、氯仿、乙醇、甲醇等。

萃取物一般通过减压浓缩获得浸膏，注意温度不能太高以免化合物失活。得到浸膏后一般通过凝胶柱层析根据分子量大小不同进行分离，得到的混合组分再通过硅胶柱层析，采用不同极性的洗脱剂洗脱得到相应组分，期间通过薄层层析等检测组分组成，同时采用筛选模型进行生物活性跟踪检测。对于含有目标化合物的组分可以通过制备型 HPLC 等技术分离得到纯品，采用 NMR（核磁共振）、LC-MS（液相色谱 - 质谱联用）等方法鉴定结构。如果数量足够的话可以进入深入的活性和药理学研究。

植物次级代谢产物分离及应用研究的基本流程如图 7-6。

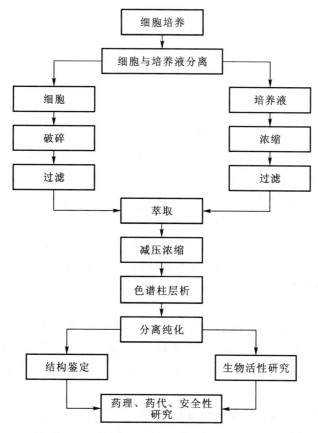

图 7-6 植物次级代谢产物分离的基本流程

7.2 植物细胞培养生产次级代谢产物

植物细胞培养（plant cell culture）是在离体条件下，将分离的植物细胞通过继代培养增殖，获得大量细胞群体的一种技术。获得的细胞群体可以作为制备有价值代谢产物的原料，也可以作为基础研究的材料。同时植物细胞培养技术也是人工种子、原生质体培养、花药培养等的支撑技术。

植物细胞培养是在植物组织培养基础之上发展起来的。20世纪50年代，泰尔克（Talecke）和尼克尔（Nickell）证实植物细胞可生长在悬浮培养液中。随后，人们发现离体培养的植物细胞具有合成代谢产物的能力。1956年，尼克尔（Nickell）和卢荻（Routin）申请了第一个用植物细胞培养生产化学物质的专利。20世纪60年代开始，植物细胞培养开始成为研究和生产植物次级代谢产物的一种技术。20世纪70年代，采用基因重组、人工诱变等技术在植物细胞株改良等方面取得了进展。20世纪80年代后期，紫草宁等细胞培养生产次获得了产业化。

▶▶ 教学视频 7-2
雪莲细胞生产类
黄酮

7.2.1 植物细胞培养的特点

植物细胞培养生长具有以下特点：

① 植物细胞直径一般为 10～200 μm，平均直径比微生物细胞大 30～100 倍。

② 植物细胞很少以单一细胞形式悬浮生长，通常以一定细胞数的非均相细胞团方式存在。

③ 植物细胞具有纤维素细胞壁和大的液泡，很容易被剪切力损伤。

④ 与微生物细胞相比，植物细胞生长速度慢，操作周期长，分批培养一般需要 2～3 周，半连续或连续培养时间一般长达 2～3 个月。

思考

与微生物相比植物
细胞有哪些不同？

⑤ 植物细胞培养基成分丰富而复杂，适合微生物生长，因此防止污染更困难。

⑥ 植物细胞培养一般需要光照，通过光合作用合成有机物，因此 O_2 和 CO_2 的含量与传递对细胞培养影响较大。

7.2.2 植物细胞培养生产次级代谢产物的意义

植物细胞培养已被用来生产多种次级代谢产物。例如，1983年日本的三井石油化学工业公司利用大规模培养紫草细胞的技术成功生产出紫草宁。培养基的类型和组分对植物细胞生产次级代谢产物的能力有重要的影响。大量实验结果表明，南方红豆杉细胞悬浮培养效果以 B5 培养基的效果最好，通过前体饲喂（苯丙氨酸、苯丙酰胺和醋酸钠）或混合糖（麦芽糖和蔗糖）作为生产培养基糖源，对提高南方红豆杉细胞双液相培养的紫杉醇产量有显著的促进作用，且这两者之间的协同作用可进一步促进紫杉醇产量的提高。植物细胞的来源也是影响次级代谢产物生产的重要因素。银杏叶中特有的银杏内酯是血小板活化因子受体的特异拮抗剂，对治疗心脑血管疾病、增强人体免疫力有较好的效果。以银杏种子萌发幼苗诱导愈伤组织，采用缺氧胁迫法从诱导的愈伤组织中选育高产银杏内酯 B 的悬浮细胞系，其合成银杏内酯 B 的能力与愈伤组织相比有显著提高。除了可以生产植物本身含有的天然药用化合物，植物细胞培养还可进行生物转化和生产原植物没有的化合物。研究表明，在人参细胞悬浮培养液中添加酵母诱导子能够诱导细胞产生一种新的化合物 2,5- 二羟基 -1,4- 苯醌，在培养 12 h 时产量达到最高。

以紫杉醇（taxol）为例，紫杉醇是一种用于卵巢癌、乳腺癌、肺癌的高效、低毒、广谱的抗癌药物。利用植物细胞培养生产紫杉醇被公认是一种有效的途径。日本曾从短叶红豆杉和东北豆杉愈伤组织筛选到紫杉醇含量高的细胞株，通过细胞培养制备紫杉醇。此外，紫草宁可用于创伤、烧伤以及痔疮的治疗。日本已采用大规模发酵罐成功培养植物细胞生产紫草宁、人参皂甙。除了可以生产植物本身含有的天然药用化合物，植物细胞培养还可进行生物转化和生产原植物没有的化合物。

与通过植物栽培提取代谢产物的制备途径相比，植物细胞培养生产次级代谢产物具有很多优势，主要表现在以下几个方面：

① 不受季节、环境、病虫害影响。

② 不占耕地，适用于贫瘠的地方。

③ 培养体系的细胞代谢速率高于已分化的植株，特定的培养条件可以刺激并加速细胞的生长，缩短代谢合成周期。

④ 植物细胞培养可应用于生物转化。

⑤ 植物细胞培养可以获得新的物质。

⑥ 代谢产物生产可以在可控条件下进行。可以通过细胞株筛选、特定生物转化途径与代谢调控提高目标产物含量。

植物细胞培养生产有价值的代谢产物现已经成为现代细胞工程生物制品的重要技术，在药用物质、食品添加剂、杀虫剂、精细化工产品领域具有较大的应用潜力。

▶▶ 教学视频 7-3

植物生物制药背景

思考

相对于植物提取途径，利用植物细胞生产药用物质有怎样的优势？

▶▶ 教学视频 7-4

植物细胞培养

7.2.3 植物细胞培养的培养基

培养基的组成成分对植物细胞的生长与次级代谢产物的产生影响巨大。目前使用广泛的基础培养基有 MS、B5 等（见附录 1）。植物细胞培养的培养基主要由碳源、氮源、无机盐、维生素、植物生长激素和一些有机物质所组成。

碳源：通常使用蔗糖作为碳源，也可使用果糖与葡萄糖。

无机盐类：无机盐的含量对细胞生长与次级代谢物的生成有明显的影响，同时一些金属离子的影响也非常显著。

植物生长调节物质：植物生长调节物质对植物生长及次级代谢物的产生影响显著，常用的植物生长素有 NAA、2,4-D、IAA 等。

7.2.4 植物单细胞分离与初步培养

植物单细胞的获得一般有以下几种方式：由完整的植物器官分离单细胞或由培养组织分离单细胞，主要通过机械法与酶解法；由培养组织分离单细胞常用的方法是愈伤组织法。

机械法 通过机械磨碎、切割等操作获得游离的细胞，效率低，容易对细胞造成损伤。要求薄壁细胞排列松散，细胞间接触点少。

酶解法 选择专一性水解酶在温和的条件下将植物细胞壁物质降解，从而使细胞彼此分开，这种方法称为酶解法。早在 1978 年，Takebe 等报道用果胶酶处理植物叶片可分离大量的叶肉细胞。常用于酶解的生物酶包括：琼脂酶、果胶酶、蜗牛酶、纤维素酶等。

愈伤组织法 通过培养植物外植体诱导产生愈伤组织，并进行反复继代培养使其大量增殖，以提高愈伤组织的松散性，再通过机械震荡或者酶解的方法使细胞分离从而获得游离的细胞。

其中机械法和酶解法可以达到获得单个细胞的目的，但细胞还不具备分裂能力，通过外植体诱导愈伤组织的形成是细胞脱分化的过程，可获得分散的具有分裂能力的植物细胞。

初步得到的植物单细胞在体外培养时增殖比较困难，需要设计特殊的培养方式以提高培养效率。经常采用的两种培养方式如下：

看护培养（nursing culture） 用一块生长活跃的愈伤组织看护培养单个细胞，使单个细胞持续分裂和增殖，这块愈伤组织被称为看护组织。看护培养最早由缪尔（Muir）于 1953 年创建，将单个细胞接种于滤纸上，再置于愈伤组织之上培养。优点是简便、成功率高，缺点是不能在显微镜下直接观察。

饲养层培养（feeder layer culture） 把处理过的（如 X 射线处理）无分裂能力或分裂很慢的细胞

用来饲养所需培养的细胞，使其分裂和生长。具体方法有以下四种：饲养细胞与靶细胞共同混合于琼脂培养基中；饲养细胞与靶细胞分别混合于琼脂培养基中，前者放于下层，后者位于上层；饲养细胞与靶细胞一起培养于液体培养基中；在饲养层细胞和靶细胞层之间放两张滤纸，上面一层滤纸用于将靶细胞转移到其他培养基上继续培养（双层滤纸植板培养）。

7.2.5 继代培养

愈伤组织随外植体生长一段时间后需要进行继代培养以达到增殖的目的。所采用的培养基及培养条件随愈伤组织所处的诱导阶段而异，主要是满足细胞分裂的需要。需要针对不同来源的细胞优化培养条件，分离到的植物细胞通过继代培养才能实现增殖的目的。继代培养方法可以分为固体培养和液体培养。

固体培养 采用固体培养基进行继代培养是常用的细胞纯化与保种方式。优点是操作与设备简单，缺点是由于营养吸收、气体交换等条件不均匀，很难获得均匀一致的细胞群体。平板培养法是经常采用的一种固体培养方式，将一定量细胞接种到或混合到装有一薄层固体培养基的培养皿内进行培养。具体步骤包括单细胞悬浮液的制备、计数、调节细胞密度、培养基选择、浇平板、接种培养等。

液体培养 采用液体培养基进行细胞培养可以保证细胞与营养的充分接触，操作方便，生长速度较快。

7.2.6 细胞株筛选

细胞株（cell strain）是指从一个经过生物学鉴定的细胞系用单细胞分离培养或通过筛选的方法，由单细胞增殖形成的细胞群。由原细胞株进一步分离培养出与原株性状不同的细胞群，称之为亚株（substrain）。

细胞株筛选是植物细胞培养制备次级代谢产物的关键。为了获得适合大规模悬浮培养和生长快速的细胞株，首先要对细胞进行驯化和筛选。适合于工业化生产的植物细胞株必须满足以下条件：

① 分散性好，适合大规模悬浮培养。

② 均一性好，细胞大小、生理状态一致。

③ 生长速度快，培养周期短，不易染菌。

④ 目标产物含量高，容易分离提取。

⑤ 细胞遗传稳定。

▶ 教学视频 7-5
植物细胞系与细胞株

7.2.6.1 筛选流程

一般先通过初筛去除不符合要求的细胞，再通过复筛确认初步符合要求的细胞株。最后通过培养分析，考察是否满足大规模培养。细胞株筛选的一般步骤如下：

① 愈伤组织的诱导与培养：选用植物的目标化合物高产部位作为外植体诱导愈伤组织。愈伤组织形成后，进行继代培养。

② 单细胞分离：选取生长快速而疏松的愈伤组织，通过固体培养基继代培养，挑选生长快速的细胞。

③ 细胞无性系的分离：转移到液体培养基中进行悬浮培养，从中选择分散性好、生长速度快的细胞。

④ 细胞株筛选：检测目标产物含量，从③中选择目标产物含量高的细胞株。

⑤ 性能评价：进行较大规模培养，考察细胞生长与目标产物合成的稳定性。

⑥ 细胞株获得：得到适合工业化生产的细胞株，保种。

7.2.6.2 定向富集驯化

细胞株定向富集驯化是一种有效的筛选技术，主要包括：

激素自养型细胞株的筛选驯化：将愈伤组织或分离到的细胞接种在不含生长素、分裂素的继代培养基中进行传代培养，挑选生长好的细胞进行反复继代培养驯化，可以获得激素自养型细胞。

耐受高剂量有毒物质的细胞株驯化：将愈伤组织或分离到的细胞接种在含高浓度的乙酸盐、苯甲酸钠等可能对细胞产生毒害的化合物的培养基中反复继代培养驯化，不不断提高这些成分含量，可以获得耐受高剂量有毒物质的细胞株。

7.2.6.3 人工诱变筛选

对于筛选得到的细胞株如果还满足不了需要，可进一步进行人工诱变筛选，采用细胞融合、细胞重组、基因工程等方法也可对现有细胞株进行改良。人工诱变筛选系统包括：

悬浮培养系统：由于悬浮培养系统中细胞生长速度快、细胞群体比较均匀，因而被广泛用于细胞突变体的筛选。

愈伤组织系统：当愈伤组织培养到一定阶段后，将愈伤组织进行诱变处理，通过继代培养结合选择压力进行筛选。

原生质体系统：裸露的原生质体容易进行诱变及化学筛选。

7.2.6.4 细胞株保存

筛选得到的细胞株需要很好地保存。一般方法如下：

继代培养保存法：悬浮培养的细胞通过每隔 1~2 周换液进行一次继代培养。这种方法适合于短期保种。

低温保存法：一般选择 5~10℃的温度下培养，每隔 10 d 左右更换一次培养液。

冷冻保存：包括低温保存（-20℃）、超低温保存（液氮 -196℃）保存。参见 3.6。

7.2.7 植物细胞悬浮培养

细胞悬浮培养（cell suspension culture）是将细胞接种于液体培养基中并保持良好的分散状态的培养方式。植物细胞悬浮培养主要在摇床和生物反应器中进行较大规模培养，多采用生物反应器进行悬浮培养。

7.2.7.1 悬浮培养特点

悬浮培养具有以下优点：

① 可以增加细胞与培养液的接触，促进营养的吸收。

② 保证良好的混合状态，从而获得良好的气体传递效果。

③ 可以达到较高的细胞浓度，容易放大培养。

在植物细胞悬浮培养过程中需要经常对细胞生长状况进行分析，主要包括：

① 细胞计数：在显微镜下计数，以细胞数 /mL 表示单位体积的细胞浓度。

② 细胞体积测定：将细胞沉降于离心管内，测定细胞层所占的体积。

③ 细胞鲜重或干重称量：过滤后直接称重为鲜重，干燥后再称重得到的是干重。

7.2.7.2 悬浮培养的生物反应器

生物反应器主要分为酶生物反应器和细胞生物反应器两大类，前者类似化工反应器，是底物在酶催化作用下生成产物的装置。一般所说的生物反应器是指细胞培养生物反应器，是为细胞生长提供合适的化学与物理环境并能检测控制细胞生长状况的装置。

生物反应器的设计原则是尽量模拟培养物在生物体内的生长环境。一般来讲，细胞培养生物反应器设计要总体上考虑以下几个重要因素：

① 采用对细胞无害和耐蚀材料制作，能耐受蒸汽灭菌。

② 结构严密，内壁光滑无死角，内部附件尽量减少，严格保证无菌环境。

③ 能提供均匀、理想的混合状态，保证良好的传质、传热效果。

▶▶ 教学视频 7-6
植物细胞培养反应器

◆ 知识拓展 7-2
植物细胞悬浮培养生物反应器

④ 能精确地控制温度、酸碱度、溶解氧和 CO_2 浓度等条件，有消泡装置，有可靠的参数检测和控制仪表并能与计算机联机。

⑤ 能够方便、快捷地实现培养液的连续添加、样品的采样和观察。

⑥ 尽量节省能源消耗。

一般的生物反应器系统都由反应器主体、控制系统与检测分析系统三部分组成。植物细胞悬浮培养经常采用的反应器与微生物发酵类似，按照搅拌方式可分为机械式和气动式生物反应器两大类。常用的植物细胞悬浮培养的生物反应器包括机械搅拌式生物反应器、气升式生物反应器、鼓泡式生物反应器、转鼓式生物反应器等。

（1）机械搅拌式生物反应器

机械搅拌式生物反应器（mechanical stirred bioreactor）一般由罐体、搅拌桨、控温系统、气路、传感器等组成。依靠搅拌器使液体产生轴向流动和径向流动。优点是搅拌充分，供氧能力和混合效果较好。缺点是剪切力对细胞的损伤大。搅拌器主要有平叶式、弯叶式和箭叶式，叶片一般为6个。不同类型搅拌器产生的流动形式有所不同，箭叶式搅拌器产生的径向流动效果明显，其次是弯叶式搅拌器。平叶式搅拌器粉碎气泡的效果明显，其次是弯叶式搅拌器。挡板的作用是克服搅拌器引起的液体产生的涡流，将径向流动改为轴向流动，促使液体激烈翻动，增加溶氧（图7-7A）。

（2）气动式生物反应器

气动式生物反应器与机械搅拌式生物反应器不同，其引起培养液混合的动力来自于气体。气动式生物反应器主要包括气升式生物反应器和鼓泡式生物反应器。优点是：由于没有活动的搅拌装置，结构简单，能耗低，不易污染。因为混合动力来自于气体，剪切力小，对细胞伤害小，适合对剪切力敏感，容易染菌的细胞培养。缺点是：操作弹性小，在低气速以及培养后期细胞密度较高时，混合效果较差。对于用于植物细胞培养的气动式生物反应器，应该重点对气体分布器进行选择或改造，尽量降低剪切力损伤。

气升式生物反应器（air-lift bioreactor）由气升室、气降室、除气室和底部四部分组成。培养液循环的动力来自于气升室、气降室中因含气量不同而在底部产生的压力差，因而比鼓泡型有更均一的流动形式。根据反应器内部结构与气体分布器的位置不同可分为内环流和外环流两种（图7-7B是内环流）。混合程度由下列因素决定：①通气速率或通气量；②气体喷射器的位置和构型；③容器的高度与直径比；④培养液的黏度和流变性。气升式生物反应器可以给植物细胞的生长和代谢提供适宜的环境，因此适合用于工业化生产。现在有采用螺旋导流筒代替传统的固定的导流筒，可以进一步提高混合效果。

鼓泡式生物反应器（bubble column bioreactor）又称为鼓泡塔式反应器，是最简单的气动式生物反应器（图7-7C）。气体分布器一般位于底部中央，气体从底部通过喷嘴或孔盘进入反应器。它不含转动部分，整个系统密闭，易于无菌操作。不同于气升式生物反应器，液体在反应器内部呈无规律的湍流状态。培养过程中没有机械能消耗，适合于培养对剪切力敏感的细胞。然而对高密度及黏度较大的培养物，反应器的混合效率会降低。

新型材料、传感器、自动控制技术以及信号采集分析技术的发展为新型生物反应器的开发提供了可能。机械搅拌式、鼓泡式和气升式三种常见生物反应器尽管都可以用于植物细胞悬浮培养。但是均需要对反应器结构进行适当改造，例如：为降低机械剪切力的影响，需要对机械搅拌式生物反应器的搅拌桨、鼓泡式和气升循环式生物反应器的进气系统进行改造。同时，如果采用外部光源提供光照，生物反应器均应采用透光材料加工；如果采用内部光照系统，内部结构需要特殊设计。

对于用于植物细胞培养的机械搅拌式生物反应器，应该重点对搅拌器进行选择或改造，尽量降低剪切力损伤。例如最近开发的离心桨生物反应器，采用三叶螺旋桨，同时采用微孔金属丝网作为空气分布器（图7-8），能提供良好的混合状态，具有比机械搅拌桨底的剪切力。

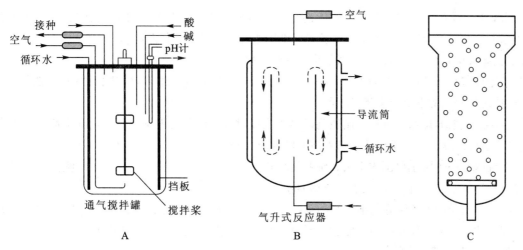

图 7-7 常规生物反应器

A. 机械搅拌式生物反应器；B. 气升式生物反应器；C. 鼓泡式生物反应器

（引自：岑沛霖等，生物反应工程，2005）

此外，一些新类型的生物反应器也被用于植物细胞培养，例如转鼓式生物反应器（rotating drum bioreactor）（图 7-9）。以转子的转动带动培养罐转动，从而促进了气体交换与营养物质的吸收，具有悬浮系统均一、低剪切力、防止细胞黏附在壁上的优点，适合于高密度植物悬浮细胞的培养，已用于长春花、紫草的细胞悬浮培养。

7.2.8 植物细胞固定化培养

植物细胞个体大、细胞壁僵脆且有大的液泡，以至于对剪切力十分敏感。剪切力会使细胞受到机械损伤、细胞破碎。植物细胞大规模悬浮培养中剪切力损伤是一个必须解决的问题。因此，对于易受剪切力影响的细胞开发新的培养技术非常必要。

7.2.8.1 固定化培养特点

植物细胞个体大、细胞壁脆且有大的液泡，以至于对剪切力十分敏感。剪切力会使细胞受到机械损伤、细胞破碎。植物细胞大规模悬浮培养中的剪切力损伤是必须要解决的问题。因此开发新的培养技术对于易受剪切力影响的细胞非常必要。

细胞固定化培养（cell immobilization culture）是指将游离的细胞包埋在支持物内部或表面进行培

▶▶ **教学视频 7-7**
植物细胞固定化优点

◆ **知识拓展 7-3**
植物细胞固定化培养生物反应器

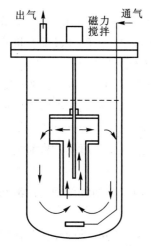

图 7-8 离心桨生物反应器图

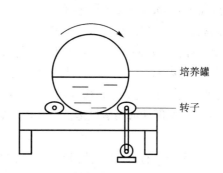

图 7-9 转鼓式生物反应器示意图

养的一门技术，是在 20 世纪 70 年代酶固定化催化技术的基础上发展起来的。1979 年，布洛德利斯（Brodelius）首次利用固定化的毛地黄、长春花细胞成功制备了次级代谢产物。

与细胞悬浮培养相比，植物细胞固定化培养具有以下优势：

① 细胞经包埋所受的剪切力损伤减小，可维持细胞的稳定性，适合培养脆弱的植物细胞，同时也利于采用传统生物反应器进行大规模培养。

② 悬浮细胞培养体系中细胞密度较高时会因黏度增加引起传质困难，固定化细胞培养系统中细胞密度远高于悬浮培养，但并不会改变培养液流体性质，利于传质。

③ 使细胞在一个限定范围内生长，细胞可以进行一定程度的分化发育，从而刺激控制次级代谢产物合成关键基因的表达，促进次级代谢产物的积累。

思考

为什么要进行植物细胞固定化培养？

④ 固定化培养增加了细胞与细胞间的接触，促进了细胞间的信息传递，利于代谢产物的合成。

⑤ 固定化细胞可以反复使用，可以方便地进行产物的连续性收获，降低成本。

7.2.8.2 固定化培养方法

目前，植物细胞经常采用的固定化方法有：吸附、共价结合、包埋等。

（1）吸附固定法

通过物理吸附、离子吸附等方法使细胞固定在载体上。供植物细胞吸附的载体多为多孔性惰性材料，例如：聚氨酯泡沫、尼龙、中空纤维、生物膜等。优点是操作操简便、条件温和，对细胞影响小，物理吸附载体可反复使用，但是结合不牢固，细胞容易脱落。

（2）共价结合法

细胞表面的基团（如氨基、巯基、咪唑基、酚羟基等）和固相支持物表面的基团之间形成化学共价键连接，从而成为固定化细胞。该方法结合牢固，细胞不容易脱落，稳定性好。缺点是需引入化学试剂（例如戊二醛、偶联苯胺），对细胞活性有影响，细胞容易死亡。

（3）包埋法

将细胞包埋在多孔载体内部。优点是操作简便、条件温和、负荷量大、细胞泄漏少、抗机械力损伤，是目前采用较多的细胞固定方法。缺点是扩散限制，大分子基质不能渗透到内部。

植物细胞包埋可分为微囊化和凝胶包埋两大类，天然包埋剂有海藻酸盐、$\beta-$ 角叉胶、琼脂糖等，合成包埋剂有聚丙酰胺等。具有价格便宜、操作简单、可再生、毒性小、条件温和等优点，但是具有机械稳定性差的不足。

微囊化（microencapsulation） 利用天然的或者合成的高分子材料作为囊壁材料将细胞包裹成微米级的微小球囊，形成的微囊膜是亲水半透膜，培养基的营养成分以及代谢产物可以通过微囊膜进行交换。

植物细胞微囊化经常采用的原料是海藻酸，它是一种由 L- 古洛糖醛酸和 D- 甘露糖醛酸组成的多糖，常用稀碱从褐藻中提取制备。海藻酸钠可溶于水中，不溶于乙醇、乙醚及其他有机溶剂，可与多聚赖氨酸或甲壳素一起作为复合材料进行细胞微囊化。常用的微囊化方法如下：

海藻酸盐（alginate）- 多聚赖氨酸（poly-L-lysine）微囊化 在 Ca^{2+} 离子等多价阳离子的存在下，海藻酸盐的羧基和阳离子之间形成离子键。因海藻酸钙不溶于水，从而在细胞表面形成凝胶。如果采用磷酸、柠檬酸、EDTA 等螯合剂处理将 Ca^{2+} 离子除去，又能使胶体溶解释放出细胞。当海藻酸钙微囊用聚赖氨酸处理后，使凝胶微球表面成膜，不会再被螯合剂溶解。再用柠檬酸去除钙离子，球内海藻酸钠成液态，细胞悬浮在微囊内。大致步骤如下（图 7-10）：

① 配置一定浓度的海藻酸钠溶液，高温、高压灭菌。将离心收集的植物细胞悬浮液与海藻酸钠溶液混合。

② 慢慢滴入到含有 $CaCl_2$ 的培养基中，不断搅拌，实现钠离子与钙离子的交换，在细胞表面形成球形凝胶。

③ 培养液洗去凝胶表面的 $CaCl_2$ 溶液，加入到多聚赖氨酸溶液中使凝胶外成膜。再用 $CaCl_2$ 溶液和培养液洗涤，最后将微囊加入到柠檬酸溶液处理液化膜内凝胶。

④ 过滤收集微囊颗粒，用培养液清洗后，接种培养。

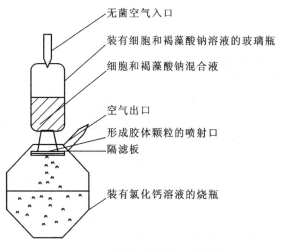

无菌空气入口
装有细胞和褐藻酸钠溶液的玻璃瓶
细胞和褐藻酸钠混合液
空气出口
形成胶体颗粒的喷射口
隔滤板
装有氯化钙溶液的烧瓶

图 7-10　植物细胞微囊化示意图

微囊化也常用于增加药物的稳定性，掩盖药物的不良气味，改良和延缓药物的释放。微囊化培养可以用于动物细胞培养生产单克隆抗体、干扰素等产品。常用的微囊化方法包括：

凝胶包埋　使高分子材料在细胞表面交联形成凝胶的方法。按照胶体形成方式分为以下三类：

① 由带电多聚物的离子交联形成胶体，如海藻酸盐、角叉藻胶。

② 由热的多聚物冷却形成胶体，如琼脂、琼脂糖、角叉藻胶。

③ 由发生化学反应形成胶体，如聚丙酰胺。

β-角叉胶（β-carrageenan）凝胶包埋　需要选用低熔点的 β-角叉胶（5% 含量时为 30~35℃）。与海藻酸盐固定化不同的是角叉胶必须加热保持液态，将角叉胶和细胞悬浮液滴入含钾离子的培养基中形成颗粒，而且形成的颗粒大小不如海藻酸盐均匀。一般采用滴入法：用含 NaCl 的热溶液配制角叉胶溶液，高温、高压灭菌，将植物细胞悬浮液与角叉胶溶液混合，滴入含 KCl 的培养基中，形成颗粒后过滤收集，经过清洗后转入合适的培养基中培养。

琼脂糖（agarose）凝胶包埋　与海藻酸盐、β-角叉胶等固定化方法相比，使用琼脂糖固定植物细胞最大的优点是不需要其他离子来保证胶的稳定性。将细胞悬浮于经过灭菌处理的琼脂糖中，不断搅拌，待混合物凝结后，将包埋有细胞的琼脂糖凝块挤进无菌的金属网中，使其分散成小颗粒。清洗颗粒后转入适当的培养基中进行培养。这种方法虽然简单，但因制得的颗粒交大、形状不规则。

7.2.8.3　固定化细胞活力分析

细胞固定化后进行培养前或培养过程中需要对固定化细胞的活力进行测定，可以采用以下几种方法：

染色法　例如：荧光素二乙酸酯（fluorescein diacetate，FDA）染料能被活细胞吸收，酶解脱去乙酰基而使这种染料产生荧光。死亡的细胞没有这种现象，因此可以判定固定化后的细胞是否具有活性。

呼吸强度测定　采用氧电极法测定细胞的呼吸作用用来表示细胞的存活率。

细胞生长和分解速率的测定　细胞数量或重量的增加可以作为细胞活性的指标。由于植物细胞的聚集性特点，采用湿重或干重法比较方便实用。

7.2.8.4　固定化细胞培养的生物反应器

对于固定化的植物细胞可以采用合适的机械搅拌式生物反应器、气升式生物反应器、鼓泡式生物反应器等进行培养，也可将细胞直接吸附或包埋在特殊设计的生物反应器内的介质表面或内部进行培养。

流化床生物反应器（fluid-bed bioreactor）　是化工领域常见的反应器之一，是通过流态化来强化固体颗粒与流体相之间的混合、传质和传热的反应装置。实现流态化的能量是输入反应器的流体所携带的动能，这种流体既可以是液体，也可以是气体，也可以同时使用液体和气体。因此，流化床生物反应器一般存在气-液-固三相（图 7-11）。流化床生物反应器通过通入液体或气体使固定化细胞悬浮于反应器中，传质效率高，但是碰撞会破坏固定化细胞。

思考
凝胶包埋与微囊化有怎样的区别？

- - - - - - - - - - - - - - - - -

▶▶ 教学视频 7-8
植物细胞固定与反应器

思考

与微生物相比植物细胞培养的生物反应器有哪些特点?

填充床生物反应器（pipe-cone bio-filter reactor）：细胞固定在支持物的内部或表面，细胞固定不动，流体按照一定方向从反应器中流过实现混合和传质。可以是垂直的，也可以是水平的。优点是单位体积细胞的容量大，缺点是混合效率低、易造成传质困难、固定床颗粒或支持物碎片会阻塞液体的流动。

涓流床生物反应器（trickle bed bioreactor）：又称滴流床反应器，细胞固定在反应器内部，气体从下往上流动，而液体从上往下流动，由于流量小，只能在固定化细胞表面形成涓涓细流。与填充床生物反应器不同，固定化细胞并不被流体浸没，空隙被大量气流占据，因此适合好氧细胞生长（图7-12）。

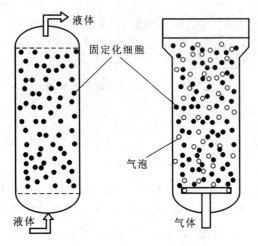

图7-11 流化床生物反应器示意图

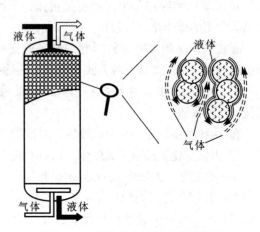

图7-12 涓流床生物反应器示意图
（引自：岑沛霖等，生物反应工程，2005）

中空纤维生物反应器也是一种细胞固定化培养的重要生物反应器，将在动物细胞培养中予以介绍。

7.2.9 影响植物细胞培养生产次级代谢产物的因素

次级代谢产物产量提高的调控与优化需要结合具体的培养对象与目标产物进行。一般而言，提高次级代谢产物产量需要考虑的一些因素如下：

① 细胞株：选择高产稳定的细胞株。

② 培养工艺：诱导子添加、前体喂养、添加竞争途径代谢产物抑制剂、培养条件（培养基、环境条件）优化与控制、流加培养。

③ 培养技术：固定化培养技术、两步法培养、促进产物释放的两相培养技术。

④ 培养设备：选择或设计合适的生物反应器。

▶▶教学视频7-9

植物次级产物影响因素

为了提高次级代谢产物产量，首先要选育优良的细胞株，培养时保证培养基和培养条件符合细胞生长和代谢的需要。具体因素包括生物因素、化学因素和物理因素。

7.2.9.1 生物因素

细胞株特性 植物细胞的体外培养经历了细胞脱分化、分裂增殖两个环节，任何会对这两个环节产生影响的因素均会对植物细胞培养产生影响。高等植物的体细胞增殖是以有丝分裂的形式进行的，正常情况下得到的子细胞染色体数目保持不变。然而，培养过程中外界条件的改变可能会使细胞分裂异常，从而导致染色体数目或结构的改变，进而影响到遗传性状的稳定性。细胞自身遗传性状的稳定性是代谢产物生产的前提和基础。在以获得大量植物细胞群体为目的的培养过程中还要避免细胞分化的产生。因此，稳定、高产、生长速度快的细胞株是细胞大规模培养生产代谢产物的前提。

从理论上讲，所有植物细胞都具有发育成一个完整植物的全部遗传信息，因此，单个细胞也具有产生其亲本植株所能产生的次级代谢产物。但是，由于取材部位限制决定了所培养的对象并不能像完整植株的某一部位一样高效合成所需的目的产物。这是因为某些组织部位所具有的高含量的次级代谢产物可能并不一定是该部位合成的，有可能是其他部位组织合成后通过运输在该部位积累的。因此，在进行植物细胞培养生产有价值的代谢产物时必须弄清楚产物的合成部位。也就是应该考虑到不同部位来源细胞的特性。

细胞凋亡　细胞凋亡是植物细胞培养过程中不可避免的现象。减少细胞凋亡的关键是要保证充足的营养供给以及避免有害代谢产物的积累，这可以通过采用合适的培养工艺来实现。

细胞团　植物细胞容易聚集成团，每个细胞团一般由 4 ~ 300 个细胞组成，大小因植物细胞种类不同具有较大差异，例如：烟草细胞团直径在 350 ~ 1 000 μm，长春花细胞团在 40 ~ 2 000 μm 之间。细胞团的形成影响稳定的悬浮体系的维持。细胞团容易受剪切力影响而破碎，引起培养液黏度增加，致使气体交换与传递受到影响。同时也造成了培养物的显著异质性，细胞团表面与内部的细胞存在营养吸收和代谢产物分泌的差异。

生物合成机制　次级代谢产物的生物合成涉及多基因参与，机制非常复杂，影响因素多。结合目标产物进行生物合成机制研究，揭示代谢途径及诱导合成机制是细胞培养生产次级代谢产物的重要生物学问题，有利于指导建立优化的培养工艺与技术。

7.2.9.2　化学因素

主要通过合适的培养基选择以及化合物添加来控制，包括营养盐、前体和调节因子等。

营养盐　营养成分对植物细胞培养和次级代谢产物的生成具有很大影响。一方面，营养要保证植物细胞生物量的增长；另一方面，是要保证细胞能合成和积累次级代谢产物。普通的培养基一般仅能满足第一方面的需要，对于第二方面的需求，必须针对具体的培养对象和目的，对培养基进行优化，从而保证最大限度地合成目标产物。

前体（precursor）　缺乏某一种前体时细胞合成某一种代谢物的能力会受到影响。例如：在紫草细胞培养中加入 L- 苯丙氨酸可使右旋紫草素产量增加。同样一种前体，在细胞的不同生长时期加入对细胞生长和次级代谢产物合成的作用也不相同，有时甚至还起抑制作用。例如：在洋紫苏细胞培养中，一开始加入色胺，无论对细胞生长和生物碱的合成都有抑制作用，但在培养的第二周或第三周加入色胺能刺激细胞的生长和生物碱的合成。

诱导子（elicitor）　诱导子加入细胞培养体系后，会在三个水平上起作用：①基因水平，引起基因的差异性表达，使某些酶的转录翻译水平提高；②酶水平，通过对基因转录翻译的影响使某些酶的数量增加；③次级代谢产物水平，导致目的产物产量的变化。

反馈抑制　植物次级代谢产物在培养系统的积累有时会对目标产物的合成具有反馈抑制，可以采用流加培养、两相培养等工艺技术利于克服这个问题。

7.2.9.3　物理因素

物理因素主要包括：光照、温度、通气、搅拌、pH 等。

光照　光照时间长短、光质、光强等都会对代谢产物合成和积聚产生作用。光对许多酶有诱导或抑制作用。因此，光对细胞代谢产物的合成有很重要的影响。例如：青蒿毛状根中倍半萜内酯的合成受光的调控，红外光、紫外光对紫草宁积累有促进作用。紫外光可引起黄酮及黄酮类醇糖苷累积有关的酶活性的增加。

温度　温度会影响酶的活性。细胞的生长速率与培养温度紧密相关。植物细胞培养一般在 25 ℃ 左右进行。

pH　酸碱度会影响酶的活性，也会影响培养液的渗透压，从而影响细胞代谢。如果对培养液 pH 进行控制，将有利于次级代谢产物的生成。如果培养基中含有酪蛋白水解物或酵母提取液等这样一些有机组分，可使培养液 pH 比较稳定。

7.2.9.4 工程技术问题

培养液的流变特性 目前对于植物细胞培养液的流变特性的认识还处于初级阶段，常用黏度参数来描述植物细胞培养液的流变特性。黏度变化可以由细胞本身或其分泌物引起。前者包括细胞浓度、年龄、大小、结团情况等。由于植物细胞培养过程中容易结团，同时，不少细胞在培养过程中容易分泌黏多糖等物质，从而使培养液黏度增加，传氧速率降低，影响细胞生长。

气体传递 植物细胞培养一般需要光照，通过光合作用合成有机物，因此 O_2 和 CO_2 的含量与传递对培养过程影响较大。

由于植物细胞对培养液中氧的浓度非常敏感，太高或过低都会对培养过程产生不良影响。并且，不同细胞对氧的需求量也是不相同的。因此大规模培养植物细胞要严格控制溶解氧的水平，对氧的供给和尾气氧的监测十分重要。氧气从气相到细胞表面的传递与通气速率、培养液混合程度、培养液流变特性、气液界面等因素有关；氧的吸收与反应器类型、细胞生长速率、温度、pH、营养组成、细胞浓度等相关。通常用体积氧传递系数（$k_L\alpha$）来表示氧的传递情况。

CO_2 含量水平对于植物细胞培养也相当重要，只有在 O_2 与 CO_2 的浓度达到某一平衡状态时，细胞才能很好地生长。CO_2 与培养的 pH 密切相关，可以通入一定量的 CO_2 来维持一定的 pH 或与氧气达到平衡状态。

搅拌与剪切力 为了加强气－液－固之间的传质，细胞悬浮培养时需要混合搅动。植物细胞虽然有较硬的细胞壁，但是细胞壁很脆弱，对搅拌的剪切力很敏感。在摇瓶培养时振荡速率一般在 $100 \sim 150$ r/min。由于摇瓶培养时细胞受到的剪切力比较温和，因此植物细胞损伤不大。采用机械搅拌生物反应器培养植物细胞时需要选择适当的搅拌器。采用常规的配有 6 平叶涡轮搅拌桨的机械搅拌反应器培养植物细胞时，由于剪切力比较大，细胞会自溶，次级代谢产物合成会降低。采用 4 片倾斜式搅拌桨可减轻剪切力对细胞的损伤。气升式反应器一般比机械搅拌生物反应器适合植物细胞培养。各种植物细胞耐受剪切力的能力不尽相同。剪切力影响的克服还可以通过低剪切力的生物反应器开发与耐受高剪切力的细胞株筛选来实现。

泡沫与器壁表面黏附性 与微生物细胞培养相比，植物细胞培养过程中产生的气泡更大，培养液因含有蛋白质或黏多糖二黏度大，细胞很容易被包埋在泡沫里，容易造成非均相培养，也会将细胞从营养液中带出来造成浪费，并增加染菌的机会。因此，必须对泡沫进行消除。

植物细胞培养过程中，细胞会经常黏附于挡板、反应器部件、电极等表面。有些黏附的细胞不容易去除。可以采用在一些容易黏附细胞的物体表面涂以硅油等消除或降低黏附现象。

利用植物细胞大规模悬浮培养为生产有用代谢产物提供了有效途径，但是由于植物细胞容易积聚、细胞分化、剪切力敏感、代谢途径复杂性等因素使工业规模化培养受到限制。迄今为止，只有极少量的植物细胞培养实现了工业化，例如两步法生产紫草宁、迷迭香宁酸、肉桂酰丁二胺等。

植物细胞培养在放大过程中往往产量会比实验室摇瓶培养或小型反应器培养下降许多。分析原因，可能是由于以下因素引起的：

① 通气和搅拌引起的流体压力对细胞或积聚体造成细胞的损伤、大量泡沫的生成等。

② 高密度引起培养液黏度增加，造成营养、气体传递与吸收的限制。

③ 反应器设计缺陷因素，例如死角等部位细胞黏附引起的细胞死亡、搅拌桨类型缺陷或通气方式等。

④ 对产物合成机制、途径、影响因素等尚不是非常清楚，因此很难控制最佳培养条件。

7.2.10 促进植物次级代谢产物积累的细胞培养技术
7.2.10.1 细胞生长与次级代谢产物积累的关系

细胞培养可以有分批式、流加式、半连续式、连续式、连续式和灌注式五种操作方式。对于植物

思考

请分析哪些因素会限制细胞浓度与次级代谢产物产量的提高？

- - - - - - - - - - - - - - - - - -

▶▎教学视频 7-10

植物细胞培养工艺

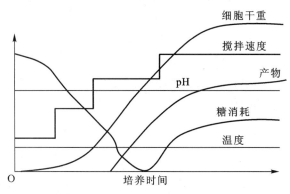

图 7-13 分批培养的参数关系示意图

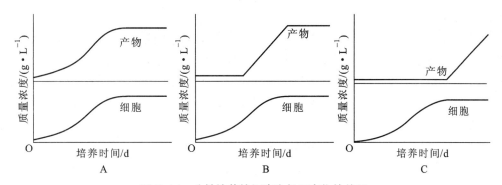

图 7-14 分批培养的细胞生长于产物的关系

A. 生长偶联型；B. 中间型；C. 非生长偶联型

（引自：元英进，植物细胞培养工程，2004）

细胞大规模培养常采用的是分批培养、流加培养。以分批培育为例（细胞生长与参数关系如图 7-13）。一般情况下，细胞代谢产物与细胞生长的关系有三种模式（图 7-14）：

生长偶联型：产物合成发生在细胞生长过程中，到达平台期后合成停止。

非生长偶联型：产物合成出现在细胞生长平台期。

中间型：产物合成出现在细胞生长旺盛阶段，在平台期也能合成，但是速度减缓。

在实际应用中，基于提高细胞浓度、代谢产物积累与去除反馈抑制等的需要已经开发出一些新型的培养技术。例如：流加培养、两步法工艺、两相培养技术等。

7.2.10.2 流加培养

植物细胞流加培养时，添加的可以是限制性底物，也可以是代谢产物的前体物质或诱导子，提高细胞浓度与目标产物产量。同微生物培养类似，植物细胞流加培养的补料方式有连续流加、不连续流加或多周期流加。每次流加又可分为恒速流加、变速流加。从补加培养基的成分角度，又可分为单组分补料和多组分补料。

流加控制系统分为有反馈控制和无反馈控制两类。反馈控制系统是由传感器、控制器和驱动器三个单元所组成。根据依据的指标不同，分为直接方法和间接方法。间接方法是以溶氧、pH、呼吸商、排气中 CO_2 分压及代谢产物浓度等作为控制参数。对间接方法来说，选择与过程直接相关的可检参数作为控制指标是关键。这需要详尽考查分批培养的生长曲线和动力学特性，获得各个参数之间的相互关系。为了改善培养液的营养条件和去除部分代谢产物，可采用半连续式培养方式定时放出一部分培养液用于收获代谢产物，同时补充一部分新鲜营养液。这样可以维持一定的细胞生长速率，延长生产期，有利于提高产物产量，又可降低成本，但要注意染菌等问题。

知识拓展 7-4

细胞培养

思考

是不是所有的植物细胞培养生产代谢产物都适合采用两步法培养?

7.2.10.3 两步法培养

由于大多数植物次级代谢产物合成在生长停止后才大量合成，即属于非生长偶联型植物细胞培养制备次级代谢产物一般采用两步法培养（two-step culture）工艺。

第一步采用利于细胞生长的培养基使细胞达到高的细胞浓度。

第二步更换为利于产物合成的培养基或者添加代谢产物的前体物质或诱导子促进产物合成。

紫草细胞培养生产紫草宁（shikonin）色素一般采用两步法生产工艺。第一步为细胞生长阶段，第二阶段是色素积累期。

7.2.10.4 两相培养

植物次级代谢产物的积累有时会对目标产物的合成产生反馈抑制。同时，由于植物细胞所含的次级代谢产物一般存在于细胞内，有些虽然能分泌出来，量也很少。由于分离成本占生物制品成本的很大比例，因此开发代谢产物释放技术，使胞内的次级代谢产物高效分泌出来，将降低后期分离成本，同时也利于连续培养与收获。

两相培养（two-phase culture）在培养体系中加入水溶性或脂溶性的有机物或者具有吸附作用的多聚化合物，使培养体系形成上、下两相，细胞在水相中生长合成次级代谢物质，分泌出来的产物被转移至有机相中。这样，不仅减少了产物的反馈抑制作用，从而提高细胞浓度与目标产物产量，而且可以通过有机相的不断回收及循环使用，实现培养于收获的连续化。建立植物细胞的两相培养系统必须满足以下条件：

① 添加的有机物或多聚化合物对植物细胞无毒，不会影响细胞的生长与产物的合成。

② 产物能较容易地被溶解于有机相中吸附在多聚化合物上。

③ 两相间的分离比较容易。

④ 有机物或多聚化合物不能吸收培养基中的有效成分。

两相培养技术最初应用于蛋白质提取、乙醇发酵制备及微生物培养，后来发现利用这一技术培养植物细胞生产次级代谢产物非常具有潜力。例如：在紫草细胞悬浮培养时加入十六烷不仅可以原位提取紫草宁色素，而且可以使产量提高。在培养长春花细胞中加入 XAD-7 大孔吸附树脂，可以使吲哚生物碱的产量提高。在培养的花菱草细胞中加入一种液体硅胶可使血根碱（sanguinarine）产量大幅度提高。

两相培养技术不仅能增加次级代谢产物的产量，而且能促进原来储存于细胞内部的产物分泌。例如：悬浮培养蓬子菜细胞合成的蒽醌全部储存于胞内，当加入两种多聚吸附物 Wofatit ES 和 XAD-2 后，能使一部分蒽醌分泌出来。采用对紫杉醇有高分配系数的十六烷、油酸等进行东北红豆杉细胞两相培养生产紫杉醇（B5 培养基），结果证实两相培养结果好于一般悬浮培养，有机相中紫杉醇含量远高于水相和细胞内紫杉醇。

7.3 植物组织培养生产次级代谢产物

7.3.1 细胞分化与次级代谢产物

大多数植物次级代谢产物与细胞分化有关。离体培养的植物细胞存在不稳定、目标产物含量低、需要激素等不足。因此，分化程度较高、遗传更稳定的植物组织培养在有价值次级代谢产物生产上展现了应用潜力。

7.3.1.1 细胞水平上的分化

许多植物次级代谢产物的合成与叶绿体的分化有关。例如：比较野决明和苦参的白色愈伤组织和不定根与绿色愈伤组织和芽合成羽扇豆生物碱的差异，发现白色愈伤组织和不定根中没有生物碱的积累，而绿色愈伤组织和芽中含有生物碱，其含量与组织或器官中叶绿素的含量成正比。反映了细胞分化程度的提高与次级代谢产物含量有一定的相关性。

某些植物次级代谢产物的合成与细胞的超微结构的变化有关。对芹叶黄连培养细胞的电镜研究发现，无合成小檗碱能力的细胞中液泡小而分散，几乎观察不到粗面内质网，细胞内有淀粉粒积累；高合成能力的细胞液泡分化程度高，细胞腔几乎被一个中央大液泡所充满，粗面内质网发达，淀粉粒减少或消失。

7.3.1.2 细胞聚集和组织水平上的分化

在悬浮培养时植物细胞很容易聚集在一起。在聚集的细胞团块中，位于表面和中央的细胞处于不同的分化状态，从而常表现出与游离细胞不同的次级代谢能力。例如：小果咖啡培养物中嘌呤环生物碱的合成取决于细胞团块的大小。因此，固定化培养利于提高生产次级代谢产物含量。

通常情况下，刚刚诱导形成的愈伤组织在一定时期内可维持原植物的次级代谢能力，随着继代培养次数的增加和培养时间的延长，次级代谢能力可能逐渐下降以至丧失。当脱分化的愈伤组织再分化形成相应的组织器官时，合成能力又可以恢复。

7.3.1.3 器官水平上的分化

植物的根、芽、茎、叶、胚状体和子房等的培养已经在次级代谢产物制备中得到重视。有些植物的某种次级代谢产物在某个器官中含量较高，在悬浮培养细胞中含量较低或没有。例如：柴胡根中含有效成分柴胡皂苷，其愈伤组织一般不能合成这类化合物。天仙子属植物根中含有莨菪烷生物碱，在愈伤组织中含量极低，当有茎叶再生时其含量仍然很低，只有形成根后生物碱的积累量才迅速提高。有些植物的培养物在合成次级代谢产物时要求有芽的形成。例如：长春花的脱分化培养细胞中很难获得具有抗癌活性的长春碱，而在培养的长春花簇芽中能测定出长春碱。

7.3.2 植物组织培养生产次级代谢产物的优势

在无菌条件下，将离体的植物组织或器官接种在含有各种营养物质及植物激素的培养基上进行培养，以获得具有经济价值的产品。植物组织培养生产次级代谢产物具有以下几个方面的特点：

① 不受季节、地区、气候和有害生物的影响，培养条件可控。
② 遗传性状相对稳定，具有较稳定的次级代谢产物的合成能力。
③ 分化程度高，可产生高度分化的细胞合成的次级代谢产物，例如根、叶中合成的代谢产物。
④ 激素自养型，成本低。
⑤ 生长速度快。
⑥ 需要特殊设计的生物反应器培养系统。
⑦ 对产物相关积累的机制途径尚不很清楚，因此很难维持最佳培养条件。

相对于植物细胞培养途径，可以获得细胞培养制备不了的与分化产生的代谢产物，同时属于激素自养型、产物积累比较稳定。具体比较参见表7-1。

表 7-1　植物细胞与组织培养生产次级代谢产物比较

	植物细胞培养	植物组织培养
优点	不受季节、地域、气候和有害生物影响，培养条件可控	不受季节、地区、气候和有害生物影响，培养条件可控
	可以使用传统的生物反应器，借鉴微生物发酵的成熟技术	遗传性状相对稳定，具有较稳定的次级代谢产物的合成能力
	细胞培养相对比容易，容易放大	分化程度高，可产生高度分化的细胞合成的次级代谢产物，例如根、叶中合成的代谢产物
	细胞水平上的调控相对比较容易	
	产物分离提取容易	激素自养型，成本低；生长速度快

续表

	植物细胞培养	植物组织培养
缺点	缺乏适合大规模生产的细胞株，细胞多次传代后稳定性差	需要特殊设计的生物反应器培养系统，存在尚未解决的工艺技术问题
	合成的产物种类有限，浓度较低	需要特殊的培养、接种、取样技术，放大困难
	需要激素等调控因子，成本高	调控相对比较困难；产物分离提取较复杂
	对产物相关积累的机制途径尚不很清楚，很难维持最佳培养条件	对产物相关积累的机制途径尚不很清楚，很难维持最佳培养条件

7.3.3 毛状根培养生产次级代谢产物

一些植物的次级代谢产物在根里大量合成，但是正常根的培养非常困难，生长缓慢，收获困难。利用毛状根培养可以克服天然根培养存在的问题与不足。

毛状根又名发状根（hairy root），是植株或组织、器官受到发根农杆菌（*Agrobacterium rhizogenes*）感染后而形成的类似头发一样的根组织。

毛状根技术具有如下优势：由发根农杆菌 Ri 质粒转化的毛状根为单细胞起源，生长快速且可稳定遗传，为激素自养型，在培养时不需要添加外源激素，易于培养；毛状根分化程度高，产生次级代谢产物能力强；通过 T-DNA 改造，易于采用基因工程途径提高次级代谢产物产量。毛状根生产药用植物有效成分已经显示出极大的应用潜力。一些成功的例子有：培养长春花毛状根生产长春花碱、紫草毛状根生产紫草宁、人参毛状根生产人参皂苷等。

长春花是一种重要的药用植物，含有长春碱、长春新碱等多种生物碱，孙敏等（2005）利用发根农杆菌 A4 和 R100 侵染长春花不同外植体获得毛状根，并优化毛状根条件，结果发现毛状根中生物碱的含量是原植株根、茎、叶、愈伤组织的 32.75 倍、49.01 倍、24.50 倍、35.34 倍，且长春碱的含量比根和叶中分别高 27.4 倍、23.5 倍，长春新碱的含量分别高 23.5 倍、0.5 倍。张荫麟等（1995）用发根农杆菌感染丹参外植体，诱导产生毛状根，能够积累一定的丹参酮，但含量相对较低，用多种真菌诱导子进行处理，其中密环菌诱导效果较好，促进毛状根中丹参酮含量积累至生药水平，同时能够促进隐丹参酮向培养液中外排。张显强等（2012）以白花曼陀罗子叶为外植体，利用发根农杆菌 C58C1 诱导产生毛状根，获得高产东莨菪碱的毛状根系 M2 和高产莨菪碱的毛状根系 M1，毛状根中东莨菪碱和莨菪碱的积累效率分别是野生白花曼陀罗叶片中含量的 2.53 倍、5.37 倍。

7.3.3.1 毛状根诱导

毛状根是由发根农杆菌（*Agrobacterium rhizogenes*）中的 Ri 质粒引起的。早在 1907 年，史密斯（Smith）和汤森（Townsend）就发现发根农杆菌能够诱导植物产生毛状根；此后学者们发现无论是发根农杆菌还是根癌农杆菌，其致病原因均是由大分子质粒引起的，但发根农杆菌的致病质粒与其他 Ti 质粒（根瘤诱导质粒）在功能上既有差异又有联系。直到 1982 年，美国科学家 Chilton 发文阐述其完整的发根机制：发根农杆菌中 Ri 质粒上的 T-DNA 进入宿主植物细胞引起毛状根的产生。

Ri 质粒是独立存在于发根农杆菌细胞染色体外的双链共价闭环基因组 DNA，分子量大小为 200～800 kb，并且具有独立的遗传复制能力。依据 Ri 质粒行使的不同功能可将其主要分为 4 个区，即 T-DNA 区（transfer-DNA region）、*vir* 区（virulence region）、*ori* 区（origin of replication）和冠瘿碱代谢功能区（opine catabolism, OPCA）。其中 T-DNA 区是可转移的 DNA 区，可被转移到寄主植物细胞核基因组中进行整合和表达，从而形成毛状根；T-DNA 上有生长素合成基因 *tms1* 和 *tms2*，指导 IAA 的合成；因此转化产生的毛状根，在培养时不需要添加外源生长激素，为激素自养型。*vir* 区为致病区，亦被称作毒性区，它在 T-DNA 转移过程中起着至关重要的作用，该区域的丢失或突变会导致 Ri 质粒致病能力的减弱或丧失，从而使被侵染植株不出现病症和毛状根；*vir* 区具有很高的保守性，在转化过

▶▶ 教学视频 7-11
毛状根次级产物
优点

程中不发生转移。在通常状态下 Vir 区的基因处于被抑制状态，当发根农杆菌感染寄主植物时，受损伤的植物细胞合成的低分子苯酚化合物乙酰丁香酮使 *vir* 区处于抑制状态的基因被激活，产生一系列限制性核酸内切酶，在酶的切割作用下产生 T-DNA 链；T-DNA 进入植物细胞核内，整合进入植物细胞的基因组，在植物细胞中得到转录和翻译，刺激植物细胞形成毛状根。

影响农杆菌 T-DNA 转移的因素主要包含以下几个方面：

① 农杆菌菌株：由于农杆菌染色体基因的作用直接影响 T-DNA 转移的效率，不同的农杆菌菌株有不同的宿主范围，并有其特异侵染的最适宿主。

② 农杆菌菌株高侵染活力的生长时期：高侵染活力的菌株一般处在对数生长期，一把用 $OD_{600} = 0.3 \sim 1.0$ 的农杆菌菌液接种植物材料。

③ 外植体的类型和状态：转化只发生在细胞分裂的一个较短时期内，只有处于 DNA 合成期的细胞才具有被外源基因转化的能力，因此细胞具有分裂能力是转化的基本条件。

④ 外植体的预培养：外植体的预培养与转化有明显的关系，每种外植体均有其最佳预培养时间，时间太长可能会降低外植体的转化率，一般以 2 ~ 3 d 为宜。

⑤ 外植体的接种及共培养：外植体的接种是指把农杆菌菌株接种到外植体的侵染转化部位。一般将外植体浸泡在预先准备好的工程菌株中，浸泡一定时间后用无菌吸水纸吸干残余的菌液，然后置于共培养培养基上培养。共培养的环节非常重要，因为农杆菌的附着、T-DNA 的转移与整合都在这个时期内完成。

毛状根诱导可以采用以下方法：

外植体接种法　取植物的叶片、茎段、叶柄等无菌外植体，与发根农杆菌共同培养 2 ~ 3 d，将植物的外植体移到含有抗生素的选择培养基上进行培养，经过多次继代培养，转化的植物细胞产生愈伤组织，并可产生毛状根。

茎秆接种法　将植物种子消毒后，在合适的培养基上萌发，长出无菌苗。取茎尖继续培养，等无菌植株生长到一定时候，将植株的茎尖、叶片切去，剩下茎秆和根部，在茎秆上划出伤口，将发根农杆菌接种在伤口处和茎的顶部切口处，经过一段时间培养，在接种部位产生毛状根。这种方法最为简便，但它仅适合于可以用茎尖继代培养的植物。

原生质体 – 农杆菌共培养法　将原生质体培养 3 ~ 5 d 后，加入发根农杆菌进行共培养，然后借助于转化后的细胞激素自养型特性或 T-DNA 上的抗生素标记筛选出转化成功的细胞。分裂形成愈伤组织，在无激素培养基上可产生毛状根。

7.3.3.2　适合毛状根生长的生物反应器

生物反应器培养是实现次级代谢产物工业化生产的前提。毛状根外形像毛发，容易交织缠绕。毛状根的特点决定了用于毛状根培养的生物反应器需要特殊设计，例如：反应器的内部需要特殊设计满足毛状根的空间分布的均匀性问题。同时，也要提供合适的培养液循环与气体供给方式才能满足毛状根对营养和气体的需求，还要考虑接种、取样、收获等特殊问题。

国外利用超声雾化反应器进行毛状根培养取得了一定效果。超声雾化反应器主要分为两类：

① 雾化设备与培养装置一体化设计：在培养液上设置单层板，距离液面较近，雾化后的营养雾能快速地与培养物接触。此类反应器的起雾高度低，难以进行较大规模培养，反应器的空间利用率低。

② 雾化设备与培养装置分开设计：利用气体将营养雾从雾化装置带入培养装置，该类型生物反应器结构较复杂，而且存在营养雾的损失问题。

我国也已经在气升式反应器基础上改进开发出适合毛状根生长的雾化生物反应器（图 7-15），并进行了青蒿毛状根培养制备青蒿素（arteannuin）的研究。

图 7-15 中的雾化生物反应器采用的是雾化设备与培养装置一体化设计，反应器结构类似于气升式反应器。采用内径为 10 厘米、高 30 厘米的玻璃筒为主体，反应器外围设有固定的光源系统。中央是

知识拓展 7–5
发根农杆菌及 Ri 质粒介导毛状根发根原理

应用案例 7–1
丹参毛状根的遗传转化

教学视频 7–12
毛状根产物影响因素

教学视频 7–13
毛状根反应器与工艺

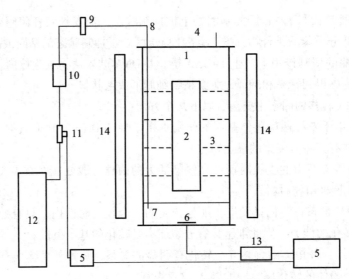

图 7-15 一体化设计的雾化生物反应器

1. 生物反应器；2. 中心筒；3. 不锈钢筛网；4. 空气出口；5. 时间继电器；6. 雾化头；7. 培养液；
8. 空气入口 9. 空气过滤器；10. 流量计；11. 电磁阀；12. 空气储罐；13. 雾化装置；14. 40W 日光灯
（改自：刘春朝等，雾化生物反应器培养青蒿毛状根生产青蒿素，1998）

知识拓展 7-6
毛状根培养的生物
反应器

发现之路 7-1
青蒿素与诺贝尔奖

教学视频 7-14
雪莲毛状根生产类
黄酮

一导流筒，位于培养液的正上方。在内外筒中间，平行于底部安装了许多不锈钢筛网，每层间距为
10 cm。反应器底部、导流筒的正下方设计有超声雾化头。毛状根接种在不锈钢筛网上。雾化时，由超
声产生的能量使培养液形成细小的雾滴，并沿着中心导流筒上升、溢出，然后从内外筒中间、培养物
的上方落下，均匀分布于反应器内，供给培养物营养。可在 1~2 min 内使整个反应器内部充满营养
雾。停止雾化，5 min 内雾化液冷凝，流入雾化器。由于超声的作用会引起培养液温度的上升，这不利
于毛状根的生长，也会对青蒿素的积累产生不好的影响。采用间歇式雾化的操作方式可以较好地解决
这一问题。雾化周期由时间继电器控制。在雾化时停止通气，待雾化液完全沉降后再进行通气，避免
了气体将雾化液带出造成的损失和染菌问题。同时还能满足毛状根生长和产物合成对气体的需求。

采用这种雾化反应器可以保证反应器内充足的养料和对氧气的需要，适合毛状根生长，产生大量
的根毛和分支，对毛状根无损伤。可见，这种借鉴气升式反应器的雾化生物反应器比较适合于毛状根
培养生产青蒿素。当然，还有许多工艺、技术上的问题需要解决，如雾化周期的选择、培养液的流加
和更换、反应器结构优化、进一步放大技术等。

7.3.4 不定根培养生产次级代谢产物

不定根是指植物的非根组织如茎、叶等器官上形成的根。不定根的发生方式主要有两种，第一种
是从非根组织上直接形成，被称为直接发生；第二种是通过非根组织先产生愈伤组织，再产生拟分生
组织，最后形成不定根的方式，被称为间接发生。

常用来诱导产生不定根生成的离体器官或组织主要包括茎、叶、胚根、胚轴等。不定根的发生与
植物生长素类物质密切相关。目前离体组织或器官在诱导产生不定根时，一般需要添加外源激素，如
萘乙酸、吲哚丁酸。在促进不定根生长的过程中，一般需要添加相应的细胞分裂素，如 6-苄氨基腺嘌
呤等。同时，pH 及培养基中的蔗糖浓度也对不定根的生长有一定的影响。通过研究丹参不定根的离体
培养，发现随着蔗糖浓度的增加，丹参不定根的增殖呈增长趋势，以 30 g/L 的蔗糖浓度最高，其当培
养基 pH 为 6.5 时，最有利于丹参不定根的生长。大量研究表明，生长素及其介导的信号传导途径对不
定根的形成有重要作用。目前已鉴定出一些与不定根发生相关的生长素信号传导因子，如 NO、cGMP
等。研究发现红豆杉在 DCR 培养基的培养条件下，不定根的产生率高于 B5 培养基，添加 NAA 后可促

进不定根的发生。此外，不定根的产生还受基因表观遗传学的调控。

不定根具有生长周期短、来源单一、遗传背景一致等优点，已成为生产次级代谢产物的一种候选方法。研究表明，不定根生长培养基的盐离子种类、浓度以及蔗糖的浓度对不定根生产次级代谢产物有显著的影响。研究表明，盐浓度、金属离子、蔗糖浓度等能促进不定根中人参皂苷的合成。郭肖红等（2005）研究发现，较高含量的 Cu^{2+} 和 Mg^{2+} 能够促进不定根的生长，较低含量的 Cu^{2+}、Mg^{2+}、Zn^{2+} 及较高含量的 Fe^{2+} 和 Mn^{2+} 能够促进丹参酮 IIA 的积累。

7.3.5 冠瘿组织培养次级代谢产物

冠瘿组织是由根癌农杆菌（*Agrobacterium tumefaciens*）感染引起的植物肿瘤组织，它能在无外加植物激素的培养基上生长。在根癌农杆菌中，决定冠瘿病的质粒称为 Ti 质粒，即诱发寄主植物产生肿瘤的质粒。Ti 质粒是根癌农杆菌染色体外的遗传物质，为双股共价闭合的环状 DNA 分子，大小为 150～200 kb。Ti 质粒上有一段特殊的 T-DNA，编码细胞分裂素合成酶基因 *IPT*、以及生长素合成酶基因 *IAA-M* 和 *IAA-H*。T-DNA 整合到植物细胞基因组后，生长素合成酶基因 *IAA-M* 和 *IAA-H* 分别表达色氨酸单加氧酶和吲哚乙酸酰胺水解酶，两者共同作用合成生长素吲哚乙酸（IAA）。细胞分裂素合成酶基因 *IPT* 表达异戊烯基转移酶，催化合成分裂素 2- 异戊烯基腺嘌呤（ZIP）。T-DNA 指导的生长素与分裂素的合成导致了转化植物形成冠瘿瘤组织。

与毛状根培养一样，冠瘿组织培养生产次级代谢产物也是植物组织培养生物制药的一个重要内容。冠瘿组织离体培养具有激素自主、生长迅速等优点，其以细胞团的颗粒状存在，具有人工固定培养的优点，且冠瘿组织的细胞团呈现一定程度的分化，次级代谢产物中的某些关键酶基因的表达被启动，因此具有更高且更稳定的产次级代谢产物的能力。佩恩（Payne）等人利用根癌农杆菌 A6 侵染金鸡纳无菌苗获得的冠瘿组织能够在没有外源激素的诱导下产生喹啉生物碱，主要成分为辛可宁和辛可尼定，同时考察了光照、添加物质及光质等对喹啉生物碱产生的影响。用胭脂碱型根癌农杆菌 C58 菌株感染丹参无菌苗，诱导出冠瘿组织，除菌后的冠瘿组织在不添加激素的 MS 培养基中生长良好，且冠瘿组织的生长与丹参酮的积累密切相关。研究结果表明，B5 和 MS 培养基有利于冠瘿组织生长，而 67-V 和 WP 培养基更有利于丹参酮的合成，在培养过程中丹参酮可分泌到培养液中。利用胭脂碱型根癌农杆菌 C58 菌株诱导西洋参产生冠瘿组织，考察其在 MS 培养基上的生长及人参皂苷 Re、Rg1 的累积状况，结果发现：西洋参冠瘿组织较愈伤组织和无菌苗易于培养，且不易染菌，具有一定的抑菌性，有利于大规模培养和生产，西洋参冠瘿组织在 MS 培养基中的增长倍数达 7.07 倍。以根癌农杆菌 C58 直接感染长春花愈伤组织获得冠瘿组织，可在无激素添加的 MS 培养基上正常生长，且细胞生长量、总生物碱含量明显提高，光照、诱导子、温度等对其生物碱的产生具有显著的影响。

冠瘿组织培养不仅可以生产植物根中产生的次级代谢产物，而且可以制备植物叶中的代谢产物。国外利用冠瘿组织培养制备了喹啉生物碱，我国也已经开展西洋参冠瘿组织培养制备人参皂苷的研究。

思考
简述毛状根、冠瘿组织及不定根的发生机理

知识拓展 7-7
根癌农杆菌及 Ti 质粒

教学视频 7-15
紫草素生产案例

💬 开放讨论题

请分析限制植物细胞培养大规模生产有价值次级代谢产物的影响因素和对策。

❓ 思考题

1. 查阅文献，详述萜类化合物如丹参酮、人参皂苷、青蒿素等的生物合成途径。

2. 从培养基、培养方法上简述获得毛状根的流程。

3. 分析毛状根与不定根的发生原理。

4. 查阅文献，举例说明转录因子促进次级代谢产物合成的机理。

5. 查阅文献，了解诱导子促进植物中次级代谢产物合成的机理。

6. 查阅文献，通过例子对比植物细胞、组织培养生产次级代谢产物的各自优势。

推荐阅读

Kai G, Xu H, Zhou C, et al. Metabolic engineering tanshinone biosynthetic pathway in *Salvia miltiorrhiza* hairy root cultures. Metabolic Engineering, 2011, 13: 319−327.

点评：丹参酮是一种广泛应用于心血管疾病治疗的活性二萜。该研究通过农杆菌介导将丹参酮生物合成有关的 *SmGGPPS* 和 / 或 *SmHMGR* 和 *SmDXS* 基因转入丹参 *Salvia miltiorrhiza* 毛状根中并过表达，可以显著地提高丹参酮的产量，丹参酮产量最高（约 2.727 mg/g dw）。通过多毛根的代谢工程实现丹参酮的含量和抗氧化活性提高。

1. Canter P H, Thomas H, Ernst E, et al. Bringing medicinal plants into cultivation: opportunities and challenges for biotechnology. Trends in Biotechnology, 2005, 23: 180−185.

点评：该文对药用植物的大规模人工培养的机遇与挑战，从生物技术角度进行了全面综述。对于我们合理开发利用自然界药用植物资源具有借鉴作用。

3. Rao S R, Ravishankar G A. Plant cell cultures: Chemical factories of secondary metabolites. Biotechnology Advances, 2002, 20: 101−153.

点评：该文综述了通过植物细胞、毛状根等培养生产高附加值次级代谢产物（例如药物与食品添加剂）的相关进展与技术。细胞与转基因毛状根培养是潜在的主要途径，尤其是生物合成途径的代谢工程产生高值次级代谢产物代表了一个主要前沿方向。

4. Georgiev M I, Weber J, Maciuk A, et al. Bioprocessing of plant cell cultures for mass production of targeted compounds. Applied Microbiology and Biotechnology, 2009, 83: 809−823.

点评：植物细胞培养是制备植物高附加值代谢产物的有效途径。该文系统综述了采用植物细胞大规模培养生产目标化合物的生物过程相关技术与问题。

网上更多学习资源……

◆教学课件　◆参考文献

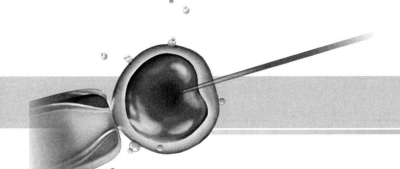

8 微藻培养与应用

  藻类有着高等植物、微生物所不同的特点与独特的应用领域，在现代生物技术中有着不可替代的位置。本章针对易于大规模培养的微藻细胞培养技术及在医药、能源、食品等领域的应用进行介绍。

▶▶ **知识导读**

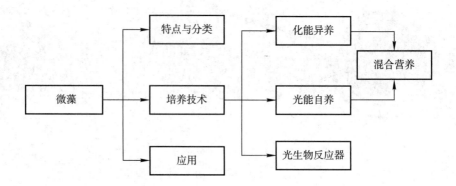

▶▶ **关键词**

微藻 光生物反应器 生物能源

8.1 微藻特点与分类

藻类分为原核藻类和真核藻类，含有叶绿体，可以进行光合作用。

微藻（microalgae）一般是指那些在显微镜下才能辨别形态微小的藻类。

迄今已知的藻类有 30 000 余种，其中微藻约占 70%。微藻细胞微小、形态多样、适应强、分布广泛。微藻有原核微藻和真核微藻两大类。根据微藻生长环境可分为水生微藻、陆生微藻和气生微藻三种生态类群。水生微藻又有淡水生和海水生之分，根据分布又可分为浮游微藻和底栖微藻。

微藻具有以下特点：

① 利用太阳能和 CO_2 通过光合作用生产有机物，生长速度快、效率高、能耗低。

② 微藻提取有效成分不需要复杂的前处理。

③ 种类多，许多微藻可产生有生理活性的化合物。

④ 可以利用贫瘠土地、盐碱地等极端环境。

⑤ 微藻培养简单，容易产业化。

微藻主要的营养方式是光自养，但是微藻也存在其他的营养模式。微藻营养模式总结于表 8-1。

由于微藻种类繁多，生长特性各异，本文所指的微藻只限于那些已工业化生产或有应用价值、能大量培养的种类。国内外现在已可以大量培养的微藻见表 8-2，分别属于 4 个门：蓝藻门、绿藻门、金藻门和红藻门。

▎**教学视频 8-1**

微藻特点与应用

表 8-1 微藻营养模式

营养模式	能源	碳源
光能自养 photoautotrophy	光照	CO_2
混合营养 mixotrophy/ 兼性异养 facultative heterotrophy	光照	有机碳和 CO_2
光能异养 photoheterotrophy	光照	有机碳
化能异养 chemoheterotrophy	有机物	有机碳

表 8-2　大量培养的微藻及其用途

门类	属名	用途
蓝藻门	组囊藻	分子遗传学实验材料
	集球藻	分子遗传学实验材料
	集胞藻	分子遗传学实验材料
	螺旋藻	保健食品
	鱼腥藻	生物肥料
绿藻门	杜氏藻	生产 β- 胡萝卜素、甘油
	衣藻	分子遗传学实验材料
	红球藻	生产虾青素
	小球藻	保健食品
	栅藻	保健食品
金藻门	等鞭金藻	饵料
	角毛藻	饵料
	褐枝藻	饵料
	骨条藻	饵料
	菱形藻	饵料
红藻门	紫球藻	胞外多糖及天然红色素来源
	蔷薇藻	胞外多糖及天然红色素来源

8.1.1　蓝藻门

蓝藻门（Cyanophyta）是能进行光合作用的原核生物，一般呈蓝色。有 1 个纲——蓝藻纲和 3 个目。蓝藻门在大约 35 亿年前就已在地球上出现。蓝藻和细菌在细胞结构与生物化学性质方面很类似，结构简单，无真正的细胞核和细胞器，主要通过细胞分裂进行增殖，能进行光合作用放出 O_2。蓝藻的光合作用色素含有高等植物具有的叶绿素 a，光合作用系统也包括光系统 I 和光系统 II。

8.1.2　绿藻门

绿藻门（Chlorophyta）有 1 个纲——绿藻纲和 16 个目，涉及微藻的有团藻目和绿球藻目。绿藻的光合作用色素系统与高等植物相似，含有叶绿素 a、叶绿素 b、叶黄素和胡萝卜素。藻体形态多样，包括单细胞、群体、丝状体等。绿藻细胞具有明显的细胞器，其中色素体是绿藻最显著的细胞器。绿藻的生殖方式有 3 种：营养繁殖、无性生殖、有性生殖。

8.1.3　金藻门

金藻门（Chrysophyta）主要有 2 个纲：普林藻纲和硅藻纲。普林藻纲多数为运动单细胞，具有 2 条等长或不等长的尾鞭形鞭毛；少数为由残存的母细胞壁构成的分枝丝状体或胶状假丝状体。硅藻纲最显著的特征是细胞壁高度硅质化而成为坚硬的壳体，壳面有各种细致的花纹。硅藻细胞色素体呈黄绿色或黄褐色。

8.1.4　红藻门

红藻门（Rhodophyta）有 1 个纲——红藻纲和 2 个亚纲：紫菜亚纲和红藻亚纲。红藻门光合色素

思考

微藻与微生物和植物有怎样的区别和联系？

教学视频 8-2
微藻生物技术背景

系统中除叶绿素 a 外，还含有丰富的藻红素和藻蓝素，藻体常为紫红色，也有绿色、蓝绿色或浅褐色。藻体为单细胞、不规则群体，呈简单丝体、分枝丝状或垫状。红藻的繁殖有无性生殖和有性生殖。

8.2 微藻培养

8.2.1 光能自养培养

光能自养（photoautotrophy）以光作为能量同化 CO_2 为糖类，生长繁殖。

微藻光自养培养的一般生产流程如图 8-1 所示。大规模生产中一般采用半连续式培养方式，定期向培养液中补加消耗较大的营养盐，收获藻细胞后培养液再循环使用。

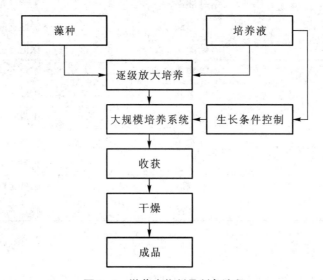

图 8-1　微藻生物制品制备流程

藻种　目前世界上大规模培养的经济型微藻主要有螺旋藻、小球藻和杜氏藻三种，能在高碱、高盐、高温等极端环境条件下较好生长。

培养基　对于淡水微藻的大规模培养，培养基一般采用自来水或天然湖泊水配制，添加微藻生长需要的营养盐如：碳酸氢钠、硝酸钠、磷酸盐、氯化钠及一些微量元素等。为降低生产成本，常采用工业级小苏打、尿素等作为营养。对于海洋微藻或经过驯化的海水藻种要采用天然海水或人工海水培养。营养盐消耗是当今微藻养殖业生产成本较高的一个主要因素。

培养系统　微藻培养有开放式、半封闭式与封闭式三种方式，培养系统包括天然湖泊、敞开式跑道池、管道式或平板式等形式的光生物反应器。一般采用机械搅拌、鼓泡或气升循环的搅拌方式。

生长条件控制　对于微藻户外培养而言，温度、光照、溶解氧、藻液、营养状况、生物量浓度等都是重要的生长参数，培养过程中应经常检测。其中可控因素包括藻液 pH、生物量浓度、营养盐以及搅拌、收获时间和方式的选择等；温度、光照两个因素对微藻生长影响显著，但完全由气候条件决定最难控制。虽然可以采取搭盖透光薄膜控制温度、遮盖遮阴材料控制强光照射，但是仅限于小规模的跑道池，对于较大规模的跑道池不太实际，会进一步增加本已较高的生产成本。对于密闭的管道式光生物反应器可以通过喷水、浸没在水中、以及利用热交换设备来控制温度，可以通过调节朝向太阳的角度提高光能吸收。

收获　由于微藻一般个体很小（一般只有几微米），很难高效收集。所以，大规模微藻培养的一个主要困难来自收获，这是除了营养消耗以外，造成微藻产品高成本的另一个主要因素。目前采用的收获手段主要有过滤、离心、沉降、絮凝、浮选等。由于离心收获的成本高，沉降和絮凝又会引入一些化学物质，而浮选对设备和技术的要求较高，所有这些都限制了它们在生产中的广泛应用。过滤是最常采用的微藻收获手段。目前采用的过滤装置主要有倾斜筛和振动筛，一般为 200 ~ 300 目，可根据微藻种类和浓度进行选择，也可直接采用筛绢、布或微孔滤网过滤。过滤后所得的藻泥需用干净的水冲洗多次以除去藻体表面的无机盐。

干燥　收获、水洗后所得藻泥一般含有 90% ~ 95% 的水分，如果不直接用于提取、分离制备生化产品，需进一步干燥制成藻粉。通常采用喷雾干燥方法制备藻粉，其它方法还有转鼓干燥、真空冷冻干燥、太阳晒干等。前三种方法虽然能很好地保持微藻自身的营养组成，但是成本较高；后者只适用于低级产品如饵料等的生产。喷雾干燥后所得的藻粉可以直接加工成片剂、丸剂、胶囊产品，或用于其他深加工产品。

目前以光能自养大规模培养的微藻主要包括螺旋藻、小球藻和杜氏藻。

8.2.1.1　螺旋藻

螺旋藻（*Spirulina*）是蓝藻门、蓝藻纲、段殖藻目、颤藻科的一个属，是一种多细胞、微型、不分枝、无异形胞的螺旋状体；藻丝长 50 ~ 500 μm，细胞直径 1 ~ 12 μm；其活体形似螺旋。靠分裂增殖，光合自养生活。生长于热带高温的碱性湖水中，在地球上已有 35 亿年的历史，是现存最古老的生物之一。目前已知这个属有约 36 个种，而且多为淡水种。当今世界上用于大规模生产的螺旋藻有两种：钝顶螺旋藻（*Spirulina platensis*）和极大螺旋藻（*Spirulina maxima*）。一般来讲，室外培养极大螺旋藻的产量要较高于钝顶螺旋藻。

螺旋藻的生长具有高温度、高碱度、高光照、高盐度的特点，这决定了螺旋藻独特的生长条件。在土壤、沼泽、淡水、海水和温泉中都有发现。在一些不适合其他生物生长的极端环境，如高盐高碱的湖泊中也能正常生长。螺旋藻适于生长的温度为 28 ~ 37℃，最佳范围在 35 ~ 37℃，最高生长温度可达 40℃，最低生长温度为 15℃，所以能耐受较低的夜间温度。螺旋藻适于生长的 pH 范围为 8.5 ~ 10.5，最佳生长 pH 为 9.5 ~ 10.5。螺旋藻能很好地耐受 pH 的变化，当 pH 接近 12 时仍能生长。螺旋藻的最佳光照强度范围为 20 ~ 30 klx，但在 100 klx 的高光强下生长仍未受到限制，并有强的抗紫外线能力。钝顶螺旋藻在含盐 20 ~ 70 g/L 的水中生长最佳。

螺旋藻是一种光合自养生物，生长需要 C、H、N、O、P、S 等大量元素和其他微量元素。螺旋藻可利用 CO_2，在光照下固定 CO_2 形成糖原，并以糖原颗粒形式储存起来。法国石油研究所首先从分析非洲乍得湖湖水的成分开始，于 1967 年研制成功螺旋藻培养用合成培养基配方。培养基主要以碳酸氢钠为碳源。螺旋藻具有固氮能力，可通过固氮酶的催化反应固定和还原空气中的氮，但硝酸盐是螺旋藻培养基的主要氮源，其优点是比较稳定、不易挥发。当硝酸盐和铵盐同时存在时，螺旋藻优先利用铵盐。螺旋藻还能利用蛋白胨生长。多聚精氨酸和藻蓝蛋白是氮源在螺旋藻体内的主要储存形式，当氮源缺乏时，藻蓝蛋白又可分解。螺旋藻在生长过程中能吸收大量的磷，在藻体内形成聚磷颗粒。Na^+ 和 K^+ 是螺旋藻生长的必需元素。室外大规模生产一般采用简单配制的培养液，只需向淡水中添加某些微藻生长必需、而水体中缺乏的营养盐。为降低生产成本可采用一些工业级的粗营养盐如小苏打、农用化肥等。培养液是循环使用的，一般每年只需完全更换 3 ~ 6 次。利用天然碱性湖泊进行养殖也是降低生产成本的一条有效途径。

螺旋藻最早发现于非洲乍得湖，世界上第一个螺旋藻工厂于 1968 年在墨西哥的 Texcoco 湖畔建成。螺旋藻的大规模生产系统主要包括：

① 利用天然湖沼和池塘：利用天然湖沼养殖是最原始的生产方式，对设备条件要求很低，湖水的肥力可由其自然恢复，但是，目前发现的可培养螺旋藻的天然湖泊非常有限，因而具有局限性。

② 利用开放式培养池：敞开式跑道池是当前最普通的培养方式（图 10-2）。特点是造价低廉，技术水平要求不高，但是受地理位置和气候影响显著，具有很强的季节性。

③ 封闭式生物反应器生产：主要是管道式生物反应器。与开放式培养池比较，管道式反应器受环境条件影响较小，产品的产量和质量基本上都有保障。在内陆的沙漠化地区和气候条件较为恶劣的地区，比较适合进行以管道式生物反应器为主的螺旋藻或其他微藻类的生产。

8.2.1.2 小球藻

小球藻（Chlorella）属于绿藻门、绿藻纲、绿球藻目、卵孢藻科的小球藻属，有 10 多个种。细胞形态为圆形或椭圆形，细胞直径 2~12 μm。

小球藻最早由荷兰微生物学家贝京瑞克（Beijerinck）于 1890 年分离得到纯种。20 世纪 40 年代后期，为解决二战期间的能源问题和战后的饥饿问题，美国、日本、德国和以色列等国开始小球藻培养的研究工作。20 世纪 60 年代，美国和俄罗斯开始了以小球藻作为宇宙飞船的气体交换器方面的研究。世界上首家小球藻公司于 1964 年在我国台湾成立。

小球藻能利用碳酸盐和 CO_2 光合自养生长，也能进行异养和兼性异养培养（也称为混合营养培养）。硝酸盐是小球藻培养的一种普通氮源。当采用硝酸铵作为氮源时，小球藻优先利用铵离子，这是因为藻类吸收铵离子所需的能量比吸收硝酸根离子要少。尽管如此，一般还是普遍选择硝酸盐而不是选择铵盐作为小球藻生长的氮源。这一方面是因为高浓度铵盐具有毒性，另一方面铵盐会引起培养 pH 急剧下降，从而引起细胞死亡。对于小球藻培养，尿素是也一个很好的有机氮源。

小球藻是重要的产业化微藻之一，其规模培养主要有敞开式跑道池培养系统、封闭式光生物反应器系统。同螺旋藻一样，敞开式跑道池光自养培养仍是小球藻大规模生产的主要方式。在这种开放式系统中仍存在难以维持纯种培养、易污染、产品质量不稳定等问题。此外，因为小球藻的细胞直径仅为 2~10 μm，收集更困难，花费也较高，因此收获是整个生产过程的"瓶颈"环节，是大规模生产急需要解决的问题。

8.2.1.3 杜氏藻

杜氏藻（Dunaliella）是绿藻门、多鞭藻科的一个属，是为纪念迪纳（Dunal）于 1837 年首次报道高盐水库中的红色是由于一种微藻而产生的这一发现而命名的。杜氏藻的细胞通常为卵形单细胞，长 5~15 μm，宽 5~10 μm，依靠两根长鞭毛运动。杜氏藻没有细胞壁，当外界渗透压发生变化时，其形态可变成球形至纺锤形。

杜氏藻对盐、光照具有较强的适应性，在自然界分布很广。耐高盐是其主要特征，它能在各种盐浓度的培养基中生长，从低盐浓度（0.1 mol/L）的海水至饱和盐溶液（5 mol/L）中都能生长；在 1~2 mol/L 的盐浓度时杜氏藻生长最佳。杜氏藻因积累大量的 β– 胡萝卜素而显橘红色。另外，杜氏藻在生长过程中还能产生大量甘油。因此，杜氏藻可作为制备 β– 胡萝卜素和甘油的原料用于工业化生产。

杜氏藻营严格的光合自养生长，利用无机碳源，在黑暗中不能利用醋酸盐或葡萄糖。除碳源外，还需要提供氮和磷。其中磷的浓度一般维持在较低水平，因为过高时易产生磷酸钙沉淀。由于 β– 胡萝卜素的积聚一般出现在高光照、生长速率受限制的时候，因此生产中常采用限制氮的供给来获得最大产量的 β– 胡萝卜素。

杜氏藻能耐受从 0~45℃ 的温度变化，最适生长温度为 25~30℃。温度变化对细胞内的甘油含量有影响，同时甘油从细胞内的释放也与温度有关。低于 25℃ 时培养基中几乎没有甘油，而高于 25℃ 时，甘油从细胞向培养基的释放随温度的增高而增加。杜氏藻最适生长 pH 为 7~9。

目前杜氏藻的商业化生产多采用敞开式跑道池与天然咸水湖，细胞浓度一般可达 200~600 mg/L。敞开式跑道池生产系统的培养液一般采用新鲜淡水、海水来配制，可通过添加盐以达到需要的盐浓度。

杜氏藻微小的体积使收获过程成为高成本的主要因素。离心、过滤是目前广泛使用的杜氏藻收获方法。絮凝法与浮选法也可用于杜氏藻的收获。铝盐在 150 mg/L 时对杜氏藻的絮凝有效，但因絮凝剂的安全性问题而使絮凝法受到限制。由于 β– 胡萝卜素对光降解和氧化比较敏感，在后期干燥、加工和储存过程中应注意尽量减少损失。

8.2.2 微藻的异养 / 兼性异养

异养（heterotrophy）是指在无光照条件下，利用外源有机物包括糖类、蛋白水解物、有机酸等生长。

兼性异养（facultative heterotrophy）也可称为混合营养（mixotrophy），是指在有光照的条件下，既利用 CO_2 进行光合作用又利用外源有机物生长。

只能进行光自养的微藻被称为专性光自养型（obligate photoautotrophs）微藻，既具有光自养能力又具有化能异养代谢能力的微藻被称为兼性异养型（facultative heterotrophs）微藻。许多原来被认为是专性光自养的微藻，现已被证明是兼性异养微藻。此外，还发现了一些专性异养型（obligate heterotrophs）微藻。在微藻的蓝藻门、红藻门、绿藻门、褐藻门、金藻门、甲藻门、隐藻门、裸藻门中都有兼性异养微藻存在，其中以绿藻门和硅藻门中分布最为普遍。可异养培养的藻种可从已有的微藻株中筛选、通过诱变育种、细胞融合等手段改造获得，主要用于高价值的生物活性物质的生产。

与光自养相比，异养 / 兼性异养方式具有以下优势：

① 微藻生长速度快、细胞密度高。在异养培养时，微藻细胞密度可达到或接近大肠杆菌及酵母的浓度。

② 从工业化角度分析，异养培养系统更便于生产过程的控制及稳定生产。在封闭的生物反应器中进行微藻异养培养不但可实现纯种培养而且可保证生产的重复性和连续性。

③ 解除了光对微藻生长的限制，降低了微藻生产成本。

④ 微藻异养培养可采用微生物培养中的成熟技术及设备，易于规模放大，加快微藻及其产品的产业化进程。

20 世纪 50 年代开始微藻利用有机物的研究。进入 20 世纪 80 年代以后，由于微藻开发利用的需要，如何利用微藻的异养 / 混合营养特性进行微藻的高密度培养成为微藻研究领域的热点。20 世纪 90 年代，DHA/EPA 及微藻饵料的异养培养已初步实现了工业化生产。

目前微藻异养 / 兼性异养的方式有分批培养（batch culture）、半连续培养（semi-continous culture）及灌注培养（perfusion culture），其中分批培养和半连续培养已在饵料微藻培养及 DHA/EPA 的工业生产中得到应用。异养 / 兼性异养用培养基一般是在光能自养培养基的基础上添加葡萄糖、乙酸盐等碳水化合物、蛋白水解物、B 族维生素（作为生长刺激因子）等几类物质。

微藻异养培养可采用微生物培养用发酵罐，培养海洋微藻的反应器材料需能耐受海水的腐蚀，而兼性异养则可利用封闭式光生物反应器进行。

饵料微藻中的金藻、绿藻、硅藻中都有可以异养培养的种类。通过异养培养改可以使藻细胞密度显著提高。微藻的生化组成决定了异养培养的饵料微藻的实际应用效果。除了藻种本身的特性，能影响微藻生化组成的主要因素有培养基组成，特别是有机氮源和 C/N 比。与异养培养相比，兼性异养能提高藻细胞中的色素含量。

8.2.3 敞开式跑道池培养系统

培养池用水泥或黏土为底，也可用塑料膜衬里覆盖；以自然光为光源，借电力或风力带动桨叶轮搅拌培养液，桨轮直径从 0.7 ~ 2 m 不等；也可通入空气或 CO_2 气体进行鼓泡式搅拌（图 8-2）。培养液一般深 15 ~ 30 cm。敞开式跑道池培养系统具有投资少、操作简单等优点。但同时也具有易受外界环境，条件变化的影响，易污染，培养效率低，收获费用高，占地面积大等不足。生产中常在池体上方覆盖一些透光薄膜类的材料，使之成为封闭池，这样水分蒸发及污染大大减少，但长期使用会使光线透过率降低。同时，覆盖材料也使单位面积的投资费用增加。敞开式跑道池培养系统只能适用于附加值较低的微藻产品的生产，而且培养对象有限。

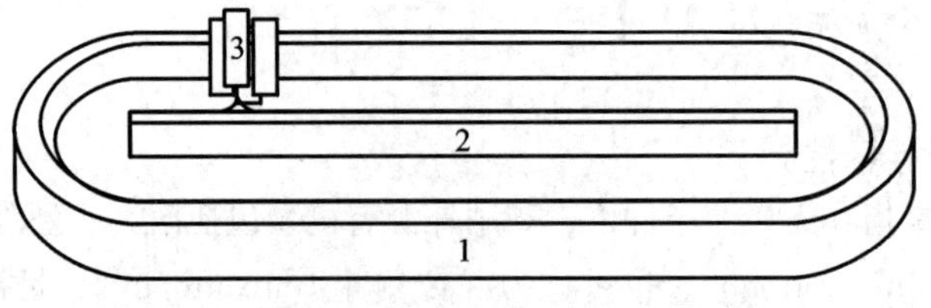

图 8-2 敞开式跑道池微藻培养系统示意图
1. 池壁；2. 导流壁；3. 桨叶轮

8.2.4 光生物反应器

光生物反应器（photobioreactor）是设计有光源系统的主体为透明材料的生物反应器，主要用于可进行光合作用的微藻、植物细胞、光合细菌的培养。

封闭式光生物反应器开发的另一个推动力是这种反应器可用于宇宙开发。用封闭式光生物反应器培养微藻，可以提供给宇航员食物和 O_2，同时，微藻又可利用宇航员呼出的 CO_2 或排泄的废物来生长。同敞开式培养系统相比，封闭式光生物反应器具有以下优点：

① 培养密度高，收获效率也显著提高。

② 培养条件易于控制，易于实现高密度培养，对代谢产物积累有利。

③ 无污染，可实现纯种培养。

④ 不受地域环境限制，生产期长。

⑤ 适合于所有微藻的光自养培养，尤其适合于微藻代谢产物产品的生产。

封闭式光生物反应器的种类如表 8-3 所示。意大利、法国、英国、美国、日本、德国、以色列、加拿大和俄罗斯等国家开发的外部光源封闭式光生物反应器大多为管道式和板式，并已经商品化。由于封闭式光生物反应器生产系统的投资较高，其应用受到一定限制，仅适用于一些高附加值产品，如微藻代谢产物、医药、同位素示踪化学品、基因工程微藻培养，以及为敞开式跑道池培养系统提供藻种。与植物细胞一样，微藻对于剪切力比较敏感，因此多采用气动式光生物反应器，包括管道式、柱状和扁平箱式三种。

表 8-3 封闭式光生物反应器分类

主体形状	光源位置	光源性质	搅拌形式	其他
管道式 （水平式/垂直式）	外光源	太阳光	机械式	磁处理 光生物反应器
扁平箱式/平板式 （水平式、垂直式）	外光源	普通荧光灯	鼓泡式/气升式	浅层溢流 光生物反应器
圆筒式/园柱式	内、外部光源	发光二极管/光导纤维	气升式/鼓泡式	

8.3 微藻应用

8.3.1 微藻生物能源

现有能源主要是石油、煤、天然气，属于不可再生的能源。石油等化石能源的大量消耗已经造成了严重的环境污染，对全球的生态环境造成了恶劣影响。污染再加上石油资源日益缺乏，必须需要寻找新的能源途径。近年来，可再生能源受到极大关注，生物柴油、生物氢能是近年来迅速发展的新兴的生物能源。

左栏边注：

▶ **教学视频 8-3**
微藻培养技术

🦚 **科技视野 8-1**
微藻培养新技术

◆ **知识拓展 8-1**
几种光生物反应器

思考
微藻培养与微生物发酵有怎样的异同？

◆ **知识拓展 8-2**
微藻生物炼制

◆ **知识拓展 8-3**
生物燃料

8.3.1.1　藻类生物柴油

生物柴油（biodiesel）是脂肪酸与甲醇进行酯交换生成的脂肪酸甲酯，具有污染小、可再生、可以使用现有发动机、性能高等优点。

绿色植物中草本油料作物的含油量较高，收获的种子存储和加工较简便，所以欧美各国多采用大豆和油菜籽作为生物柴油的原料。例如：美国采用大豆油生产的生物柴油已经被能源部列为清洁能源，在城市公共交通中推广使用。欧洲采用油菜籽油生产的生物柴油在 2003 年已经达到 230 万 t。我国人口众多，还要从国外进口大豆生产食物油以满足人民日常生活的需求。其他非食用油料作物可以作为生物柴油的生产原料，但也会与农作物争地、争水、争肥。

木本油料植物可利用荒地、山岭，不与农作物争地，还可以绿化环境、改良生态。现在已经在这方面取得不错进展。然而，树木的含油果实一般一年只收获一次，而且存储成本较高，所以以此为原料进行生物柴油生产会受到季节限制。

生物柴油的现有生产技术一直受限于成本及植物油、动物油脂等原料的供应。藻类由于相对于传统的油料作物生长速度快，并且不会对粮食作物的生长构成威胁，所以是很有发展前景的生产生物柴油的原料。培养藻类生产生物柴油具有以下优点：

① 生长周期短、速度快。藻类是最原始的生物之一，不像高等植物有根、茎、花、叶、果的分化，通常呈单细胞、丝状体，结构简单，整个生物体都能进行光合作用，所以光合作用效率高。

② 不与农作物争夺土地。由于藻类养殖可以在海洋中进行，还可以利用盐碱地、沿海滩涂等一般植物不能生长的土地。

③ 如果培养条件合适可以整年生产，并能通过培养条件控制保证高的含油量。

④ 可降低温室效应，污染少。藻类生物柴油是藻类光合作用同化 CO_2 的产物，产品中含硫和氮较少，会对大气造成污染。

1978 年，美国能源部就立项利用藻类制备生物柴油的研发工作，从海洋和湖泊中分离了多种生长快、含油高的硅藻、绿藻和蓝藻。经过驯化，其中一些藻类含油率可达到 60%。为了进一步提高藻类的含油量，开展生理生化水平上的调控和利用基因工程技术提高藻类油脂含量的研究也在开展。

近年来，微藻培养技术的发展使微藻的培养成本与收获成本已显著降低，而且世界石油的价格近年来迅速增加。同时，通过利用农产品废弃物来培育一些特殊藻类，发展低成本的藻类转化为生物柴油的新工艺，以及利用基因工程、代谢工程技术提高藻类脂肪酸含量，都将克服原来微藻生物柴油的成本问题，这为大力发展藻类生物柴油提供了可能。

▶▶ 教学视频 8-4

微藻生物柴油

8.3.1.2　藻类生物制氢

氢是一种优质燃料，已在航天器、导弹、火箭等方面得到应用。用氢能取代碳氢化合物能源，将是一个重要的发展趋势。作为能源，氢有以下特点：

① 重量最轻。

② 热值高。

③ 燃烧速度快。

④ 来源广。例如空气、水都是潜在来源。

⑤ 品质纯洁。氢本身无色、无臭、无毒，十分纯净，它自身燃烧后主要产物是水。燃烧后所生成的水，还可继续制氢，反复循环使用。

⑥ 能量形式多。氢通过燃烧可以产生热能，再转换成机械能；也可以通过燃料电池和燃气蒸汽涡轮发电机转换成电能；还可以转换成固态氢。

⑦ 储运便捷。氢可以用气态、液态或固态的形式加以运输和贮存。

生物制氢的方法大致有两种：藻类、光合细菌通过光合作用产氢，主要依靠水解水来产生氢气，称为光合生物制氢；兼性厌氧细菌分解有机物发酵产氢。

光合生物制氢能量来源是太阳能，氢来源是水或有机物。由于光合生物制氢以阳光为动力，以水或有机物为制氢底物，成本相对低廉，是一种非常有前途的生物制氢方法。

光合生物产氢的生物包括蓝藻、绿藻、红藻、褐藻和光合细菌。

产氢过程中的关键酶有氢酶和固氮酶。氢酶分为可溶性氢酶、膜结合态氢酶。根据催化特性，氢酶可以分为吸氢酶、放氢酶；根据所含金属离子情况，有 NiFe- 氢酶、Fe- 氢酶。伴随着固氮反应的进行，固氮酶催化依赖 ATP 的非可逆性放氢。大多数蓝藻具有氢酶活性。在合适的电子载体存在下，多数氢酶能够催化吸氢或者放氢反应。

蓝藻具有氢代谢途径，在自养或异养条件下都能产氢。是理想的光合生物制氢的原料。但是目前还存在一些限制，例如光合放氧对氢酶有抑制作用，吸氢酶会使氢的产量降低。

绿藻是一类低等的真核光合生物，绿藻光合放氢是由 Fe- 氢酶催化的，对氧非常敏感，因此在自然条件下产氢持续时间非常短。绿藻能在硫缺乏时仍能生存，当培养基中缺乏硫元素时，PSII 光化学反应活性降低，产生氧气的速率低于呼吸作用消耗的氧，此时氧对 Fe- 氢酶的抑制降低，产氢速度加快并能维持较长时间。

一般情况下，由于质子是氢酶催化反应的底物或者产物，因此较低的 pH 利于氢酶催化放氢，较高的 pH 利于氢酶催化吸氢。一般而言，氢酶在低温下比较稳定。氧对氢酶有抑制，可以通过加快气体扩散的方法降低体系中氧气的浓度，也可以采用一些氧吸附剂，但是在大规模制备氢气时还需要寻找更好的方法。一氧化碳对大多数氢酶有抑制，某些重金属如汞、酮对氢酶也有抑制作用。

思考

当前微藻生物能源的限制性因素有哪些？

目前，生物制氢研究还处于基础研究和初级应用研究阶段，大规模应用还需要揭示相关机制并解决一些技术问题。对于光合生物制氢，主要问题是：①由于氢酶对氧气敏感，无法实现连续的放氢；②放氢效率低；③相关机制还不够清楚；④无法按照需要进行控制；⑤生物反应器研究比较欠缺。

今后研究的重点有：①获得抗氧的氢酶突变体藻种；②高效的细胞固定化技术，提高光能利用效率；③设计高效的生物制氢生物反应器；④优化现有工艺技术；⑤加强产氢机制研究。

8.3.2 微藻生物活性物质

知识拓展 8-4

微藻生产 EPA、DHA

微藻中含有丰富的蛋白质、多不饱和脂肪酸、维生素、多糖、矿物质等。以螺旋藻为例，含有丰富的蛋白质、藻蓝蛋白、γ- 亚麻酸、多糖、β- 胡萝卜素、微量元素等，螺旋藻中的叶绿素、叶黄素和藻蓝素及盐藻中的类胡萝卜素含量比较高。

教学视频 8-5

微藻色素制备

微藻中的许多生物活性物质具有抗肿瘤、抗病毒、抗真菌、防治心血管疾病、防治老年人痴呆症等功能。例如：多不饱和脂肪酸（EPA/DHA）可预防动脉硬化、血栓形成和高血压，对大脑发育和增强记忆有重要作用。β- 胡萝卜素具有防癌、预防心血管疾病、提高机体免疫力、抗衰老等作用。藻胆蛋白具有抗癌作用。螺旋藻多糖具有减少辐射损伤、保护造血功能、增强免疫力、抗肿瘤等特性。

科技视野 1-1

蓝细菌代谢工程

8.3.3 水产饵料

微藻含有丰富的不饱和脂肪酸以及比较罕见的色素，是水产养殖中的重要饵料。一些微藻（如雨生红球藻）产生的虾青素对人工养殖的虾和鱼（虹鳟和鲑鱼）有很好的着色作用，所以微藻可用在观赏动物的养殖中提高观赏性。

8.3.4 微藻基因工程

随着藻类基因工程的快速发展，一些外源基因在微藻中得到了表达，这样就有可能通过大量培养基因工程藻生产一些高附加值产物，如金属硫蛋白（MT）、人肿瘤坏死因子等。利用微藻作为表达系统生产基因工程产物具有产物分离纯化简单、大部分微藻无毒可直接食用等优点。以产生金属硫蛋白的基因工程微藻为例，它在医药、功能食品以及环境保护方面等有着广泛用处。

8.3.5 其他应用

微藻的多糖如紫球藻多糖可作为黏合剂、增稠剂或乳化剂。杜氏藻可以用来生产甘油等化工产品。海洋隐藻可以产生大量的腊脂作为润滑油。微藻是新型酶制剂潜在来源。微藻在环保中的应用主要包括污水处理（如去除重金属污染）和废气（CO_2）、废热利用等。农业方面，微藻具有固氮作用，可作为生物肥料使用。微藻产生的一些分泌物可作植物生长的调节剂。微藻大多数是光能自养型生物，它可和人形成一个生态系统，即人呼出的 CO_2 可供微藻生长，而微藻产生的 O_2 可供人体呼吸之用，这使得微藻在航天方面具有重要的开发价值。

思考

利用微藻制备生物制品有怎样的优点？

▶▶ **教学视频 8−6**
微藻应用面临的问题

💬 开放讨论题

分析讨论藻类生物能源的优势与瓶颈。

❓ 思考题

1. 举一例说明微藻大规模培养的工艺技术及应用。
2. 分析讨论微藻大规模培养及产品开发的限制性因素。

📚 推荐阅读

1. Hata N，Ogbonna J C，Yutaka Hasegawa Y，et al. Production of astaxanthin by *Haematococcus pluvialis* in a sequential heterotrophic-photoautotrophic culture. Journal of Applied Phycology，2001，13：395−402.

点评：该研究报道了采用异养 – 光合自养工艺培养雨生红球藻 *Haematococcus pluvialis* 生产虾青素。在异养培养过程中，雨生红球藻转化为囊状细胞。通过分批补加工艺使细胞增加。当从异养转化为光合自养，细胞数量下降，细胞被包囊并积累虾青素。

2. Bajhaiya A K，Moreira J Z，Pittman J K，et al. Transcriptional engineering of microalgae：prospects for high-value chemicals. Trends in Biotechnology，2017，35：95−99.

点评：微藻种类多样，富含结构多样的代谢产物，在药物、食品、能源、化工等很多领域具有应用价值。

3. Lam G P，Vermuë M H，Eppink M H M. et al. Multi-product microalgae biorefineries：from concept towards reality. Trends in Biotechnology，2018，36：216−227.

点评：尽管微藻具有潜在的巨大的开发利用价值，但具有经济性的大规模培养生产相关产品还存在很多局限。以多产品同时生产为目的的微藻生物炼制代表了一个发展方向，然而成本是一个主要问题。降低微藻培养、分离等过程的生产成本依然是一个主要努力方向。

网上更多学习资源……

◆教学课件　◆参考文献

动物细胞生物制药

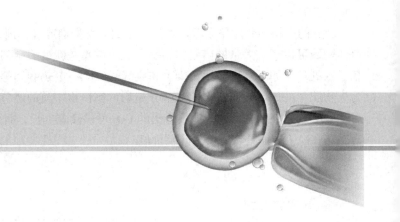

　　直接利用动物细胞或者经过改造的动物细胞生产医药产品是当今生物制药的一个重要发展方向，已经在疫苗、蛋白类药物等领域获得了应用。本章针对动物细胞培养技术及其在生物制药中的相关应用进行介绍。

▶▶ 知识导读

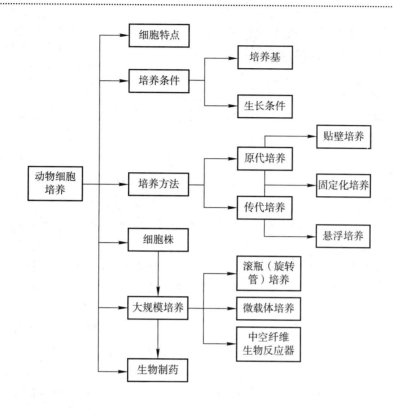

▶▶ 关键词

贴壁培养　原代培养　传代培养　微载体　灌注式培养　杂交瘤技术

9.1　动物细胞培养

动物细胞培养（animal cell culture）是模拟体内生理环境使分离的动物细胞在体外生存、增殖的一门技术。

动物细胞培养是在动物组织培养基础上发展起来的。1907 年，美国生物学家哈里森（Harrison）采用盖玻片覆盖凹窝玻璃悬滴培养法将蛙胚的神经组织培养在淋巴液中，存活了几周时间，并观察到细胞突起的生长过程，开创了动物组织培养的先河。1923 年法国学者卡雷尔（Carrel）将自行设计的卡氏培养瓶用于培养鸡胚的心肌组织取得成功，推动了动物细胞培养技术的建立。1950 年摩根（Morgan）等开发出 199 合成培养基。随着培养方法、培养装置和培养基的不断完善，动物细胞体外培养技术日益成熟。

动物细胞培养是现代生物制药的重要技术之一，不仅可以用于以动物细胞为宿主细胞表达生产原核细胞所不能加工的药用重组蛋白，尤其是那些分子量较大、结构较复杂或糖基化（glycosylated）的蛋白质，而且还可以用于生产人用或兽用病毒疫苗，或者培养细胞生产用于临床细胞治疗。此外，动物细胞培养还是许多细胞工程技术及相关产品开发和生产的支撑技术，例如：

知识拓展 9–1
动物细胞培养发展历史中的重要事件

科学家 9–1
哈里森

科学家 9–2
卡雷尔

① 为新型药物的研究与开发提供细胞筛选及药物评价模型。

② 为细胞组成、结构、形态、生长、分化与其他生物学功能的研究提供细胞材料。

③ 为基因重组、细胞融合或改造等提供细胞材料。

④ 为体外构建工程化组织或器官提供种子细胞。

⑤ 为胚胎工程、核移植动物培育提供支撑技术。

▶▶ 教学视频 9-1

动物细胞培养特点

9.1.1 动物细胞体外生长特征

动物细胞没有细胞壁，对剪切力和渗透压变化敏感。当进行体外培养时，动物细胞的生长和增殖既遵循其体内固有的生物学特征，同时也因受到体外培养环境的影响，表现出与体内生长行为的差异。

动物细胞体外生长具有以下特点：

① 体外培养一代通常经历延迟期、对数生长期、稳定期、衰退期四个阶段。

② 正常体细胞体外培养的生命期有限，而转化细胞具无限生长能力。

③ 大多数动物细胞都属于贴壁依赖性细胞，需要贴附在介质表面才能生长，只有少数细胞为非贴壁依赖性细胞，可以悬浮生长。

④ 对于正常的贴壁依赖型细胞，细胞相互接触后产生接触抑制，继而影响细胞增殖。

⑤ 在动物细胞体外大规模培养过程中，任何能影响细胞正常生长和代谢的环境压力均有可能成为诱发细胞凋亡的因素。

根据体外培养的细胞生长方式，动物细胞可分为贴壁依赖性细胞和非贴壁依赖性细胞两大类。贴壁依赖性细胞（anchorage-dependent cell）是指必须附着在某一固相介质表面才能生长的细胞。依据体外培养时细胞贴附的形态，贴壁依赖性细胞主要可分为以下四类：

成纤维型细胞　细胞贴壁后呈长梭形，圆形细胞核位于中央，生长呈放射状或漩涡状走向。细胞之间排列疏散，有较大的细胞间隙。如成纤维细胞、心肌细胞、成骨细胞、间充质细胞、小鼠胚胎的 NIH 3T3 细胞、小鼠结缔组织的 L929 细胞等。

上皮型细胞　细胞贴壁后呈三角形及不规则扁平的多角形，中央有扁圆形细胞核，细胞之间彼此紧密连接，呈"铺路石样"。如皮肤表皮细胞、血管内皮细胞、人胚肾 HEK293 细胞、人肝脏组织的 HepG2 细胞等。

游走型细胞　细胞在培养介质上分散生长，一般不连接成片或形成集落，呈活跃的游走和变形运动，速度快且方向不固定，外形不规则且不断变化。如颗粒性白细胞、淋巴细胞、单核细胞、巨噬细胞以及某些肿瘤细胞等。

多形型细胞　形态上不规则，一般分胞体和胞突两部分，其中胞体呈多角形，胞突为细长形，类似丝状伪足。如神经元和神经胶质细胞等。

贴壁依赖性细胞接种至培养介质表面后，在合适的条件下细胞与培养介质表面形成一些接触点；随着接触面的增大，细胞形成伪足；完全贴附于培养介质表面后，细胞继续铺展，呈放射状伸展，并随细胞生长形态不断发生变化（图 9-1）。经过数天培养后，细胞可铺满整个培养介质表面，形成致密的细胞单层。

接触抑制（contact inhibition）是指细胞因相互接触而抑制细胞运动继而影响细胞生长的现象。接触抑制是正常的动物细胞体外培养的生长特性之一。由于这个特性，正常细胞并不会相互重叠生长，而呈现单层生长。而恶性转化细胞如癌细胞等因接触抑制消除，会形成多层生长，造成细胞三维堆积（图 9-2）。因此，接触抑制可以作为正常细胞与恶性转化细胞的区别标志之一。

与微生物、植物细胞都可以悬浮生长不同，动物细胞中只有极少数细胞在体外生长时不需要贴壁于培养介质表面，可在培养液中悬浮生长，这类细胞称之为非贴壁依赖性细胞（anchorage-independent cell），或悬浮型细胞（suspension cell）。血液白细胞、淋巴细胞、某些肿瘤细胞等属于此类细胞。

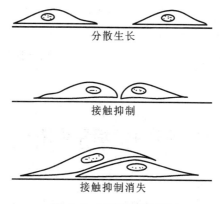

分散生长

接触抑制

接触抑制消失

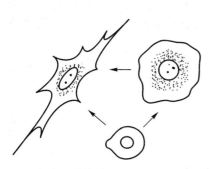

图 9-1　细胞在培养介质表面贴附过程　　　　图 9-2　细胞的接触抑制

（引自：鄂征，组织培养和分子分子细胞学技术，1995）

　　贴壁依赖性细胞和非贴壁依赖性细胞不是一成不变的，在适当的环境下可以转换。例如，培养在含血清培养基中的 CHO 细胞为贴壁依赖性细胞；而在无血清培养基中培养时，该细胞转变为非贴壁依赖性细胞，可悬浮生长。

　　密度抑制（density inhibition）是指细胞培养过程中因营养物耗竭或代谢副产物累积而抑制细胞增殖，继而导致细胞分裂停止，造成细胞死亡的现象。无论是贴壁依赖性细胞还是非贴壁依赖性细胞，在体外培养过程中随着细胞生长和增殖，培养液中的营养物不断被消耗，代谢副产物不断积累，如果不及时补充新鲜培养基或进行细胞传代，培养环境将进一步恶化，进而影响细胞生长，甚至造成细胞死亡。

9.1.2　遗传学特征

　　离体的动物细胞在体外培养过程中常会发生遗传学特征改变，包括细胞转化、细胞分化等。

　　细胞转化（cell transformation）是指体外细胞培养中细胞发生遗传性的改变，即涉及 DNA 或基因的改变，通过细胞转化，细胞获得了持久的增殖能力。

　　在体外培养的正常细胞大多具有有限的生命期，这些细胞被称作有限细胞系（finite cell line 或 limited cell line），即在体外培养的生存期有限而不能无限传代的细胞系。然而，在体外细胞长期培养过程中，有时因为一些不明原因或人为操作，细胞发生转化，特别是处于传代期或刚进入衰退期的细胞突然获得新的增殖能力，具有永生性（immortalization），这样的细胞称作无限细胞系（infinite cell line），即在体外可以持续生存并具有无限繁殖能力的细胞系。无限细胞系又称连续细胞系（continuous cell line）。

　　细胞转化可以分为一般转化和恶性转化。对于正常的二倍体细胞，经过一般转化，细胞具永生性，核型为异倍体；细胞呈单层生长，伸展良好，生长具方向性且有接触抑制；细胞易黏附于培养介质表面；在软琼脂中不生长，无致瘤性。如果是恶性转化，细胞同样具永生性，核型为异倍体；但细胞生长时伸展性较差，接触抑制消失，可重叠生长；细胞的黏附性较差，易从培养介质表面脱落；能够在软琼脂中生长，具致瘤性。

◆ 知识拓展 9-2
细胞转化

　　细胞分化（cell differentiation）是指在个体发育中，一种类型的细胞经过分裂逐渐在细胞间产生形态结构、生化特征和生理功能等方面稳定性的差异，最终形成各不相同的细胞类群的过程。细胞分化是基因在时间和空间上选择性表达的结果，其一方面受细胞所处微环境的影响，另一方面也受细胞本身内在机制的影响。

　　干细胞是一类能进行自我更新能力和多向分化潜能的细胞，在体外培养过程中，干细胞通过自发分化和定向诱导分化，形成一种或多种成熟的功能细胞。而对于一些已分化的细胞，在体外一定的培

思考

分析比较动物细胞与植物、微生物的异同。

养条件下常会失去原有组织特有的结构和功能，表现出具有原谱系未分化细胞的特性，这一现象称作细胞去分化（cell dedifferentiation）。此外，把一种组织的成体干细胞诱导分化成另一种组织的干细胞或功能细胞，或者把一种类型的成体细胞诱导为另一组织的功能细胞，称作为细胞转分化（cell transdifferentiation）。

▶▶ 教学视频 9-2

动物细胞培养条件

9.2 动物细胞体外培养条件

9.2.1 培养基

动物细胞培养基提供细胞生长、增殖、代谢、合成所需产物或维持细胞正常生理功能的营养物质和原料，为动物细胞培养提供所必需的环境条件。根据组成成分的性质，动物细胞培养基可分为天然培养基、合成培养基、无血清培养基三大类，其所含的主要成分如下：

糖类 是构成细胞物质碳骨架的主要成分并提供细胞生长代谢所需的能量。动物细胞培养基中最常被添加的糖是葡萄糖，它是一种能被细胞快速消耗利用的六碳糖；也可采用其他六碳糖（如岩藻糖、半乳糖、甘露糖等）替代葡萄糖，但细胞对各类糖的利用具有选择性。大多数动物细胞以葡萄糖作为主要碳源，通过糖酵解、三羧酸循环等，为细胞的生物合成提供前体物质和能量；通过磷酸戊糖途径合成五碳糖（核糖）和 NADPH 储能物质。

氨基酸 是细胞培养基中最主要的氮源、碳源物质和重要的能源物质，并用于合成蛋白质。对于细胞体外培养而言，精氨酸、半胱氨酸（或胱氨酸）、组氨酸、异亮氨酸、亮氨酸、赖氨酸、甲硫氨酸、苯丙氨酸、苏氨酸、色氨酸、酪氨酸、缬氨酸和／或谷氨酰胺为必需氨基酸，一般需要添加；而丙氨酸、天冬酰胺、天冬氨酸、谷氨酸、甘氨酸、脯氨酸、丝氨酸为非必需氨基酸，细胞可自身合成，在培养过程中根据细胞代谢合理选择添加策略。

维生素 是维持细胞生长的重要活性物质，对细胞代谢起调节和控制作用。生物素、叶酸、烟酰胺、泛酸、吡哆醇、核黄素、硫胺素、维生素 B、肌醇等是许多培养基的必需成分。B 族维生素大多是细胞内各种酶的辅酶或辅基组成成分，维生素 C 可抑制活性氧的产生并促进胶原合成。脂溶性维生素对细胞生长有促进作用，一般可以从血清中获得。

🔍 发现之路 9-1

维生素培养基优化

大量元素和微量元素 细胞除了需要钾、钠、钙、镁、氮和磷等基本元素外，还需要铁、锌、硒等微量元素。基本元素构成细胞的组成成分，调节渗透压，维持细胞内外离子梯度和氧化还原电位等。微量元素大部分作为酶的辅基成分或作为其他活性蛋白的活性中心组成成分。其中铁与很多参与 DNA 复制和细胞代谢的酶有关，锌离子是胰岛素的替代物，硒则是谷胱甘肽过氧化物酶的辅因子，铜、钒、钴、镍和锡等对细胞在无蛋白培养基中长期稳定培养具有重要作用。

9.2.1.1 天然培养基

天然培养基（natural medium）是指来源于动物体液或从机体中分离、提取而制成的培养基。在动物细胞培养中使用的天然培养基包括血清、血浆、淋巴液、组织提取液、鸡胚汁等。天然培养基营养丰富，培养效果好，但成分复杂，批次差异大，来源有限，还可能受病原体污染。

血清（serum）是目前细胞培养中最常用和最有效的天然培养基成分。血清主要来源于牛血清和马血清等，其中牛血清还可分为胎牛血清、新生牛血清和小牛血清等。须经过外观、蛋白质含量、病毒、支原体、克隆率及渗透压等指标检测后达一定标准的血清才能使用。血清中含有许多支持细胞生长和维持细胞生物学性状的成分，包括蛋白质、氨基酸、葡萄糖、激素、生长因子等。在含有的各种蛋白质中，白蛋白作为脂质物质和矿物质的载体，纤连蛋白促进细胞贴壁，α2-巨球蛋白为胰酶抑制剂，转铁蛋白能运载铁离子。血清中含有的氨基酸、糖类、核苷、脂质、维生素等营养物质可以弥补合成培养基中不足的成分。胰岛素、氢化可的松、甲状腺素等激素能够刺激细胞生长，诱导细胞分化。血清中还含有多种生长因子，例如：表皮生长因子（epidermal growth factor，EGF）、成纤维细胞生长因子（fibroblast growth factor，FGF）、血小板生长因子（platelet-derived growth factor，PDGF）、类胰岛素生长因子（insulin-like growth factor，IGF）等。

血清的功能主要有以下方面：

① 提供细胞生存、生长和增殖所需的生长因子及激素。

② 补充合成培养基中没有的或量不足的营养成分。

③ 提供载体蛋白、维生素、脂质和金属离子等。

④ 提供细胞贴附因子和基质成分。

⑤ 提供良好的缓冲系统。

⑥ 提供蛋白酶抑制剂，保护细胞免受死亡细胞所释放的蛋白酶损伤。

尽管目前动物细胞培养中大多需要使用血清，且绝大多数细胞在含血清的培养基中生长良好。但是血清的使用存在以下问题：

① 来源有限，价格昂贵，特别是胎牛血清。

② 批次之间不稳定，存在病原体污染的风险。

③ 动物血清成分复杂且不稳定，使细胞生长过程不易检测控制。

④ 存在大量蛋白质和未知成分，对后期培养产物的分离、纯化及检测造成一定困难。

9.2.1.2 合成培养基

合成培养基（synthetic medium）是通过对动物体液成分和细胞生长所需成分分析研究基础上，设计开发的适宜动物细胞体外培养的培养基。

合成培养基组成成分明确，各培养基配方恒定，便于对细胞培养过程进行分析和调控。由于成分相对简单，若要支持细胞生长和增殖，需要在合成培养基中添加天然培养基，通常加入 5%～20% 的血清。商业化合成培养基种类繁多，不同种类的合成培养基中组成成分及浓度不一样，应根据培养细胞的类型和培养目的进行选择。目前常用的合成培养基包括：M199、MEM、DMEM、RPMI1640、F12 等（见附录 2）。

🔍 发现之路 9-2
化学合成培养基

M199 培养基　由摩根（Morgan）等于 1950 年开发，是较早研制的合成培养基，最初为培养鸡胚组织而设计。该培养基还有含有 69 种成分，还有葡萄糖、氨基酸、维生素、核酸衍生物、脂质、生长激素、硝酸铁等。

MEM 培养基　厄尔利（Eagle）继 1955 年开发了 BME（basic medium eagle）培养基后，在此基础上增加了大部分已有的氨基酸量，形成 MEM（minimal essential medium）培养基。该培养基含有氨基酸、维生素、无机盐以及其他必需的营养物等，组成成分简单。

🖋 科学家 9-3
厄尔利

DMEM 培养基　杜尔贝科（Dulbecco）等在 MEM 培养基的基础上增加了氨基酸的量，并将维生素的量提高至 4 倍，研制成 DMEM（Dulbecco's modified eagle's medium）培养基。根据葡萄糖的含量，该培养基分为低糖（1 000 mg/L）和高糖（4 500 mg/L）两种。

🖋 科学家 9-4
杜尔贝科

RPMI1640 培养基　由摩尔（Moor）等为淋巴细胞培养而设计。RPMI 是当时他们工作的研究所（Roswell Park Memorial Institute）第一个字母缩写而成。经过 RPMI1630、1634 改良而研制成 RPMI1640 培养基。该培养基含有平衡盐、21 种氨基酸、维生素及其他营养成分，组分简单，广泛用于多种细胞的培养。

Ham's F-12 培养基　哈姆（Ham）等针对小鼠体细胞培养设计而成。1963 年改良成 F-10 培养基，在该培养基中加入白蛋白和胎球蛋白后可以实现无血清培养 CHO 细胞。通过对 F-10 培养基各成分浓度的优化，进一步开发了 F-12 培养基，其特点是适合单细胞分离培养，需要的血清量少，因此是无血清培养基常用的基础培养基。

🖋 科学家 9-5
哈姆

9.2.1.3 无血清培养基

虽然含血清培养基能支持细胞增殖，但在一些基础研究和临床应用中却受到限制。因此，经历了天然培养基和合成培养基后，在20世纪60年代开始出现了无血清培养基。无血清培养基（serum free medium，SFM）是不含血清的动物细胞培养基。早期的无血清培养基由基础培养基和血清替代物组成。

（1）基础培养基

许多合成培养基都可以作为无血清培养基的基础培养基，较常用的是DMEM/F12培养基，两者以1∶1混合。

（2）血清替代物

主要包括促贴壁成分、促生长因子、结合蛋白与转运蛋白、酶抑制剂等，以替代血清的功能，支持细胞生长。

促贴壁成分 是指能帮助和促进细胞贴附于培养介质上的物质，保证在无血清培养基中培养贴壁依赖性细胞。常用的促细胞贴壁成分有胶原蛋白、纤连蛋白、层粘连蛋白、多聚赖氨酸等，一般采用磷酸盐缓冲液（phosphate buffer solution，PBS）配制。其中纤连蛋白、层粘连蛋白等胞外基质成分还具有刺激细胞生长和维持细胞功能等作用。

生长因子 具有促进细胞生长的作用，以支持细胞在无血清培养基中生长。胰岛素是最常见的生长因子类无血清培养基的添加剂，能促进细胞利用葡萄糖和尿嘧啶，促进RNA、蛋白质和脂质的合成；血小板生长因子具有刺激细胞分裂的活性。

结合蛋白与转运蛋白 常见的有牛血清白蛋白和转铁蛋白等。转铁蛋白是一种结合铁离子的糖蛋白，也是最常见的无血清添加剂。转铁蛋白与细胞表面特定受体结合可以帮助铁离子穿过质膜；另外，该蛋白还有螯合有害金属离子的作用。牛血清白蛋白是细胞增殖、分化和产物表达需要的外源脂质或脂质前体的载体，还具有运载微量元素、激素和多肽生长因子的作用，帮助细胞抵抗 H_2O_2 的氧化损伤、螯合过量微量元素起解毒作用等。

其他成分 在贴壁依赖性细胞传代时大多需要使用胰蛋白酶消化，因此，无血清培养基中必须添加酶抑制剂以终止胰蛋白酶活性。最常用的有大豆胰蛋白酶抑制剂。

在无血清培养基中有时还需要添加其他成分，有乙醇胺、2-巯基乙醇、硒、胆固醇、蚕豆磷脂、低密度脂蛋白、酪蛋白、睾丸激素、过氧化氢酶、亚油酸二脂、氢化可的松、硫辛酸、腐胺、次黄嘌呤和胸腺嘧啶等。

早期开发的无血清培养基含有各种动物蛋白，且添加物的化学成分不明确。目前无血清培养基的研制朝无动物来源和化学成分明确的方向发展，由此开发了无动物源性成分的无血清培养基、无蛋白培养基和化学组分确定的无血清培养基。

无动物源性成分的无血清培养基（animal protein-free SFM）是指去除了传统无血清培养基中动物来源的成分，但仍允许含有重组蛋白和植物蛋白水解物的无血清培养基。

无蛋白培养基（protein-free medium）是指无血清培养基中不含有大分子的蛋白添加剂，但含有来源于植物蛋白的水解片段或合成多肽片段等。为了支持细胞生长，无蛋白培养基中常添加微量元素、生长激素、抗氧化剂和脂质前体等，但对培养的细胞有高度的特异性。

知识拓展9-3

动物细胞培养基发展历史

化学组分确定的无血清培养基（chemically-defined SFM）是指不添加任何蛋白水解物和动物来源的成分，培养基成分和性质明确的无血清培养基。该培养基是目前被公认为最安全和理想的培养基，可以严格保证各批次间的一致性，但只适于少数细胞，且个性化要求较高。

9.2.1.4 其他溶液

平衡盐溶液（balanced salt solution，BSS） 主要由无机盐组成，具有维持细胞渗透压、调控培养液酸碱平衡的功能。BSS中加入少量酚红指示剂以直观显示培养液pH的改变。Hanks液和Earle液是两种常用的BSS溶液，前者缓冲能力较弱，后者缓冲能力较强。如若用于分离或消化组织，则选用无

Ca^{2+}、Mg^{2+} 的 BSS。

pH 调整液　细胞对培养环境的酸碱度要求十分严格。大部分合成培养液都呈微酸性，培养前一定要用 pH 调整液将培养基的 pH 调到所需范围。由于配制的培养基经过滤除菌或使用、存放一段时间后 CO_2 逸出，致使 pH 升高，因此培养基在使用前需调整 pH。常用 pH 调整液有 $NaHCO_3$ 溶液、HEPES 溶液、NaOH 溶液、HCl 溶液等。

细胞消化液　主要用于解离组织块以获得离散的单个细胞，或进行传代培养时使细胞脱离贴附介质表面以获得单个细胞悬液。常用的细胞消化液为胰蛋白酶和二乙胺四乙酸二钠（EDTA），通常胰蛋白酶的使用浓度为 1.25 mg/mL 或 2.5 mg/mL，EDTA 的使用浓度为 0.2 mg/mL。

抗生素溶液　细胞培养过程中，常在培养液中加入适量的抗生素以防止微生物污染。常用抗生素有青霉素、链霉素、卡那霉素、制霉菌素等，培养液中青霉素的使用浓度为 100 U/mL，链霉素的使用浓度为 100 μg/mL。

9.2.1.5　培养基配制

目前普遍使用市售的干粉型培养基，配制时需要注意：

① 根据产品说明及培养要求补充需要添加的成分，血清和抗生素一般使用时添加。

② 采用三蒸水或超纯水充分溶解，配制过程中保证每一种成分充分溶解。

③ 配制好的培养基应立即过滤除菌，个别培养基可采用高压灭菌。

④ 将培养基无菌保存于 4℃ 冰箱，暂不使用的培养基应储存于 −20℃ 冰箱。

9.2.2　影响细胞生长的环境因素

体外动物细胞培养就是模拟细胞在体内所处的微环境，使之在体外生存、生长、增殖并维持其结构和功能的培养技术。除了保证在无菌环境下进行细胞培养以及提供合适的培养基之外，温度、pH、渗透压、气体等也会影响细胞生长。

9.2.2.1　温度

大部分哺乳类动物细胞体外培养的适宜温度为 36.5℃，鸟类细胞的培养温度为 38.5℃，而昆虫细胞的培养温度较低，为 26.5℃。冷水和温水鱼细胞的培养温度较低，分别为 20℃ 和 26℃。偏离培养的适宜温度，细胞的正常生长及代谢将会受到影响。若细胞短暂处于 39～40℃，其受到的伤害尚可恢复，如果培养温度达 43℃ 以上，细胞很快便会死亡。高温对细胞生长的影响主要通过酶的失活、细胞结构的破坏等产生。动物细胞对低温的耐受性要比对高温的耐受性强，低温下细胞的生长代谢速率降低，恢复到适宜温度后细胞能继续生长，因此细胞储存通常采用冷冻保存技术进行。

9.2.2.2　pH

合适的 pH 是细胞生存的必要条件之一，细胞种类不同对 pH 的要求不同，哺乳动物细胞为 7.1～7.3，昆虫细胞为 6.1～6.3。一般而言，当 pH 低于 6.8 或高于 7.6 时细胞生长会受到影响，甚至导致死亡。原代细胞对 pH 变化耐受能力较差；多数类型的细胞对偏酸性环境的耐受性较强，而在偏碱的条件下很快死亡。动物细胞生长过程中不断消耗葡萄糖，生成乳酸和 CO_2，培养液的 pH 逐渐下降，常采用添加含 $NaHCO_3$ 的 PBS、Hanks 以及羟乙基哌嗪乙烷磺酸溶液（HEPES）等缓冲液，加之反应器中的气体控制，以维持培养液 pH 的稳定。

9.2.2.3　渗透压

动物细胞没有细胞壁，对培养环境的渗透压非常敏感。在高渗透压或低渗透压溶液中细胞会发生皱缩或肿胀，甚至破裂，故保持培养液具有与细胞体内环境相似的渗透压非常重要。人血浆正常的渗透压范围为 280～290 mOsm/kg，鼠细胞的渗透压为 320 mOsm/kg 左右。一般而言，培养液的渗透压在 260～320 mOsm/kg 范围内适合于大多数动物细胞的体外生长。培养液的渗透压可以通过调节培养液中的无机盐离子的种类和浓度进行。

9.2.2.4 气体

细胞的生长代谢离不开气体，主要包括 O_2 和 CO_2。无论在高氧还是低氧条件下，细胞常通过糖酵解过程获得能量。大多数细胞在缺氧的条件下不能生存，但一些干细胞在低氧条件下能维持其干性。氧浓度过高也会对细胞产生毒性，从而抑制细胞生长。动物细胞培养过程中溶解氧一般控制在 5% ~ 80%（空气饱和度）。CO_2 既是细胞的代谢产物，也为细胞生长所必需，还可起调节 pH 的作用。在细胞培养过程中，特别是对于大规模细胞培养，CO_2 过多累积使培养液的 pH 下降，继而影响细胞生长和产物表达。当细胞置于 CO_2 培养箱中培养时，可根据需要设置 CO_2 的比例，一般控制在 95% 的空气和 5% 的 CO_2。

9.2.3 培养器具

动物细胞培养所用的器皿远比植物细胞、微生物细胞复杂。多数采用玻璃或无毒塑料制成的培养瓶、培养皿、培养板、培养管等（图 9-3），且有多种规格，如常见的培养板有 6 孔、24 孔和 96 孔等。常用仪器设备包括 CO_2 培养箱、倒置显微镜、超净工作台等。

同微生物、植物细胞培养不同，动物细胞培养使用的培养基与其他溶液大多不能经受高温灭菌，多采用过滤除菌，因此需要特殊的滤器。一种不锈钢的 Zeiss 板式滤器如图 9-4 所示，主要采用在一定压力下使培养液经过一定孔径的滤膜，从而达到除菌目的。少量液体的过滤除菌可以采用针头式的小滤器。

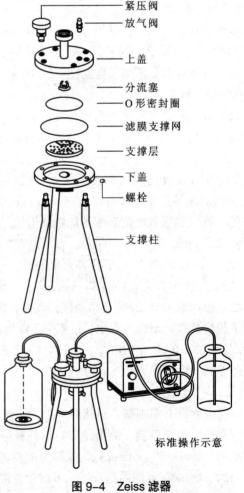

紧压阀
放气阀
上盖
分流塞
O 形密封圈
滤膜支撑网
支撑层
下盖
螺栓
支撑柱

标准操作示意

图 9-4 Zeiss 滤器
（引自：李青旺，动物细胞工程与实践，2005）

图 9-3 动物细胞培养的器皿

9.3 动物细胞培养方式

动物细胞培养可以分为贴壁培养、悬浮培养、固定化培养三大类。

▶▶▶ 教学视频 9-3
动物细胞培养方式

9.3.1 贴壁培养

贴壁培养（adherent culture）是指细胞贴附在一定的固相介质表面进行的培养。贴壁培养的优点是：培养装置构造简单，操作简便，使用方便；易更换培养液，且无需采用特殊方法截留细胞；适用于贴壁依赖性细胞的培养。贴壁培养的缺点是：扩大培养受限；占用空间大；培养环境难以调控；比较难进行细胞生长实时监测。

9.3.1.1 贴壁细胞生长

贴壁细胞的生长一般经历以下几个步骤：

游离期　经过细胞消化，细胞质回缩，各种形状的细胞变圆，接种至培养器皿后细胞在培养液中呈悬浮状。

吸附期　不同类型的细胞的贴壁时间有所差异，多数细胞都可在 24 h 内贴壁。血清中含有促细胞贴壁的成分，如冷析球蛋白（cold insoluble globulin）、纤连蛋白（fibronectin）、胶原蛋白（collagen）等。这些带正电荷的促细胞贴壁因子易吸附于培养介质表面，呈悬浮态的细胞与培养介质接触后，通过电荷的相互作用以及细胞跨膜黏附受体与贴壁因子的相互作用，使细胞在培养介质表面附着并铺展。细胞状态不好、培养基偏酸或偏碱、培养瓶不洁等都不利于细胞贴壁。

繁殖期　细胞贴壁后经过一段停滞期后开始分裂。随着细胞数量的增多，细胞间开始接触并连接成片，影响细胞迁移和生长，表现出接触抑制。

退化期　随着细胞培养的进行，部分营养物耗竭，同时代谢副产物积累至一定的浓度，呈现密度抑制现象，影响细胞的生长和活性，细胞开始退化。此时细胞轮廓开始清晰，细胞内有膨胀的线粒体颗粒堆积。如不及时传代，细胞因死亡而从培养介质上脱落。

9.3.1.2 贴附介质

贴壁依赖性细胞的生长需要可供贴附的表面介质。对于细胞贴附介质要求具有净阳电荷、亲水性和高度表面活性。制造细胞贴附介质的材料主要有：

玻璃　是最常用的贴附介质材料，细胞培养用的方瓶、转瓶、滚瓶等多为玻璃制品，主要材质用为明矾-硅硼酸钠玻璃。用于细胞培养的玻璃制品具有透光性强、易于清洗、可进行干热或湿热灭菌、反复使用等优点。但反复使用后会降低细胞的贴壁率，可以用稀醋酸镁溶液浸泡数小时、双蒸水冲洗、高压灭菌处理后，继续使用。

塑料　常用的材料有聚丙乙烯、聚苯乙烯、聚乙烯、聚氯乙烯等，表面经不同的预处理，满足不同类型细胞培养的需要。塑料材质易于加工成各类多孔板、方瓶、培养皿，因而被广泛用于细胞培养。但制成的培养器皿多为一次性使用，耗量大，成本高。

为了帮助细胞在贴附介质表面的黏附和铺展，并进一步促进细胞生长，常在培养介质表面预铺促细胞贴壁的物质或在无血清培养基中补充贴壁因子，这些促细胞贴壁的成分包括：胶原蛋白、纤连蛋白、层粘连蛋白、氨基多糖、血清扩展因子等。血清中因含有贴壁因子，故采用含血清培养基培养细胞时无需额外添加。

9.3.2 悬浮培养

悬浮培养（suspension culture）是指细胞在培养容器中自由悬浮生长。主要适于非贴壁依赖性细胞培养，如杂交瘤细胞、血液白细胞、淋巴细胞、某些肿瘤细胞等，这些细胞在离体培养时不需附着物，只需悬浮于培养液中就可以良好生长。此外，还有一些细胞虽属于贴壁依赖性细胞，但在一些条件下如无血清培养基中可进行悬浮培养。

在动物细胞悬浮培养中，由于细胞传代时无需消化、贴附等步骤，培养系统中无需使用细胞贴附介质，培养过程操作简单，并可显著降低细胞培养成本，同时简化了生物反应器系统的设计、放大和操作。因此，悬浮细胞培养是目前大规模动物细胞培养生产生物医药产品最为常用的技术。

贴壁依赖性细胞可贴附于微载体上或者包裹在微囊中，携有细胞的微载体或微囊可在生物反应器中进行悬浮培养，从而实现细胞规模化扩增和相关产品的生产。

9.3.3 固定化培养

知识拓展 9-4
固定化培养技术

思考
动物细胞培养与微生物、植物细胞培养有怎样的异同？

教学视频 9-4
动物细胞小规模培养

固定化培养（immobilized culture）是利用物理或化学方法使细胞限制于某一特定空间范围内进行培养的技术。该技术既适于贴壁依赖性细胞也适于非贴壁依赖性细胞的培养，具有培养基更新方便、细胞生长密度高、抗剪切力和抗污染能力强、产物易于收集和分离纯化、免疫隔离等优点。细胞固定化方法包括吸附法、共价贴附法、细胞絮凝法、包埋法、微囊法等。

微囊化培养（microencapsulation culture）是用一层亲水性的半透膜将酶、辅酶、蛋白质等生物大分子或动植物细胞包围在珠状的微囊里，从而使得酶等生物大分子和细胞不能从微囊里逸出，而小分子的物质、培养基的营养物质可以自由出入半透膜，达到催化或培养的目的。微囊化是一种将细胞固定化技术。20世纪80年代初，利姆（Lim）和萨姆（Sum）研制了适于动物细胞生长繁殖的微囊，该微囊所用的材料主要是海藻酸盐和多聚赖氨酸。海藻酸盐的纯度、黏度以及各成分的比例影响微囊的形成；多聚赖氨酸分子量（通常在 40 000 ~ 80 000 之间）、浓度、与海藻酸钠凝胶球的混合时间、溶液 pH 和温度等会影响微囊膜的孔径、膜的渗透性。

9.4 动物细胞原代培养

接种组织块直接长出单层细胞或将组织分散成单个细胞再进行培养，在首次传代前的培养称为原代培养（primary culture）。

原代培养一般持续 1 ~ 4 周。在此阶段，细胞有分裂但不旺盛，细胞多呈二倍体核型，这样的细胞称为原代细胞（primary cell）。

原代培养的优点：组织和细胞刚离体，生物性状尚未发生很大变化，在一定程度上能反映体内的形态和特征。在供体来源充分、生物学条件稳定的情况下，原代细胞是很好的实验材料，例如药物测试、研究细胞分化等。原代培养也是建立各种细胞系（株）必经的阶段。原代培养的取材非常重要，一般需要注意以下问题：

① 选择性取材：尽量选取分化程度低、容易培养的组织，例如胚胎、新生组织等。
② 使用新鲜材料并注意保鲜：取材后一般 6 h 内分离细胞，这样比较容易培养成功。
③ 取材应该严格无菌：一般采用高浓度的抗生素溶液处理。
④ 防止细胞机械损伤：使用锋利的器械时要注意减少对细胞的机械损伤。
⑤ 避免组织干燥：操作在含有少量培养液的器皿中进行。

9.4.1 组织块原代培养

组织块原代培养是比较常用的简易的原代培养方法，也是早期动物细胞培养方法。

9.4.1.1 组织块获得

处死动物，取出组织块放入容器中，用剪刀将组织块剪碎成 1 mm³ 大小的细块，用吸管吸取 Hanks 溶液，冲下剪刀上的碎块，补加 3 ~ 5 mL 的 Hanks 溶液，用吸管轻轻吸打，低速离心，弃去上清液，收集组织块。

9.4.1.2 原代培养

准备好培养瓶，用吸管吸出组织块并放入培养瓶内，一般每小块组织间隔为 0.2 ~ 0.5 cm，使其均匀贴在瓶壁上。然后将贴有组织块的瓶壁朝上，加入培养液，塞上瓶塞，倾斜置于 37℃ 的 CO_2 培养箱内培养。2 ~ 4 h 后，将培养瓶缓慢翻转平放，静置培养。如果组织块不易贴壁，可先在瓶内壁涂一层鼠尾胶原。开始培养时，培养液不宜太多，保持组织块湿润即可。24 h 后再补充培养液，3 ~ 5 d 后更换培养液。通常组织块贴壁后 24 h 细胞就从组织块四周长出，培养 5 ~ 7 d 组织块中央的组织细胞逐渐坏死脱落，组织块四周的贴壁细胞也逐渐形成层片。

9.4.2 细胞原代培养

9.4.2.1 酶解制备单细胞

根据不同的组织对象采用适当的酶消化液获得动物细胞进行培养。胚胎等组织细胞潜伏期短，第二天即可见生长，一周便可接连成片；成体组织来源的细胞潜伏期长，一般要一周以上才可成片生长。最常用的酶有胰蛋白酶和胶原酶等。EDTA 适合消化传代细胞，常与胰蛋白酶一起使用。

胰蛋白酶（trypsin） 胰蛋白酶分离自牛、猪等动物的胰脏，呈黄色粉末状，极易潮解，需冷藏干燥保存。胰蛋白酶作用于与赖氨酸或精氨酸相连接的肽键，降解细胞间粘蛋白及糖蛋白，从而使细胞分离。胰蛋白酶溶液浓度一般为 0.1 ~ 5 mg/mL，在 pH 8.0、37℃ 时胰蛋白酶效果最好。消化时间一般为 0.5 ~ 2 h，如处理时间较长对细胞活性影响。血清、Ca^{2+} 和 Mg^{2+} 对其有影响。胰蛋白酶适合于细胞间质较少的软组织的消化，例如：胚胎、羊膜、上皮、肝、肾以及传代细胞等。用含血清培养液可终止其对细胞的消化作用。

胶原酶（collagenase） 胶原酶对胶原和细胞间质有较强的消化作用，适用于消化纤维组织、上皮组织等。一般用 BSS 和含血清培养基配制成 200 U/mL 或 0.1 ~ 0.3 mg/mL 浓度。pH 6.5 ~ 7.0，处理时间一般为 1 ~ 12 h。作用温和，对细胞影响较小，无需机械振荡。血清、Ca^{2+} 和 Mg^{2+} 对其没有影响。

其他生物酶 链霉蛋白酶、骨胶原酶、透明质酸酶等也可用于消化细胞。但价格昂贵、保存困难，只用于特殊种类的细胞消化。

乙二胺四乙酸二钠（EDTA）溶液 EDTA 为一种化学螯合剂，其溶液又称 Versen 液。对细胞具一定的非酶性解离作用。因经济方便、毒性小、易配制而成为常用的消化液。常用浓度为 0.2 mg/mL，个别细胞系要求较高的浓度。在消化新鲜组织或消化传代细胞时，将 EDTA 与胰蛋白酶按不同体积比例混合（1∶1 或 2∶1）使用可以获得较好的效果。

对某些软组织如肿瘤胚胎、脑等无需采用酶溶液消化组织，通过简单的方式即可离散组织，收获细胞。对于此类组织，可将组织块放入注射器玻璃管中挤压至组织块基本消散，也可用不同规格的网筛挤压组织块至离散，用培养液悬浮细胞。

9.4.2.2 细胞原代培养方法

以骨骼肌细胞为例，处死动物，分离大腿肌肉，切成 0.3 ~ 0.5 cm 小块。用不含钙、镁离子的 Hanks 溶液配制的胰蛋白酶消化液消化，采用孔径为 45 μm 的无菌尼龙筛网收集细胞。按照约 2×10^6 个细胞浓度接种至预铺明胶的培养皿上并进行培养。培养液采用 MEM 或 DMEM，添加血清、鸡胚（培育 10 d）提取液等。

接种数小时后，多数细胞就可以贴壁，主要为单核的肌细胞，呈梭形。前 2 d 是细胞增殖的主要时期，无明显细胞融合。2 d 后，细胞进入快速融合期，多核细胞的快速生长导致纤维网的形成。数

▶▶教学视频 9-5
动物细胞原代传代
培养

天后细胞融合结束。之后再经 1 d 可以观察到纤维的自发收缩现象，再培养 1~2 d 后，骨骼肌细胞的特征横纹开始变得明显。有时可以用肉眼看到细胞收缩现象。在适当条件下，细胞增殖一代的时间为 11~13 h。由于成肌细胞比非成肌细胞贴壁慢，可以利用这个差别去除混杂的非成肌细胞。

9.5 动物细胞传代培养

动物细胞体外培养一般经过组织获得与消化、接种、原代培养、传代培养几个环节。细胞体外生长过程大致如图 9-5 所示。

传代培养（passage culture/subculture）是指将原代培养的细胞继续转接培养的过程。通过传代培养，可以实现细胞体外大量增殖以及细胞系的建立。图 9-5 的传代间隔时间因培养的细胞不同而有所不同。

每进行一次分离再培养称为传一代。这里的传代代数与细胞代数或倍增次数不同，"一代"是指从细胞接种培养到分离再培养期间的一段时间。培养一代细胞约能倍增 3~6 次。通常情况下，传至 5~10 代以内的细胞称为次代培养细胞，传至 10~20 代以上的细胞称为传代细胞系。一般情况下，当传代 10~50 次后，细胞增殖逐渐缓慢，最终完全停止，之后进入衰退期。

9.5.1 传代培养方法

悬浮生长的细胞可以采用加入新鲜培养基稀释后分散传代，也可采用离心或者自然沉降法弃培养上清液，加入新鲜培养基后再吹打分散进行传代。

对于贴壁生长的动物细胞，原代培养的细胞增殖成片后需要进行细胞分离，重新接种培养。一般采用酶消化法进行传代培养，部分贴壁的细胞可以采用直接吹打或用硅胶软刮刮除法传代。由于不同细胞对酶的消化作用敏感度不一样，因此根据细胞特性，选择适宜的方法，适度掌握细胞消化时间。酶消化法进行贴壁细胞传代培养（图 9-6）的步骤大致如下：

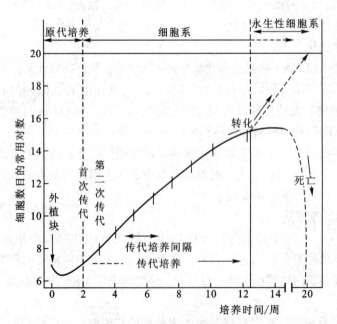

图 9-5 动物细胞培养过程生长曲线
（引自：鄂征，组织培养和分子细胞学技术，1995）

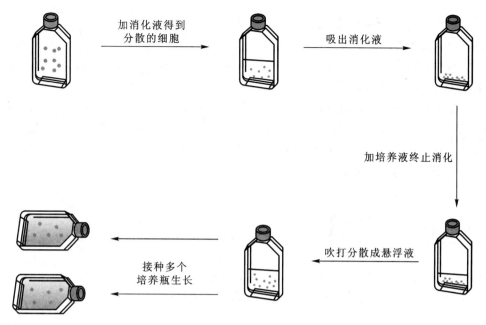

图 9-6 酶消化法进行贴壁细胞传代培养

① 吸出或者倒掉培养瓶内的培养上清液，加入 Hanks 液润洗细胞。
② 加入酶和 EDTA 混合的消化液盖满瓶底，轻轻摇动培养瓶。
③ 2 ~ 5 min 后检查，如有细胞回缩、间隙变大时吸出消化液。
④ 加入 Hanks 液轻轻转动，洗去残留消化液。
⑤ 加入培养液，用吸管轻轻吹打瓶壁，使细胞脱落制成悬液。
⑥ 计数悬液细胞数，接种进行传代培养。

原代细胞的首次传代对细胞传代培养非常重要。由于原代培养的细胞多为混杂细胞，形态、性质各异，因此在消化时要特别注意选择适当的酶与消化时间。吹打细胞要轻柔，首次传代时细胞的接种要高些，pH 可以偏低些，血清浓度也可适当高些，例如可以加 15% ~ 20%。

9.5.2 传代培养过程分析

动物细胞培养期间，每天需要对细胞做常规检查。检查内容主要包括是否污染、细胞生长状况、培养液 pH 等，并根据情况及时处理。

9.5.2.1 细胞形态检查及活力分析

将培养瓶置于倒置显微镜下观察，状态良好的细胞应是轮廓形态不十分凸显，较透明。生长不良的细胞轮廓变清晰，细胞间隙增大，胞内有空泡、脂滴、颗粒等出现，细胞形态不规则。

采用台盼蓝（trypan blue）拒染法进行细胞活力分析。正常的活细胞，胞膜结构完整，能够排斥台盼蓝，使之不能够进入胞内；而丧失活性或细胞膜不完整的细胞，胞膜的通透性增加，可被台盼蓝染成蓝色。通常认为细胞膜完整性丧失，即可认为细胞已经死亡。台盼蓝染色后，在显微镜下直接计活细胞数和总细胞数，细胞活力以活细胞占计数细胞总数百分比来计算。

此外，还可以采用四唑盐（MTT）法测定活细胞。活细胞的线粒体脱氢酶能将四唑盐还原成不溶于水的蓝紫色产物甲臜（formazan）并沉淀在细胞中，经二甲亚砜（DMSO）溶解，溶液颜色深浅与所含甲臜的量成正比。用酶标仪测定 $OD_{570\ nm}$ 值就可以分析活细胞的数量。MTT 法简单快速、准确，广泛应用于新药筛选、细胞毒性试验、肿瘤放射敏感性实验等方面。

9.5.2.2 培养液 pH 及污染检查

含血清的新鲜培养基 pH 在 7.2～7.4 之间，因含酚红指示剂呈桃红色。经过一段时间培养，培养液 pH 下降。当超出缓冲范围时，培养液变黄，需要 3～4 d 更换一次培养液。CO_2 培养箱在一定程度上能调节培养液的 pH，所以细胞培养时培养瓶的盖子需拧松。

在长时间培养过程中容易出现微生物污染。细菌污染时培养液变浑浊，镜检可见有细菌。支原体（pleuropneumonia-like organism，PPLO）因个体小（0.25～1 μm）能透过滤器，污染时培养物无明显变化而不易发现。特别是越来越多的抗药性支原体株的出现，更加大了防治的难度。所以，务必要严格遵守无菌操作，避免该类污染的发生。

思考

原代培养和传代培养有怎样的不同与关系？

9.6 细胞株

细胞株（cell strain）定义参见 7.2.6。动物细胞株应该包括以下信息：

培养简历：组织来源、日期、物种、性别、年龄、供体正常或异常健康状态、细胞传代过程及传代数等。

冻存液：培养基和冷冻保存液名称。

细胞活力：复苏后细胞接种存活率和生长特性。

培养液：培养基种类和名称（一般要求不含抗生素）、血清来源和含量。

细胞形态：上皮型或成纤维型等。

核型：二倍体或异倍体，有无标记染色体。

无污染：包括细菌、真菌、支原体和病毒等检测。

物种检测：检测同工酶，主要为 6- 磷酸葡糖脱氢酶（glucose-6-phosphate dehydrogenase，G6PD）和乳酸脱氢酶（lactate dehydrogenase，LDH），以证明细胞有否交叉污染。

免疫检测血清学检测。

◆ 知识拓展 9-5

细胞系/株管理

9.6.1 分离纯化

体外原代培养物中一般含有多种类型的细胞，必须经过细胞纯化，才能得到单一种类细胞用于形态、生长、代谢、功能等研究。细胞纯化方法包括自然纯化和人工纯化两种。

9.6.1.1 自然纯化

自然纯化是在多次传代过程中，利用某一种类型细胞的增殖优势不断排挤其他类型细胞而最终被纯化。但是该方法无法根据实际需求选择细胞，费时费力。

9.6.1.2 人工纯化

人工纯化是指人为创造利于某一类型细胞的生长条件，抑制其他细胞生长，从而达到纯化的目的。常用的方法如下：

细胞因子依赖法　利用某些细胞对特殊细胞因子的需求使与其他细胞分离。

反复贴壁法　利用不同细胞贴壁速度的差异使彼此分离。例如：成纤维细胞能在短时间（10～30分钟）完成附着过程，而上皮细胞短时间还不能附着，稍加振荡就可以浮起。因此可以将上皮细胞与成纤维细胞分开。

酶消化法　也叫差别消化法，利用不同细胞对消化酶的耐受性差异使彼此分离。例如上皮细胞与成纤维细胞贴壁后采用胰蛋白酶消化，成纤维细胞先脱壁，上皮细胞需要很长时间才脱壁，因此可以将两种类型细胞分开。

机械法　混杂的细胞如果分区成片生长，可以在显微镜下用硅胶软刮等工具刮除不需要的细胞，也可以采用加热的微型电烙器将不需要的细胞杀死。

9.6.1.3 克隆化培养

细胞株的建立需要从细胞系群体中分离出一个细胞，并使其在体外繁殖成为新细胞群体。经常采用的方法如下：

毛细管法 在倒置显微镜下将一定量的细胞悬液稀释成每毫升一个细胞，采用直径 0.5 mm、长 8 mm 的毛细玻璃管在负压作用下使含有单个细胞的悬液进入毛细管中，然后再放入适当培养基中，于 CO_2 培养箱中培养。细胞在毛细管中繁殖并向管外扩展，形成单个细胞克隆的细胞群体。

有限稀释法 将细胞悬液进行梯度稀释，接种在 96 孔培养板上培养，一定时间后，可能一个孔中会出现单个细胞克隆，之后通过培养获得该细胞克隆的细胞群体。

细胞系和细胞株在传代过程中许多生物学性状容易发生变化，过多的传代也会增加污染机会，因此必须选择合适的方法对细胞进行保存。细胞保存多采用冻存保存技术，低温液氮冻存是细胞冻存最常用的方法。

9.6.2 适合工业化生产的细胞株

按照发展阶段，用于生产的细胞株经历了原代细胞、二倍体细胞、连续细胞系、融合细胞和重组细胞几个阶段。

9.6.2.1 原代细胞

1949 年，恩德斯（Enders）利用人胚胎组织细胞进行脊髓灰质灭活疫苗生产，开创了动物细胞培养进行生物制药的先河。其他一些原代细胞，例如鸡胚细胞、原代兔肾细胞或鼠肾细胞、血液淋巴细胞等，常用于病毒疫苗的研究和生产。使用原代细胞存在需要大量动物组织、成本高、费时费力等缺点。

科学家 9-6
恩德斯

9.6.2.2 二倍体细胞

二倍体细胞具有正常细胞的特点：二倍体染色体、具有贴壁和接触抑制特性、只有有限的增殖能力、无致瘤性。该类细胞一般从动物的胚胎中分离。第一批获得批准用于脊髓灰质灭活疫苗生产的二倍体细胞有 WI-38、MRC-5 等。由于属于有限细胞系，传代次数一般都不超过 50 代，应用受到限制。

9.6.2.3 连续细胞系

人工连续细胞系是通过细胞转化具有无限增殖能力的细胞系。20 世纪 50 年代建立了一些可无限传代的细胞系。与原代细胞相比，转化细胞具有无限的增殖能力、倍增时间短、对培养条件要求低、适合大规模工业化生产、细胞类型均一等优点。但是，最初应用时，考虑到转化细胞常常因染色体断裂而变成异倍体，失去正常细胞的特点，其安全性受到质疑。随着对肿瘤发生机制等研究的深入，转化细胞于 20 世纪 80 年代获批用于生产。

体外培养动物细胞会自发出现细胞转化现象。可能因为血清质量、温度或 pH 不稳定、病毒污染等原因所致。为了减少细胞自转化，维持二倍体细胞的特性，应该尽早冻存细胞和减少传代。

利用细胞转化制备具有连续传代能力的细胞，从而获得适合工业生产的细胞株可通过人工诱发细胞转化。采用诱导剂使正常细胞发生转化。原代细胞和传代细胞均可作为出发细胞进行人工诱导，使之发生细胞转化。凡是可以改变 DNA 结构的因素都可称为诱导剂，包括化学、物理和病毒诱导剂。

9.6.2.4 融合细胞

通过细胞融合技术得到的具有两亲本特征的细胞，例如由鼠致敏 B 淋巴细胞与骨髓瘤细胞融合制备的杂交瘤细胞已用于单克隆抗体的生产。

9.6.2.5 重组细胞

通过基因工程技术，把编码蛋白质基因重组至动物细胞中以产生新的功能蛋白。由于重组细胞是在基因水平上进行操作并构建的细胞，又称作基因工程细胞。目前美国 FDA 批准的临床治疗用的蛋白药物大多由重组的动物细胞表达，如抗 CD20 的抗体药物 Rituxan 等。

9.6.2.6 常用细胞株

一些适合工业化生产的细胞株如下：

CHO 细胞（Chinese hamster ovary cell） 从中国仓鼠卵巢分离的细胞，亚二倍体，有多种突变株。CHO 细胞既可贴壁生长，也可悬浮培养，对剪切力和渗透压有较高的耐受能力。CHO 细胞能表达糖基化蛋白药物，相关产品有：组织纤溶酶原激活剂（tissue plasminogen activator，tPA）、促红细胞生成素（erythropoietin，EPO）、乙型肝炎病毒表面抗原（hepatitis B virus surface antigen，HBsAg）、粒细胞集落刺激因子（granulocyte colony stimulating factor，G-CSF）、DNA 酶 I、凝血因子Ⅷ等。

Vero 细胞（Vero cell） 1962 年日本学者从非洲绿猴肾脏中分离的细胞，呈上皮型，异倍体，贴壁依赖型，常用于病毒疫苗生产，如狂犬病毒疫苗等。

BHK-21 细胞（baby hamster kidney cell） 1961 年英国学者从幼地鼠的肾脏分离的细胞。成纤维样，异倍体。常用于病毒疫苗制备和重组蛋白生产，如口蹄疫病毒疫苗、重组凝血因子Ⅷ等。

WI-38 细胞 1961 年美国 Wistar 研究所海弗利克（Hayflick）从女性高加索人的正常胚肺组织中获得的一株人二倍体细胞。成纤维细胞，贴壁生长，倍增时间为 24 h，有限寿命为 50 代。对许多病毒敏感，被用于生产人用病毒疫苗。

思考

怎样的细胞才适合作为大规模培养的细胞株？

科学家 9-7

海弗利克

教学视频 9-6

大规模培养的细胞株

9.7 动物细胞大规模培养

动物细胞大规模培养（cell large-scale culture）是指在人工条件下（设定 pH、温度、溶氧等），利用生物反应器（bioreactor），实现动物细胞高密度培养的技术。

近十几年来，由于对生长激素、干扰素、单克隆抗体等治疗用蛋白以及病毒疫苗等生物制品的需求不断增加，迫切需要建立动物细胞大规模培养技术。自 20 世纪 70 年代以来，细胞培养用生物反应器取得很大的进展，推动了动物细胞大规模培养技术的发展。目前，贴壁培养系统主要有滚瓶（旋转管）、微载体系统、中空纤维生物反应器等。

9.7.1 滚瓶（旋转管）培养系统

滚瓶（旋转管）培养（roller bottle/tube culture）一般用于从小量培养到大规模培养的过渡阶段。滚瓶培养（roller bottle culture）是采用专门设计的滚瓶机和不同规格的滚瓶，在可控制转动速度的装置上进行动物细胞培养的技术（图 9-7A）；旋转管培养（roller tube culture）利用特制的旋转系统和不同规格的旋转管进行动物细胞培养的技术（图 9-7B）。旋转管固定在旋转支架上，倾斜角度一般为 5°~10°。滚瓶培养是在旋转管培养系统的基础上为扩大培养量而改进的。细胞贴附在滚瓶或旋转管的内表面，培养液随旋转而流动，细胞交替接触营养和空气，利于细胞吸收营养、进行气体交换。

滚瓶（旋转管）培养具有结构简单、投资少、技术成熟、重复性好、放大方便等优点，但也存在劳动强度大、占地空间大、单位体积提供细胞生长的表面积小、细胞生长密度低、培养时监测和控制环境条件受限等缺点。

教学视频 9-7

滚瓶培养

知识拓展 9-6

微载体及微载体培养技术

教学视频 9-8

微载体及其特点

9.7.2 微载体培养系统

微载体（microcarrier）是指适用于贴避依赖型细胞生长且直径 60~250 μm 的微珠。1967 年，维茨尔（van Wezel）开发了细胞培养用的微载体，细胞能贴附于微载体上生长，携有细胞的微载体可悬浮于培养系统。微载体培养技术的建立为实现贴壁细胞规模化培养提供了新的策略。从此利用生物反应器进行贴壁细胞大规模培养成为可能。

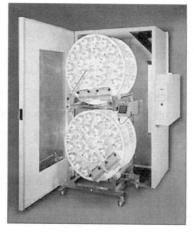

A   B

图 9-7　动物细胞旋转培养装置
A. 滚瓶培养；B. 旋转管培养

一般是由天然葡聚糖或者人工合成的聚合物组成。理想的微载体应具备以下特征：

① 良好的生物相容性、无毒无害。

② 良好的黏附性，微载体表面一般带正电荷。

③ 大的比表面积，颗粒均匀。

④ 较强的机械性能，长时间搅拌状态下不破碎。。

⑤ 廉价且可重复利用。

⑥ 良好的热稳定性，在 121℃蒸汽灭菌条件下不分解、不破碎、不软化，适合高压灭菌。

9.7.2.1　分类与制备

目前常用的微载体为固体微载体，包括实心微载体、多孔微载体等。

实心微载体　细胞能贴附在微载体表面生长。优点：易于细胞在表面贴壁，机械强度高，容易接种操作。缺点：细胞生长密度低，易受剪切力、碰撞等影响，易老化脱落，通常需要血清。

多孔微载体　内部具有网状结构的小孔，细胞能在微载体内部生长。多孔微载体是目前使用最广泛的微载体。优点：比表面积大，使细胞免受机械损伤，细胞生长密度高，可降低血清用量，可采用较高的搅拌速度和通气量。缺点：容易产生物质传递障碍，收获细胞较为困难。

◆ 知识拓展 9-7
多孔微载体制备

9.7.2.2　微载体培养基本流程

采用微载体系统进行细胞培养，细胞在微载体上的贴附和生长受多种因素的影响。细胞在微载体上贴壁不均或贴壁效率不高，造成种子细胞浪费；培养过程中操作方式和操作参数不适，难以支持细胞高密度生长。因此，需要选择合适的微载体类型和培养方式，优化微载体浓度、细胞接种密度、搅拌速度、培养基组成及换液策略、pH 和温度等，促进细胞在微载体上均匀分布、提高细胞贴附率和细胞增殖。利用微载体培养动物细胞的一般流程如下：

（1）微载体选择与预处理

根据使用目的选择合适的微载体，并按实验需要称取一定量的微载体。

将微载体置于玻璃容器中，加入无 Ca^{2+}、Mg^{2+} 离子的磷酸盐缓冲液（PBS），浸泡 3 h 以上，期间轻轻搅动。然后按一半的新鲜 PBS 量再洗一次。高压蒸汽灭菌 1.0×10^5 Pa，15 min。或按产品说明书的操作规程进行相关预处理。

（2）细胞接种

按一定的细胞密度接种，通常每个微载体颗粒上接种 5~10 个细胞。细胞种类不同，接种的细胞

▶▶ 教学视频 9-9

微载体球传球技术

密度不尽相同，例如：人成纤维细胞的适宜接种浓度约为 10 个细胞 / 微载体；非洲绿猴肾细胞（Vero）约为 5 个细胞 / 微载体。选择合适的搅拌策略（低搅拌速度、连续搅拌或间歇搅拌等）和操作参数，使细胞高效、均匀贴附微载体上。

（3）细胞生长及测定

进入细胞生长和增殖阶段后，调整操作参数，例如将间歇搅拌改为连续搅拌、提高搅拌速度等。随着培养时间的延长，培养液中营养物质不断消耗，代谢副产物不断积累，细胞密度不断增高。如需更换培养基，则停止搅拌，让微载体沉淀 5 min，弃掉适当体积的培养上清液，缓慢加入 37℃预热的新鲜培养基，重新开始搅拌。

培养过程中取样，显微镜下观察微载体上细胞的形态和生长情况。采用胰蛋白酶等消化，使细胞从微载体上脱附，台盼蓝染色，血球计数器计数，计算细胞浓度。也可采用计细胞核的方法计算细胞浓度。取 1 mL 样品，以 400 r/min 离心 5 min，弃上清，加 1 毫升 1 mg/mL 结晶紫溶液并混匀，37℃，下震荡 1 h，细胞释放出细胞核，血球计数器计数细胞核数，计算细胞浓度。

（4）细胞收获

通常采用酶消化法收获细胞。培养结束后停止搅拌，待微载体下沉后，弃去培养上清液，用含 2.5 mg/mL EDTA 的 PBS（pH 6.7），按 50~100 mL/g 微载体量清洗微载体；弃 EDTA-PBS，加入胰蛋白酶 -EDTA，37℃搅动并消化 15 min 后，加入含 10%（V/V）血清的培养液，终止消化；停止搅拌，待微载体沉降后，将脱离微载体的细胞悬液置于离心管中，离心并收集细胞；也可采用 100 μm 孔径的尼龙网、不锈钢网、多孔玻璃滤器等将细胞与微载体分离开。

思考

微载体培养与一般固定化培养相比有怎样的优势？

胶原酶因专一性好，对细胞膜损伤较小，故对于某些微载体培养系统而言可采用胶原酶替代胰酶进行细胞消化。

（5）传代培养

微载体上分离下来的细胞可进一步进行传代培养。如需放大培养，可在细胞脱离微载体后，加入一些新的微载体以增大细胞贴壁面积和培养体积，也可在微载体长满细胞后直接加入一定比例新的微载体，通过球传球接种，实现培养规模的放大。

▶▶ 教学视频 9-10

细胞培养生物反应器

▶▶ 教学视频 9-11

动物细胞微载体培养

9.7.2.3　微载体培养用生物反应器

将微载体加入到生物反应器中，通过持续搅动使微载体始终保持悬浮状态。将微载体与生物反应器相结合，不仅能满足动物细胞贴壁生长的要求，又可以充分利用生物反应器内部空间，从而可以实现规模化悬浮培养。

动物细胞没有细胞壁，对剪切力较为敏感。此外，采用微载体培养系统，培养基中大多含有血清，若在反应器中直接通气鼓泡，将产生大量的泡沫，并挟带微载体至气液界面，进而影响细胞培养过程。因此，进行微载体培养的生物反应器需要进行适当的结构改造。图 9-8 所示的是笼式鼓气搅拌生物反应器，改造后的通气搅拌器示意图如图 9-9 所示。该反应器通过笼式通气腔和消泡腔，将深层通气产生的气泡由丝网隔开，不与细胞直接接触；搅拌器为非桨叶式，通过搅拌器旋转，带动上端三个导流筒同步旋转，从而促进流体循环。如此的结构设计既保证混合效果又尽可能减小剪切力对细胞生长的影响。此外，还开发出了一些生物反应器适合于各种类型的微载体培养，如流化床和固定床生物反应器等，图 9-10 显示的一种机械搅拌结合鼓气的微载体培养用生物反应器。采用微载体和生物反应器系统培养动物细胞具有以下优点：

思考

微载体大规模培养动物细胞时如何实现收获与接种？

① 模拟了体内细胞生长的三维环境，细胞可以多层生长。

② 表面积 / 体积（S/V）大，单位体积培养液的细胞产率高。

③ 把悬浮培养和贴壁培养融合在一起，兼有两者的优点。

④ 培养液可以循环使用，利用率较高。

⑤ 放大容易，劳动强度小。

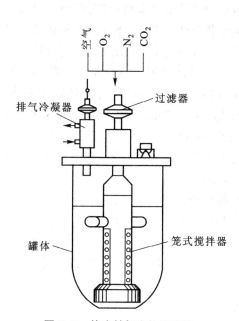

图 9-8 笼式鼓气生物反应器

（引自：杨吉成等，医用细胞工程，2001）

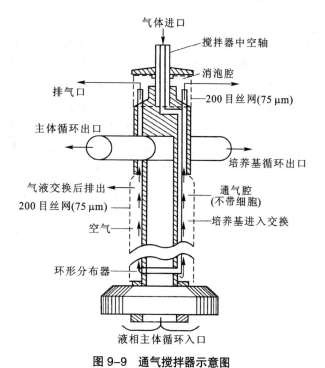

图 9-9 通气搅拌器示意图

（引自：杨吉成等，医用细胞工程，2001）

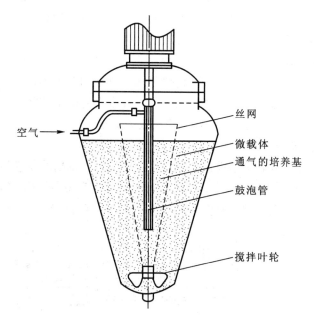

图 9-10 机械搅拌结合鼓气的生物反应器

（引自：杨吉成等，医用细胞工程，2001）

⑥ 细胞接种、收获简便。

⑦ 生物反应器空间利用率高。

9.7.3 中空纤维生物反应器培养系统

除了微载体培养系统以外，近年来开发出一些以中空纤维生物反应器为代表的新型生物反应器培养系统用于动物细胞培养。

中空纤维生物反应器（hollow fiber bioreactor）是以一定方向成束排列的中空纤维作为细胞贴附载体进行动物细胞培养的装置。中空纤维细胞反应器主体是由微孔中空纤维管束制成的中空丝，纤维管束由外壳包裹，因此可分为中空内腔与中空外腔两部分，每部分各有其进出口。根据培养的需要，培养基可以选择从不同的口进出。对于贴壁细胞，一般贴附于纤维管外表面生长，培养结束后用胰蛋白酶消化液将其消化并冲出；而对于非贴壁依赖型细胞，需将其截留在反应器内，仅让培养上清液排出。中空纤维生物反应器系统示意图见图9-11。由理查德·克瑞克（Richard Kncazek）等在1972年发明。最初使用的空心纤维是一种由醋酸纤维素和硝酸纤维素混合组成的可透性膜，表面有许多海绵状多孔结构。这样，水分子、营养物质和气体可以透过，细胞也能在上面贴附生长。

动物细胞在体内能以多层形式相互堆积而形成组织。在组织内部或细胞之间存在着毛细血管，组织或细胞生长、代谢所需的营养大多由毛细血管供给。而传统的细胞体外培养，细胞一般都是在培养器皿的二维表面呈单层生长。当细胞长满器皿表面时因产生接触抑制而导致增殖受阻。采用中空纤维生物反应器培养细胞，可以模拟细胞在体内的三维生长状态，利用人工的"毛细血管"——中空纤维供给细胞生长的营养等条件。

中空纤维生物反应器有柱状中空纤维生物反应器、板框式中空纤维生物反应器、中心灌流式反应器等形式。

9.7.3.1 柱状中空纤维反应器

柱状中空纤维反应器是最经典的中空纤维反应器类型（图9-11）。以Endotronics公司生产的Acusyst^PM系统为例，反应器套管是一圆柱体，包含了两条独立的流动通道，每条通道连接有6个中型的中空纤维反应器。整个反应器系统采用计算机监控生长参数，例如：营养物供应、废物排出、pH、溶氧、温度等。在柱状中空纤维反应器中由于存在传质限制，营养物和代谢产物存在浓度梯度，所以造成细胞分布不均，限制了培养系统进一步放大。

9.7.3.2 板框式中空纤维反应器

板框式中空纤维反应器的中心是一束中空纤维浅床，置于两个不锈钢微孔滤膜之间，营养液通过滤膜垂直流向纤维床平面（图9-12）。虽然该系统一定程度上克服了柱状中空纤维反应器的不足，但是因为中空纤维浅床厚度有限，因此培养系统的规模放大受限。

9.7.3.3 中心灌流式反应器

1986年，撒瑞克恩（Tharakan）等设计出一种从反应器中央辐射状供应培养基的反应器。该反应器中央为一多孔状管道，称为中央分配管。分配管的外周包围着多层与其平行排列的中空纤维管。培养细胞时，培养基从分配管的上端进入反应器，再由孔流出、穿过中空纤维的壁进入中空纤维管内部。

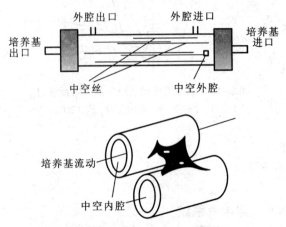

图9-11 中空纤维生物反应器系统示意图

（引自：岑沛霖等，生物反应工程，2005）

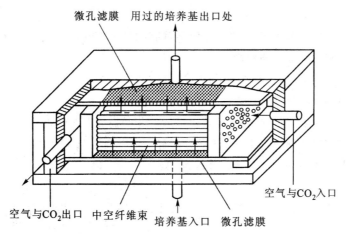

图 9-12　板框式中空纤维反应器

（引自：杨吉成等，医用细胞工程，2001）

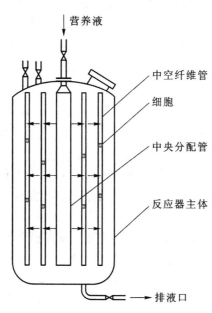

图 9-13　中心灌流式反应器

中空纤维管内通入气体，一方面带动培养基流动，另一方面进行气体交换。附着在中空纤维管表面生长的细胞既能从流动的培养基吸取营养，又能进行气体交换。这样，细胞生长的营养环境比较均匀，代谢产物也能及时排出（图 9-13）。

　　中空纤维反应器成本比一般反应器高，同时还具有易堵塞、不易清洗、细胞收获比较困难等问题，致使该类生物反应器在动物细胞大规模培养时仍受到一定限制。

9.7.4　细胞培养工艺

在培养工艺方面，动物细胞大规模培养常采用流加培养和灌注培养的操作方式。

9.7.4.1　流加培养

　　根据细胞对营养物质的需求和消耗，流加相应营养物，维持细胞生长和产品生产相对稳定的营养条件和培养环境，使细胞持续生长至较高的密度，目标产品达到较高浓度。整个培养过程没有培养液流出或细胞回收，通常在细胞进入衰亡期或衰亡期后终止培养。经常需要流加的营养成分主要分

思考

中空纤维反应器培养动物细胞的优点有哪些？

▶▶ 教学视频 9-12

动物细胞培养新技术

为三大类:

葡萄糖是细胞的供能物质和主要的碳源。但是过高的葡萄糖常产生大量的代谢副产物乳酸。因此培养液中需要一直保持有适浓度的葡萄糖。

谷氨酰胺是细胞的供能物质和主要的氮源,浓度较高时产生大量的代谢副产物氨,谷氨酰胺耗竭是最常见的细胞凋亡原因,因此需要在培养过程中适时添加。

知识拓展 9-8
动物细胞流加培养技术

氨基酸、维生素及其他物质主要包括必需氨基酸、非必需氨基酸、胆碱、生长因子等。不溶性氨基酸如胱氨酸、酪氨酸和色氨酸只在中性 pH 部分溶解,可以类似泥浆的形式进行脉冲式添加;其他可溶性氨基酸以溶液的形式用蠕动泵进行缓慢连续流加。

9.7.4.2 灌流式培养

灌流式培养(perfusion culture)是连续不断地灌注新的培养基,同时不断排出旧培养上清液而细胞均保留在反应器内的培养方式。

中空纤维生物反应器便于进行连续灌流式培养操作,可应用于产物分泌型动物细胞的培养,例如培养杂交瘤细胞并生产单克隆抗体。采用搅拌式生物反应器灌流式培养悬浮型细胞,需具有细胞截流装置。细胞截留系统最初采用微孔膜过滤或旋转膜系统,后又开发了沉降系统或离心系统等。灌流式培养系统通常由反应器与新鲜培养基储罐、上清液罐储罐、蠕动泵和细胞截留系统等组成。对于微载体灌流式培养,分离器通常为一个特别设计的澄清器,微载体在其中由于重力而沉降,收获后返回反应器。上清液由蠕动泵输入上清液罐储罐。一种带有细胞回收的灌流式培养系统示意图如图 9-14 所示。

固定床生物反应器也适于进行灌流式培养。固定床反应器中细胞可附着在载体上生长,也可截留在载体中生长,培养基不断流经载体填料,利于营养成分、气体等物质传递,特点是灌流速度可控,细胞能高密度生长。

连续灌流式培养是近年用于动物细胞培养生产分泌型重组治疗性药物,特别是嵌合抗体及人源化抗体等基因工程抗体药物的一种常用方式。培养的细胞可以是悬浮细胞,也可以是贴壁依赖型细胞。动物细胞灌流式培养的优点:

① 细胞截留在反应器内,可以维持较高的细胞密度,从而提高了产品的产量。

② 灌注速率容易控制,培养周期较长,可提高生产效率,目标产品回收率高。

③ 细胞稳定地处于较好的营养环境中,培养过程中可去除氨、乳酸、甲基乙二醛等有害代谢物质,减少细胞凋亡。

教学视频 9-13
细胞凋亡及其控制工艺

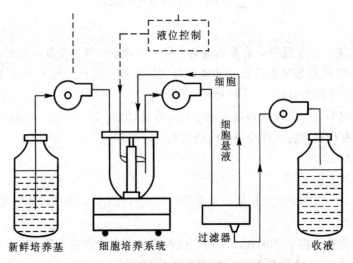

图 9-14 动物细胞的灌流式培养示意图

(引自:杨吉成等,医用细胞工程,2001)

知识拓展 9-9
动物细胞灌流式培养技术

④ 可连续性收获产品。

动物细胞灌流式培养存在不足之处：培养周期长，污染概率较高；细胞分泌产品的稳定性较差；规模放大过程中还存在一些工程技术问题。

9.7.5 动物细胞大规模培养的问题分析

9.7.5.1 细胞代谢及产物抑制

葡萄糖和谷氨酰胺（Gln）是动物细胞重要能源与碳源物质。葡萄糖与谷氨酰胺代谢途径如图 9-15 所示，其中糖酵解和三羧酸循环是关键途径。在细胞培养过程中，葡萄糖代谢主要包括以下途径。

① 通过糖酵解途径生成丙酮酸，不完全氧化生成乳酸，1 mol/L 葡萄糖产生 2 mol/L 的 ATP 和 2 mol/L 的乳酸。

② 通过磷酸戊糖途径参与核酸的合成代谢。

③ 进入三羧酸循环途径，完全氧化生成二氧化碳和水，1 mol/L 葡萄糖产生 30 或 32 mol/L 的 ATP。

细胞对葡萄糖的吸收主要通过葡萄糖转运蛋白进行转运，转运方向和转运速率取决于葡萄糖的浓度梯度，即葡萄糖顺着浓度梯度进入细胞，其转运速率随着葡萄糖浓度的增加而增加。但有些细胞（如小肠上皮细胞）中存在钠离子依赖的葡萄糖主动运输，钠离子顺浓度梯度进入细胞，从而推动葡萄糖逆浓度梯度进行转运。在体外培养过程中，通常增加培养基中葡萄糖浓度，乳酸产率增加，进入磷酸戊糖途径的比例减少，因此需要调控葡萄糖对细胞生长与代谢的影响，以降低副产物的产生。

谷氨酰胺既可作为细胞的氮源和碳源物质，又能作为细胞的能源物质。谷氨酰胺可以作为核酸中嘌呤、嘧啶核苷酸前体，作为伯胺基团受体合成氨基糖和天冬氨酸，还可以合成蛋白质和多肽。通过谷氨酰胺代谢，可产生能量，如完全氧化生成二氧化碳，1 mol/L 谷氨酰胺释放 27 mol/L 的 ATP 和 2 mol/L 氨；不完全氧化生成乳酸，1 mol/L 谷氨酰胺释放 9 mol/L 的 ATP 和 2 mol/L 氨；不完全氧化生

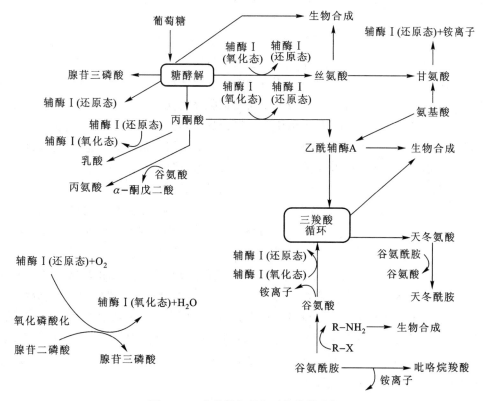

图 9-15 葡萄糖与谷氨酰胺代谢途径

（改自：陈志南，细胞工程，2005）

成天冬氨酸或丙氨酸，1 mol/L 谷氨酰胺释放 9 mol/L 的 ATP 和 1 mol/L 氨。在体外培养过程中，增加谷氨酰胺浓度将导致谷氨酰胺氧化率和进入三羧酸循环途径的代谢中间产物得率增加，但培养液中谷氨酰胺浓度过低会对细胞生长产生抑制，所以需要通过流加培养科学控制浓度。

细胞培养过程中有害代谢产物的产生会抑制细胞生长，是细胞高密度培养的主要限制因素。代谢产物乳酸、氨、二氧化碳等均对细胞生长产生影响。

氨 氨的积累是抑制细胞生长的主要因素之一。氨来源于两方面，一是直接来源于培养基中谷氨酰（Gln）胺自然分解；另外一个是细胞代谢所产生。氨的积聚影响细胞生长及蛋白糖基化。氨穿透细胞膜进入细胞内部，改变胞内微环境 pH，刺激糖酵解，使葡萄糖消耗速率和乳酸生成速率增加，并抑制细胞呼吸。氨也会抑制谷氨酰胺酶，使天冬氨酸（Asp）和谷氨酸（Glu）消耗增加。因此，可以通过降低培养基中谷氨酰胺浓度降低氨的产生。培育过程中需要防止培养基中谷氨酰胺（Gln）自然分解，并尽量去除培养液中的氨。

乳酸 乳酸是细胞葡萄糖代谢的产物。乳酸可以螯合钙离子，抑制谷氨酰胺酶，增加培养液渗透压、降低 pH，抑制细胞生长。高浓度时会抑制糖酵解，导致丙酮酸浓度降低，从而导致 Gln 分解速度降低，能量产生减少。乳酸的大量产生将导致葡萄糖低效率消耗。通过调控葡萄糖浓度、细胞代谢可减少乳酸产生。

二氧化碳 由于二氧化碳在培养液中溶解性较大，通过换气从培养基中去除二氧化碳的效率较低，特别在大体积的生物反应器中，因此常导致 CO_2 积聚，培养环境中 pH 降低，培养液渗透压升高，对细胞产生毒性作用或者改变细胞代谢。通过控制通气方式及相关参数，平衡氧的输送及 CO_2 的去除，以防止生物反应器中 CO_2 积聚。

甲基乙二醛（methylglyoxal，MG） 主要是丙糖磷酸去除磷酸基后的代谢产物，也是脂质、氨基酸代谢的产物，对于细胞有潜在的损伤作用。细胞内 MG 的水平由乙二醛缩酶和还原酶两种酶的活性来平衡，葡萄糖和谷氨酰胺浓度增高会引起细胞内 MG 增加。

9.7.5.2 培养基

培养基是细胞赖以生长、增殖的重要因素。在经历了天然培养基、合成培养基后，无血清培养基成为一种趋势。无血清培养基的优势在于避免了血清的批次、质量、成分等对细胞培养造成的不确定因素及污染、毒性作用和不利于产品纯化等不良影响。在生产疫苗、单抗和各种生物活性蛋白等生物制品的应用领域中，优化无血清培养基的成分可支持细胞高密度生长，提高细胞表达产物的常量和质量。但是，无血清培养基并不适用于广泛的细胞类型，具特异性，不同类型的细胞甚至不同的细胞系或细胞株都有可能有各自的无血清培养基组成。目前，无血清培养基已由普通的无血清培养基向无动物来源的无血清培养基、无蛋白培养基和化学成分明确的无血清培养基等发展。

知识拓展 9-10
无血清培养基研制

9.7.5.3 细胞凋亡

细胞凋亡（cell apoptosis）是为维持内环境稳定，由基因控制的细胞自主的有序的死亡。在大规模细胞培养过程中一些细胞死亡的主要原因是细胞凋亡。预防并控制细胞凋亡成为动物细胞大规模培养的关键之一。

细胞凋亡多是在营养成分耗尽、有毒代谢产物增多时发生。谷氨酰胺的耗竭是常见的凋亡原因，而且凋亡一旦发生，补加谷氨酰胺已不能逆转凋亡。另外，在无血清、特别是化学成分明确的无血清培养基或无蛋白培养基中进行培养时，细胞变得更为脆弱，更容易发生细胞凋亡。可通过采用灌流式培养等工艺补充营养、去除有害代谢产物来减缓细胞凋亡。通过基因工程方法将 bcl-2 基因（一种细胞凋亡抑制基因）导入细胞，并过量表达，能抑制 Gln 或氧缺乏引起的细胞凋亡。从而减少细胞特定营养成分的消耗，提高细胞密度和目的蛋白产量。

9.7.5.4 过程监控

动物细胞培养应该在认识细胞生长与代谢规律、产物合成与细胞生长关系的基础上建立优化的培养工艺。

大规模动物细胞培养中由于细胞代谢，培养环境变化较快，离线取样测定不能及时指导生物反应器有关参数的控制和细胞培养环境的优化，而且频繁取样易造成污染，增加费用。因此，在线测定生物反应器中培养条件、代谢产物和目的产物浓度等大量数据，并对测定结果进行分析处理，及时对培养系统进行反馈性控制，是成功进行大规模动物细胞培养的重要环节。

在生物反应器中，温度、pH、溶解氧等参数的在线检测技术已经建立。最近，细胞培养过程一些特定参数的在线测定已建立。例如：用在线葡萄糖分析仪测定葡萄糖浓度并调整葡萄糖灌流速度；测定氧消耗，估计营养供应率的代谢负荷。细胞呼吸商是衡量细胞生理状态的有用参数，通过测定在线氧吸收速率并用质谱仪分析废气中二氧化碳可以计算呼吸商。

9.7.5.5 其他

渗透压在动物细胞培养过程中，尤其是流加培养后期，由于细胞代谢、pH调节或高浓度流加培养基的补充等，会造成培养环境的渗透压急剧上升，从而影响细胞生长、代谢和产物表达等。在培养基中加入甘氨酸甜菜碱、三甲基甘氨酸或脯氨酸等渗透压保护剂，在一定程度上能减轻高渗透压对细胞生长的抑制作用。

微载体目前已多采用多孔微载体替代容易使细胞受机械搅拌与喷气损伤的实心微载体，但是必须保证细胞能够进入多孔微载体内部空间生长。对于有些细胞株尽管能贴在微载体内，但是需要提高微孔的连贯性并改善其表面特性，从而在提高细胞贴壁率的同时增加细胞移动性。

思考

分析讨论限制动物细胞大规模培养的影响因素。

教学视频 9–14
动物生物制药背景

9.8 动物细胞生物制药

动物细胞培养一方面可以生产动物细胞本身产生的有用物质，例如天然干扰素和天然产物（例如海绵细胞来源的活性物质），还可以动物细胞为宿主异源表达制备药用蛋白。此外，动物细胞生物制药还主要涉及以动物细胞培养为载体的病毒疫苗生产，以及利用杂交瘤细胞制备单克隆抗体。

知识拓展 9–11
海绵细胞活性物质制备

9.8.1 病毒疫苗

疫苗（vaccine）是将病原微生物（如细菌、立克次氏体、病毒等）及其代谢产物，经过人工减毒、灭活或利用转基因等方法制成的用于预防传染病的自动免疫制剂。

病毒疫苗（virus vaccine）主要包括以下几种类型：

灭活疫苗　常用甲醛为灭活剂，灭活病毒核酸而不影响其抗原性。例如：流行性乙型脑炎疫苗、狂犬病疫苗、流感灭活疫苗等。

减毒活疫苗　采用自然法或人工法通过动物传代或细胞传代筛选对人毒性低的变异株病毒。常见的有脊髓灰质炎疫苗、麻疹疫苗、流感温度敏感突变株疫苗、流行性腮腺炎疫苗、风疹疫苗、黄热病疫苗以及一些联合疫苗（如麻疹、腮腺炎、风疹联合疫苗）等。

亚单位疫苗　用化学试剂裂解病毒，提取包膜或衣壳上的亚单位，除去其核酸，以此制成的疫苗称亚单位疫苗。例如：流感病毒的包膜提取后制成的血凝素和神经氨酸酶亚单位疫苗。

基因缺失的减毒活疫苗　使病毒基因组中与毒力的相关基因发生缺失而制成的减毒活疫苗，例如：狂犬病毒的胸苷激酶（TK）缺失株（第一代）和gp3区缺失株（第二代）。

基因工程亚单位疫苗　将病毒表面抗原基因通过基因重组在酵母或CHO细胞中进行表达亚单位多肽抗原成分而制成的疫苗。如乙型肝炎病毒的表面抗原HBsAg的基因在酵母和CHO细胞中表达而提取获得的纯品HBsAg多肽。

病毒需在敏感细胞中才能增殖。在细胞培养技术建立之前，采用鸡胚接种或动物接种的方法来分离、鉴定病毒或制备病毒液（第一代病毒疫苗）。该方法具有材料来源困难、成本高、产量低、安全性差等不足。

采用原代细胞培养制作的疫苗称为第二代病毒疫苗，例如：麻疹疫苗、乙脑疫苗等。随后建立了适合工业化生产的细胞株（例如 WI-38、Vero 等），为大规模生产病毒疫苗提供了可能。采用细胞培养法生产的病毒疫苗有脊髓灰质炎疫苗（Vero 细胞）、狂犬病毒疫苗（人二倍体细胞）、流行性乙型脑炎疫苗（人二倍体细胞）、巨细胞病毒疫苗（WI-38 人胚肺细胞）等。采取的培养方式有滚瓶培养、微载体培养等。

教学视频 9-15
病毒疫苗背景

应用案例 9-1
无血清培养 MDCK
细胞生产流感病
毒疫苗工艺建立

教学视频 9-16
灭活病毒疫苗生产

教学视频 9-17
狂犬病毒疫苗生产
案例

病毒疫苗生产需要注意的一些问题如下：

① 病毒的选择应挑选那些致病性低、免疫效价高而持久、抗原谱广、易增殖、便于生产、可在传代细胞上增殖的病毒。

② 培养病毒的细胞若有潜在的致癌性以及有支原体污染均不能用于疫苗生产。此外，若细胞本身发生转化也不宜于制备活疫苗。

③ 细胞培养液中多少含有一定量的血清蛋白，在疫苗使用中常会出现某种程度的过敏反应，应尽量使细胞适应无血清培养基进行培养，以消除过敏源。

④ 病毒灭活程度与灭活温度和甲醛的浓度等因素有关。甲醛制备灭活病毒疫苗要控制浓度。过量的甲醛常采用亚硫酸氢钠中和。

9.8.2 干扰素

1957 年，英国的伊萨克斯（Isaacs）和瑞士的林德曼（Linderman）在利用鸡胚绒毛尿囊膜研究流感干扰现象时发现病毒感染的细胞能产生一种因子，可干扰病毒的复制，将其命名为干扰素。干扰素（interferon，IFN）是一种细胞因子，是真核细胞对各种刺激反应后形成的一组复杂的蛋白质（主要是糖蛋白）。

1966—1971 年，佛里德曼（Friedman）发现了干扰素的抗病毒机制。20 世纪 70 年代，干扰素的免疫调控及抗病毒、抗肿瘤作用逐渐被人们认识。干扰素的生理作用主要有：①广谱的抗病毒作用；②抑制某些细胞的生长，例如抑制成纤维细胞、上皮细胞、内皮细胞和造血细胞的增殖；③免疫调节作用；④抑制和杀伤肿瘤细胞。干扰素作为抗病毒与抗肿瘤制剂，目前已较广泛地应用于临床。

天然干扰素种类繁多，分子量也不同，亦有不同的抗原性。人细胞产生的干扰素至少有三种不同的抗原成分：白细胞干扰素抗原（Le）、人成纤维细胞干扰素抗原（F）和 T 淋巴细胞干扰素抗原（T）。根据世界卫生组织规定，将人细胞所产生的几种干扰素按其抗原性不同分为 α、β 和 γ 三类，Le 干扰素为 α 干扰素（IFN-α），F 干扰素为 β 干扰素（IFN-β），T 干扰素即 γ 干扰素（IFN-γ）。IFN-α 和 IFN-β 分别由白细胞和成纤维细胞产生，IFN-γ 主要由 T 淋巴细胞分泌。IFN-γ 的免疫刺激活性在三者中最强。在 α、β 与 γ 三型干扰素中根据氨基酸序列不同，又可分为若干亚型，α 干扰素至少有 20 个以上的亚型，β 干扰素则有 4 个亚型，γ 干扰素只有一个亚型。

干扰素的研究、生产和应用经历了从天然到基因重组和蛋白质工程三个阶段。由于天然干扰素制备成本高，纯度不够，限制了其临床应用，目前已逐渐被基因重组技术生产的干扰素代替。基因工程和蛋白质工程干扰素属于非天然干扰素。蛋白质工程干扰素是通过基因突变，改变天然干扰素的结构，使其具有独特功能。

9.8.2.1 人白细胞干扰素 IFN-α 制备

传统的人白细胞干扰素 IFN-α 的生产方法为：从脐血或血浆中分离白细胞，采用悬浮培养技术进行大规模细胞培养；采用特定诱生剂（例如鸡瘟病毒）诱导人白细胞产生干扰素；收集细胞培养液，酸化至 pH 2.0，于 4℃放置 5 d，再调节 pH 至 7.0，离心收集上清获得粗品；经过效价、HBsAg（乙型肝炎表面抗原）、HCV（丙型肝炎病毒）检测以及毒性和安全性等实验后进行纯化。这样制备的产品为血源性干扰素。一般每 400 mL 的人血白细胞可以生产 10^6 U 的干扰素。

由于血源性干扰素容易被全血中的病毒污染，纯度低，比活性低，生产成本高，影响了天然干扰素在临床上的使用。目前，人白细胞干扰素主要是基因工程干扰素。从人细胞中克隆出 α 干扰素基因，将此基因与大肠杆菌表达载体连接构成重组表达质粒，然后转化到大肠杆菌中获得高效表达人 α 干扰素蛋白的工程菌。工程菌经发酵后可收集到大量菌体，将菌体破裂，将 α 干扰素蛋白从菌体中分离、纯化，即得到高纯度的人基因工程 α 干扰素。基因工程 α 干扰素与血源性干扰素相比，具有没有污染、安全性高、纯度高、比活性高、成本低、疗效确切等优点。基因工程 α 干扰素的出现，使得 α 干扰素进入大规模产业化生产。

9.8.2.2 成纤维细胞干扰素 IFN-β 制备

成纤维细胞干扰素 IFN-β 生产可以采用动物细胞培养的方法，但生产规模有限。人源性 IFN-β 生产最常用的细胞是人包皮成纤维细胞 FS-4 和 FS-35。生产系统有滚瓶培养、微载体培养等。培养基多采用 MEM 培养基，加入 2%~4% 的人血浆、卡那霉素 200 U/mL。诱导剂包括浓度为 10 μg/mL 的环己亚胺、1 μg/mL 的放线菌素 D、PolyI：C（聚肌胞）、NDV-F（新城鸡瘟病毒）。

以人成纤维细胞微载体培养法为例，干扰素（IFN-β）制备过程如下：

将无菌待用的微载体（例如 Cytodex 微载体）用 MEM 培养基稀释至 5 g/L，以 3×10^5 个细胞 /mL 浓度接种微载体悬液中，摇匀后静置培养 4~6 h，以使细胞充分贴附于载体上。采用低速（50~80 r/min）搅拌悬浮培养。FS-4 或 FS-35 人包皮成纤维细胞培养 3~4 d 后在微载体上可形成单层，每隔 3~4 d 换液一次，10 d 后可进入诱导阶段。

将微载体 – 细胞悬液静置 30 min，移出旧培养基，加入新鲜培养基，并加入 200 U/mL 的 IFN-β，培养 16 h 或过夜后加入 PolyI：C（或 NDV-F），终浓度为 50 mg/L（或 100 血凝单位 /mL）及环己亚胺（终浓度为 10 μg/mL），再培养 4 h 后，加入放线菌素 D（终浓度为 1 μg/mL），再悬浮培养 2 h，移去培养基，PBS 洗 3 次、培养液洗 1 次后，再加入新鲜培养基至原体积（内含适量 HEPES），再悬浮培养 18~20 h，离心收集上清（2 000 r/min 4℃下离心 20 min），经过滤除菌后即为 IFN-β 粗品。

9.8.2.3 类淋巴细胞干扰素制备

1975 年，美国的斯爵德（Strander）等发现 Namalva 细胞（Burkitt 淋巴瘤）具有高效的干扰素诱生能力。目前，动物细胞培养制备的干扰素产品中达到工业化规模的是类淋巴细胞干扰素。由 Namalva 细胞系产生的干扰素中 85% 为 IFN-α、15% 为 IFN-β。

培养基用 RPMI1640 加 3%（V/V）小牛血清和 7.5 mg/mL 的 Primatone（一种动物组织的蛋白水解物）。待细胞密度达 10^6/mL 时开始进行干扰素诱生。与前面 IFN-β 的制备一样，第一步加入 200 U/mL 的低浓度干扰素诱生 2 h；第二步采用仙台病毒或新城鸡瘟病毒（NDV-F）诱生剂进行进一步诱生，离心收集培养上清液。盐酸酸化至 pH 2.0，4℃存放，仙台病毒灭活 2 d、NDV-F 病毒灭活 5 d。氢氧化钠中和至 pH 7.0，得到类淋巴细胞干扰素粗品。干扰素粗品的纯化采用 3% 三氯醋酸沉淀，去除上清，沉淀溶于 0.1 mol/L 磷酸钾缓冲液中（pH 8.0）（内含 0.5% TritonX-100），用 ACA54 柱超滤胶分离，再经三氯醋酸沉淀后去上清，沉淀溶于磷酸缓冲液（pH 8.0）中，回收率可达 80%。分装后 -20℃冻存，纯度为 2×10^8 U/mg 蛋白。

9.8.3 单克隆抗体

9.8.3.1 多克隆抗体与单克隆抗体

抗原（antigen）是进入动物体内对机体免疫系统产生刺激作用的外源物质，包括蛋白质、多糖、核酸、病毒、细菌等。

抗体（antibody）是动物免疫系统分泌的中和或消除抗原物质影响的糖蛋白，存在于血清中，本质是免疫球蛋白（immunoglobulin，Ig）。

▶▶ 教学视频 9-18
单克隆抗体药物
背景

1963 年，珀特（Porter）对免疫球蛋白的化学结构提出了一个由 4 条肽链组成的模式图。所有 IgG 的基本结构单位都是由 4 条多肽链组成（图 9-16）。两条相同的长链称为重链（H 链），通过二硫键连接起来，呈 "Y" 形。两条相同的短链称轻链（L 链），通过二硫键连接在 "Y" 字的两侧，使整个 IgG 分子呈对称结构。位于氨基端（N 端）轻链的 1/2 与重链的 1/4 区段，氨基酸的排列顺序可因抗体种类不同而有所变化，这部分称为可变区（variable region，V 区）。抗体的可变区由高变区和骨架区（framework region，FR）组成。在多肽链的羧基端（C端），占轻链的 1/2 与重链的 3/4 区段，氨基酸的数量、种类、排列顺

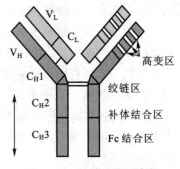

图 9-16　抗体结构示意图

序及含糖量都比较稳定，称为不变区或恒定区（constant region，C 区）。轻链的 C 区称作 C_L，V 区则称为 V_L；重链的 C 区称作 C_H，V 区则称为 V_H。两个重链的下端为 Fc 片段，该片段不与抗原结合，而与补体结合，并与凝集反应、组织致敏和穿过胎盘等活性有关。

互补性决定区（complementarity-determining region，CDR）V_H 和 V_L 的三个高变区共同组成 Ig 的抗原结合部位（antigen-binding site），该部位形成一个与抗原决定簇互补的表面，决定抗体的多样性与特异性。高变区之外区域的氨基酸组成和排列顺序相对不易变化，称为骨架区（FR）。

高等动物的脾脏能产生多种淋巴细胞，其中 B 淋巴细胞是能产生抗体的细胞。一种抗原通常具有多个不同的抗原决定族，能刺激多个 B 淋巴细胞产生相应的单克隆抗体，因此血清中的抗体是针对不同抗原决定族的单克隆抗体混合物，称为多克隆抗体（polyclonal antibody，PcAb）。采用常规免疫方法制备的血清抗体是多克隆抗体，存在特异性差、效价低、数量有限、动物间个体差异大、难以重复制备等缺陷。

经过免疫，哺乳类动物某一 B 淋巴细胞可以分泌单一性抗体，这种具有特异性、同质性的抗体为单克隆抗体（monoclonal antibody，McAb）。与多克隆抗体相比，单克隆抗体只识别并结合特定的抗原决定簇，因此它对抗原的反应具有高度特异性。

由于从多克隆抗体中难以分离纯化得到单克隆抗体，即便在体外将致敏的 B 淋巴细胞分离成单细胞，也难以使其增殖。因此，无法通过体外培养单一 B 淋巴细胞获得单克隆抗体。鉴于以上原因，大规模制备单克隆抗体一直未能实现。

如果单一 B 淋巴细胞既能分泌所需的特异性抗体，又能在体外持续增殖，就可进行大规模生产 McAb。所以如何改变 B 淋巴细胞的遗传特性，建立一个能永久生长并能分泌 McAb 的细胞系成为关键。这一目标可以通过下面两条途径达到：

细胞融合，将免疫动物 B 淋巴细胞和骨髓瘤细胞融合，得到的融合细胞称之为杂交瘤细胞（hybridoma）。杂交瘤细胞具有 B 淋巴细胞分泌特异性抗体的特性以及骨髓瘤细胞体外无限增殖的能力。

病毒转化，对产生特异抗体的 B 淋巴细胞通过病毒转化，使之形成永久生长的细胞系。这种方法在制备人源 McAb 比较有用。

9.8.3.2　杂交瘤技术

1975 年，英国剑桥大学的科勒（Köhler）和米尔斯坦（Milstein）合作将已适应于体外培养的小鼠骨髓瘤细胞与经绵羊红细胞免疫的小鼠脾细胞（B 淋巴细胞）进行融合，发现融合形成的杂交瘤细胞具有双亲细胞的特征：既能像骨髓瘤细胞一样在体外无限增殖，又能持续分泌特异性抗体，通过克隆化培养获得纯的细胞就可以生产高纯度的单克隆抗体（McAb），由此建立了杂交瘤技术（hydridoma technology）。

9.8.3.3　单克隆抗体制备

单克隆抗体制备包括动物免疫、细胞融合、杂交瘤细胞选择性培养、抗体检测、杂交瘤细胞克隆化、单克隆抗体大量生产等几个步骤（图 9-17）。

▶▶ 教学视频 9-19
单克隆抗体制备案例

▶▶ 教学视频 9-20
单克隆抗体制备

✍ 科学家 9-8
科勒与米尔斯坦

▶▶ 教学视频 9-21
杂交瘤生产单抗的背景

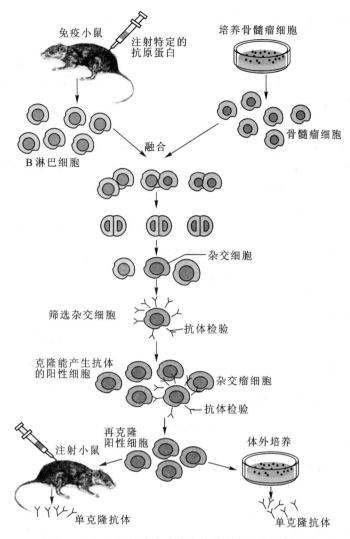

图 9-17 利用细胞杂交瘤技术的单克隆抗体生产流程

（1）动物免疫与免疫脾细胞制备

抗原是制备 McAb 的第一要素，它的纯度和免疫原性是决定免疫反应的关键。抗原可分为颗粒性抗原和可溶性抗原两类。

免疫的目的是激活并产生足够多的能识别目的抗原的 B 淋巴细胞。免疫可以采用体内法或体外法。

体外法：直接分离动物淋巴细胞，加适当浓度抗原，3～4 d 后，收集淋巴细胞。

体内法：将抗原直接注射动物体内。3～4 d 后在无菌条件下取出脾或淋巴结制成悬液。

体内法免疫一般要经过初次免疫、第二次免役、加强免疫三个过程。小鼠体内免疫进程可划分为 5 个阶段：①前期反应；②初级上升阶段；③初级回落阶段；④次级上升阶段；⑤次级回落阶段。在第 2、4 阶段注意加强免疫。一般采用腹腔免疫注射，除非特殊需要，通常静脉注射只用来加强免疫。

通常在末次免疫后第 3～4 天处死小鼠，75% 酒精浸泡、消毒小鼠毛皮，打开腹腔，无菌取脾。去除脂肪和结缔组织，用无血清培养液冲洗，置 100 目不锈钢网筛上研磨脾脏，用洗液洗 2～3 次，经 1 000 r/min 离心 5 min，弃上清，加入完全培养基，用吸管吹打分散，收集上层悬液，一般一只小鼠可获 1×10^8～2.5×10^8 脾细胞。

（2）骨髓瘤突变缺陷细胞株的培养和选择

骨髓瘤细胞应和免疫动物属于同一品系，这样骨髓瘤细胞和致敏的 B 淋巴细胞融合率高，获得的杂交瘤细胞接种于同一品系小鼠腹腔可产生大量的单克隆抗体（McAb）。常用的骨髓瘤细胞来自于 BALB/C 小鼠，通常为次黄嘌呤鸟嘌呤磷酸核糖基转移酶（hypoxanthine-guanine phosphoribosyltransferase, HGPRT）或胸腺嘧啶核苷激酶（thymidine kinase, TK）缺陷型的骨髓瘤细胞。例如，SP2/0 细胞为 BALB/C 小鼠浆母细胞瘤（plasmablastic lymphoma, PBL）。一般在准备融合前两周就应开始复苏骨髓瘤细胞，用于融合的骨髓瘤细胞应处于对数生长期。

骨髓瘤细胞的培养可采用含血清的培养基，例如 RPMI1640 培养基补充 10% ~ 20% 小牛血清，细胞倍增时间为 16 ~ 20 h，细胞的最大密度一般不超过 10^6 个细胞 /mL。骨髓瘤细胞可以悬浮或半贴壁形式生长繁殖，对于半贴壁细胞无需用胰蛋白酶消化，直接用吸管吹打即可使细胞分散，每 3 ~ 5 d 传代一次。扩大培养通常以 1 : 10 稀释传代。

（3）饲养层细胞培养

为促进杂交瘤细胞生长，有时需要采用饲养层培养法。可用肉汤刺激小鼠腹腔并收获腹腔中的巨噬细胞作为饲养细胞（feeder cell）。用吸管在打开的腹腔中吸取细胞悬液，并用培养基冲洗收获，离心后洗一次，再用培养基（含 HAT）调整细胞至 2×10^5 个细胞 /mL，96 孔板培养（0.1 mL/ 孔），每只鼠可获巨噬细胞 2×10^6 ~ 5×10^6 个。

（4）细胞融合与杂交瘤筛选

细胞融合一般采用聚乙二醇（polyethylene glycol, PEG）诱导。基本流程如下：将骨髓瘤细胞与脾细胞按 1 : 10 或 1 : 5 的比例混合在一起，在 37℃水浴中边摇边滴加预热的 50%PEG（分子量为 1 000 或 4 000），加入预热的无血清 RPMI1640 培养液终止细胞融合，离心沉淀细胞。

（5）HAT 培养基筛选杂交瘤细胞

HAT 选择培养基中含有三种关键成分：次黄嘌呤（hypoxanthine, H）、氨基蝶呤（aminopterin, A）和胸腺嘧啶核苷（thymidine, T）。杂交瘤细胞的筛选普遍采用 HAT 培养基筛选得到。HAT 培养基选择杂交瘤细胞的原理是依据细胞 DNA 合成有以下两条途径：

正常途径 糖、氨基酸——核苷酸——DNA，可以被氨基蝶呤阻断。

补救途径 核苷酸前体——核苷酸——DNA，需要次黄嘌呤鸟嘌呤磷酸核糖转移酶（HGPRT）和胸腺嘧啶核苷激酶（TK）2 种酶参与。

在 HAT 培养基中，氨基蝶呤可阻断细胞正常途径合成 DNA，融合所用的骨髓瘤细胞一般是 HGPRT 或 TK 缺陷型，也不能采用补救途径合成 DNA，故其无法在该培养基中生存。而融合后获得的杂交瘤细胞具有亲代双方的遗传特性。从淋巴细胞获得了 HGPRT 与 TK，可采用补救途径合成 DNA，因此，杂交瘤细胞可在 HAT 培养基中存活与繁殖，非杂交瘤细胞在 HAT 培养基中会因不能合成 DNA 而死亡。

细胞融合前必须做骨髓瘤细胞对 HAT 选择培养基敏感性试验，不敏感的细胞不能用于细胞融合。

将融合后获得的细胞悬浮于 HAT 培养基中，置 37℃、5%CO_2 的培养箱中培养，每 3 ~ 4 d 半量更换 HAT 培养基，筛选杂交瘤细胞。15 d 后改用 HT 培养基，3 周后改用完全 RPMI1640 培养基。培养 8 ~ 12 d 进行抗体检测。

（6）单克隆抗体检测与鉴定

抗体检测应根据抗原性质、抗体类型选择检测方法。酶联免疫吸附试验（enzyme-linked immunosorbent assay, ELISA）用于可溶性抗原（蛋白质）、细胞和病毒等 McAb 的检测；放射免疫法测定（radioimmunoassay, RIA）用于可溶性抗原、细胞 McAb 的检测；荧光激活细胞分类仪（fluorescence activated cell sorter, FACS）用于检查细胞表面抗原 McAb；间接免疫荧光抗体法（indirect fluorescent antibody method, IFA）用于细胞和病毒 McAb 的检测。若为细胞膜表面抗原可采用膜荧光免疫测定法、细胞毒试验、细胞酶免疫测定法。若为细胞膜表面可溶性抗原，可用蛋白质印迹法（Western blotting）测定。

ELISA 主要基于抗原或抗体能吸附至固相载体表面并保持其免疫活性、抗原或抗体与酶形成的酶结合物仍保持其免疫活性和酶催化活性的特性。在测定时，使样本和酶标抗原或抗体按不同的步骤与固相载体表面的抗原或抗体起反应，用洗涤的方法使固相载体上形成的抗原抗体复合物与其他物质分开，最后结合在固相载体上的酶量与标本中受检物质的量有一定的比例，加入酶反应的底物后，底物被酶催化变为有色产物。

在建立稳定分泌单克隆抗体杂交瘤细胞株的基础上，应对制备的单克隆抗体进行系统鉴定，一般可进行以下几个方面的鉴定：抗体特异性和交叉反应情况、抗体的类型和亚类、抗体的中和活性、抗体的亲和力、抗体对应抗原的分子量、抗体识别的抗原表位（epitope）。

（7）杂交瘤细胞克隆化培养

检测到分泌目标抗体后，利用单个细胞克隆化培养从细胞群体中选育出遗传稳定的能分泌特异性抗体的杂交瘤细胞，淘汰非特异性的或遗传不稳定的杂交瘤细胞。

克隆化培养有软琼脂培养法和有限稀释法。此外还有单细胞显微操作法、流式细胞仪分离法，其中有限稀释法最常用，得到单个细胞后采用 96 孔培养板于 CO_2 培养箱中培养，隔日观察细胞生长情况。通过特异性抗体检测选择抗体效价高、呈单个克隆生长、形态良好的细胞。

（8）单克隆抗体的制备

大量生产单克隆抗体的方法主要有杂交瘤细胞体内接种法和体外培养法两种：

体内接种法 体内接种杂交瘤细胞，收集血清或腹水提取单克隆抗体。

血清法 对数生长期的杂交瘤细胞按 $1 \times 10^7 \sim 3 \times 10^7$/mL 接种于小鼠背部皮下，每处注射 0.2 mL。待肿瘤达到一定大小后采血（一般 10～20 d），从血清中获得的单克隆抗体含量可达到 1～10 mg/mL。缺点是采血量有限。

腹水法 先向小鼠腹腔内注射 0.5 mL 的 pristane（降植烷）或液体石腊，1～2 周后腹腔注射 1×10^6 个杂交瘤细胞，接种细胞 7～10 d 后可产生腹水，处死小鼠，用滴管将腹水吸入试管中，一般一只小鼠可获 1～10 mL 腹水。也可用注射器抽取腹水，可反复收集数次。腹水中单克隆抗体含量可达 5～20 mg/mL，这是比较常用的传统方法。

体外培养法 分为传统培养方法和生物反应器培养。前者使用旋转瓶（管）大量培养杂交瘤细胞，从上清中获取单克隆抗体。但此方法产量低，一般培养液含量为 10～60 μg/mL，如果大量生产，费用较高。

临床上对治疗用单抗的质量要求高、需求量大，因此建立生物反应器大规模无血清培养杂交瘤细胞生产单抗的技术非常必要。利用生物反应器分批培养杂交瘤细胞，在收获时细胞凋亡的比例很高（约占细胞总量的 90%），这主要是由于反应器内葡萄糖、谷氨酰胺等营养缺乏、有毒代谢产物积累所致。如果采用半连续培养方式，及时补充葡萄糖、谷氨酰胺等营养物，同时及时排出代谢产生的有毒物质（尤其是氨），可以有效地抑制细胞凋亡，促进细胞生长，有效维持抗体的合成与分泌，并且可以连续收获单抗产品。

制备 McAb 的实验周期长，环节多，受多方面因素影响，特别是容易发生污染，包括细菌、霉菌和支原体污染。支原体污染主要来源于牛血清。此外，其他添加剂、实验室工作人员及环境也可能造成支原体污染。要对每一批小牛血清和长期传代培养的细胞进行支原体检查，查出污染源以及时采取措施处理。

9.8.3.4 人源化单克隆抗体

采用小鼠骨髓瘤细胞与免疫的小鼠脾细胞（B 淋巴细胞）的杂交瘤细胞生产的是鼠源性单克隆抗体。尽管已经在生命科学研究和医学临床上获得了广泛应用很广，但是鼠源性单抗在应用中存在一定的局限性：

① 不能有效地激活人体中补体和 Fc 受体相关的效应系统。

△ 应用案例 9-2
单克隆抗体的鉴定
及禽流感特异性检
测方法的建立

思考
分析讨论单克隆抗
体生产的关键技术
问题？

② 被人体免疫系统识别，产生人抗鼠抗体（human antigen mouse antibody，HAMA）；

③ 在人体循环系统中很快被清除掉。

因此，必须通过人源化改造获得低免疫原性、高效的单克隆抗体，解决鼠源性单抗用于人体的问题。

人源化抗体（humanized antibod）中抗体的恒定区部分（C_H 和 C_L 区）或抗体全部由人类抗体基因所编码。人源化抗体可以大大减少异源抗体对人类机体造成的免疫副反应。人源化抗体包括嵌合抗体、改型抗体和全人源化抗体等几类。

基于杂交瘤技术的人源性单克隆抗体的研究进展比较缓慢，原因在于缺乏像小鼠骨髓瘤那样的融合率高、性状稳定的融合亲本细胞系，不能用任意抗原免疫人体以获得足够数量的抗原特异性 B 淋巴细胞。1977 年斯坦利斯（Steinitz）报道了利用 EB 病毒（epistein-bar virus，一种常见的疱疹病毒）在体外直接感染人外周血淋巴细胞，建立了能分泌半抗原抗体的人 B 淋巴细胞系。一种方式是可以采用人 – 鼠杂交瘤制备单克隆抗体。亲本骨髓瘤细胞是小鼠骨髓瘤细胞，亲本 B 细胞则来源于人外周血淋巴细胞、淋巴结细胞、脾细胞。但是，人 – 鼠杂交瘤细胞分泌人单克隆抗体很不稳定，多数情况下杂交瘤细胞很快失去抗体分泌能力。其原因可能是由于杂交瘤细胞中人染色体丢失的缘故。另外可以采用人 – 人杂交瘤制备单克隆抗体。通过建立人骨髓瘤或其他人源细胞系，与人淋巴细胞融合，制备人单克隆抗体。遗憾的是可供利用的人骨髓瘤细胞种类非常有限。

目前完全人源化的单克隆抗体可以通过基因工程等技术手段实现。基因工程抗体（genetic engineering antibody，GEAb）是通过 PCR 技术获得抗体基因或抗体基因片段，与适当载体重组后转入宿主细胞，表达并产生的抗体。包括嵌合抗体、改型抗体、表面重塑抗体和全人源化抗体等几类。

嵌合抗体（chimeric antibody） 利用 DNA 重组技术，将异源单抗的轻、重链可变区基因插入含有人抗体恒定区的表达载体中，转化哺乳动物细胞表达出嵌合抗体，这样表达的抗体分子中轻重链的 V 区是异源的，而 C 区是人源的，这样整个抗体分子的近 2/3 部分都是人源的。这样产生的抗体，减少了异源性抗体的免疫原性，同时保留了亲本抗体特异性结合抗原的能力。

改型抗体 也称 CDR 植入抗体（CDR grafting antibody），抗体可变区的 CDR 是抗体识别和结合抗原的区域，直接决定抗体的特异性。将鼠源单抗的 CDR 移植至人源抗体可变区，替代人源抗体 CDR，使人源抗体获得鼠源单抗的抗原结合特异性，同时减少其异源性。然而，抗原虽然主要和抗体的 CDR 接触，但 FR 区也常参与作用，影响 CDR 的空间构型。因此换成人源 FR 区后，这种鼠源 CDR 和人源 FR 相嵌的 V 区，可能改变了单抗原有的 CDR 构型，结合抗原的能力会下降甚至明显下降，以至于人化抗体常达不到原有鼠源单抗的亲和力。

表面重塑抗体 是指对异源抗体表面氨基酸残基进行人源化改造。原则是仅替换与人抗体 SAR 差别明显的区域，在维持抗体活性并兼顾减少异源性基础上选用与人抗体表面残基相似的氨基酸替换；但是所替换的区段不应过多，对于影响侧链大小、电荷、疏水性，或可能形成氢键从而影响到抗体互补决定区（CDR）构象的残基尽量不替换。

全人源化抗体 是指将人类抗体基因通过转基因或转染色体技术，将人类编码抗体的基因全部转移至基因工程改造的抗体基因缺失动物中，使动物表达人类抗体，达到抗体全人源化的目的。

随着基因工程技术和组合化学技术的发展，开发出抗体库技术。利用组合抗体库技术和噬菌体展示抗体库技术等，通过亲和筛选可直接获得特异性抗体可变区基因，便于进一步构建各种基因工程抗体。

噬菌体展示抗体库（phage display antibody library）是将体外克隆的抗体基因片段插入噬菌体载体，转染细菌进行表达，然后用抗原筛选即可获得特异的单克隆噬菌体抗体。利用这一技术可以得到完全人源性的抗体。

噬菌体展示抗体库技术的原理是用 PCR 技术，从人免疫细胞中扩增出整套的抗体重链可变区

（V_H）和轻链可变区（V_L）基因，克隆到噬菌体载体上并以融合蛋白的形式表达在其外壳表面。这样一来噬菌体 DNA 中有抗体基因的存在，同时在其表面又有抗体分子的表达，就可以方便地利用抗原—抗体特异性结合而筛选出所需的抗体，并进行克隆扩增。使抗体基因以分泌的方式表达，则可获得可溶性的抗体片段。在建库过程中如果将 V_H 和 V_L。随机组合，则可建成组合抗体文库；如果抗体 mRNA 来源于未经免疫的正常人，则可以在不需要细胞融合的情况下建立起人天然抗体库。

噬菌体展示抗体库技术的意义在于：模拟天然全套抗体库；避免使用人工免疫和杂交瘤技术；获得高亲和力的人源化抗体。V_H 和 V_L 基因的随机重组模拟了体内抗体亲和力成熟的过程，所用的抗体基因又来自人体，因此，所产生的抗体都是高亲和力的人源化抗体。

知识拓展 1–12
抗体库技术与人源抗体基因的获得

教学视频 9–22
动物细胞制药问题分析

开放讨论题

分析讨论动物细胞生物制药的优点与存在问题。

思考题

1. 微载体与生物反应器结合在实现动物细胞大规模培养方面有怎样的优势？
2. 举例说明动物细胞培养在生物制药中的应用。

推荐阅读

1. Hutchings S E, Sato G H. Growth and maintenance of HeLa cells in serum-free medium supplemented with hormones. Proc Natl Acad Sci U S A, 1978, 75（2）：901-904.

点评：对细胞所需的生长因子进行研究，发展了更加精细的培养基配方，此培养基支持了更多动物细胞的生长，为无血清培养基的发展奠定了基础。

2. Kistner O, Barrett P N, Mundt W, et al. Development of a mammalian cell（Vero）derived candidate influenza virus vaccine. Vaccine, 1998, 16（9-10）：960-968.

点评：在 1 200 L 发酵罐规模下进行疫苗生产，开发了纯化方案，产生了高纯度的病毒疫苗。

3. Butler M.Animal cell cultures: recent achievements and perspectives in the production of biopharmaceuticals.Applied Microbiology and Biotechnology, 2005, 68：283-291.

点评：动物细胞生物制药，例如生产药用蛋白，代表了生物制药的主要发展方向之一。该文全面系统地综述了动物细胞培养生物制药取得的进展，并分析讨论了未来的发展方向。

网上更多学习资源……

◆ 教学课件　◆ 参考文献

10

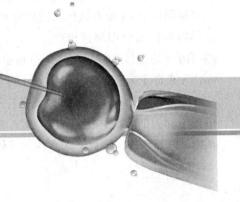

转基因生物反应器

　　利用转基因技术建立的转基因生物反应器被广泛应用于生产或开发药物。本章重点针对转基因动植物及其细胞生物反应器的构建、代表性的生物反应器及其在生物制药中的应用进行介绍。

▶▶ **知识导读**

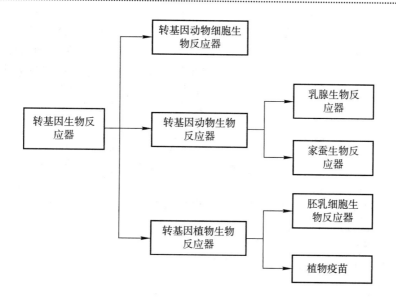

▶▶ **关键词**

转基因生物反应器　乳腺生物反应器　家蚕生物反应器　植物生物反应器　胚乳细胞生物反应器
植物疫苗　生物制药　生物材料

转基因技术（transgenic technique）不仅可以达到改造生物的目的，而且转基因技术在生物药物生产中有着重要利用价值。1982年，美国Lilly公司首先实现利用大肠杆菌生产重组胰岛素，标志着世界第一个基因工程药物的诞生。1992年荷兰培育出植入了人促红细胞生成素基因的转基因牛，人促红细胞生成素能刺激红细胞生成，是治疗贫血的良药。常见的基因工程药物有：单克隆体、疫苗、蛋白类药物、干扰素、白介素、生长因子、生长激素、凝血因子、集落细胞刺激因子、促红细胞生成素等。

10.1　转基因生物反应器

转基因生物反应器（transgenic bioreactor）是指借助转基因技术、利用细胞增殖或者动植物代谢制备外源基因的表达产物。这里的生物反应器是指通过基因改造的生物体，有别于传统的化工和生物工程领域的反应器。

用于生物制药的转基因生物反应器包括转基因微生物、转基因动植物细胞以及转基因的动物和植物。转基因微生物、转基因动植物生物反应器特点比较如表10-1所示。

转基因微生物生物反应器　由于微生物结构简单、繁殖迅速、容易培养而成为转基因对象，主要采用遗传背景清楚的大肠杆菌和酵母表达系统，通过高密度发酵培养、分离纯化获得所需要的目的产物，生产的药物属于第一代基因工程药物。

转基因植物细胞生物反应器　将外源基因转入植物细胞，表达制备相关产品。由于植物细胞大规

表 10-1 转基因生物反应器的特点比较

	微生物	植物	动物
优点	（1）可以利用发酵工程技术大规模生产 （2）胞外活性物质制备容易	（1）可大规模种植，上游生产成本较低；作为食物可省去下游加工步骤 （2）转基因植物自交后可得到稳定遗传的遗传性状 （3）可利用植物组织和细胞培养技术实现大量制备	（1）易养殖，实现大规模制备 （2）通过乳腺和血液制备活性物质简单易行 （3）可以通过动物细胞培养实现大量制备
缺点	（1）哺乳动物或人类的基因往往不能表达。有些表达了，却没有活性，需要进一步修饰 （2）真核生物蛋白质翻译后加工的精确性有限 （3）需要大型发酵设备和车间 （4）细菌发酵常形成不溶聚合物，使下游加工成本增加	（1）植物种植受季节、环境影响 （2）需专门的活性物质分离设备与技术 （3）植物细胞大规模培养设备和技术不成熟，成本较高	（1）细胞培养需要昂贵的培养基和设备 （2）转基因动物制备成本昂贵 （3）转基因动物易产生一些伦理问题

思考

转基因技术与常规细胞工程技术相比在生物遗传改造方面有什么优点？

模培养技术限制，目前利用转基因植物细胞大规模生产基因工程产品有一定难度。

转基因动物细胞生物反应器 将外源基因转入动物细胞，表达制备相关产品。利用转基因动物细胞生产蛋白类药物、疫苗、细胞因子等产品已经成为生物制药的热点。

转基因动植物生物反应器 将外源基因转入动植物个体，表达制备相关产品。转基因动植物技术不仅限于转基因技术，而且还涉及植物组织培养、动物胚胎工程等技术，因此过程复杂。

采用转基因微生物生物反应器生产基因工程药物有两大缺陷：一是细菌等微生物本身是低等生物，哺乳动物或人类的基因导入后不能很好表达；二是即使表达了，产物往往没有活性，必须经过糖基化、酰基化等一系列修饰加工才能成为有效的药物。这个过程相当复杂，在成本和工艺上都存在许多问题。转基因微生物生物反应器的不足使人们尝试使用动植物细胞株代替转基因微生物，但是也存在培养条件苛刻、成本高等不足。由此人们尝试将人类所需的目的基因直接导入动植物并使目的基因在体内表达，从而获得目的基因产品，开创了生物医药产业的新途径。

▶▶ 教学视频 10-1
转基因生物反应器

10.2 转基因动物细胞生物反应器

大多数哺乳动物蛋白翻译后的修饰，例如：糖基化、磷酸化和乙酰化等，是保持生物学活性、稳定性的前提。转基因微生物在生产分子量较小、结构较为简单的异源蛋白方面具有优越性，微生物表达系统合成的复杂真核蛋白存在折叠方式不正确、缺乏翻译后加工修饰等缺陷，动物细胞蛋白质表达系统可以较好地解决这些问题。哺乳动物细胞能进行蛋白质的折叠和加工，尽管生长缓慢、成本较高，但是随着大规模培养技术的不断完善，已经成为现代生物制药的重要途径。

利用转基因细胞（微生物、动植物细胞）生产基因工程产品一般包括以下四个步骤：

① **目的基因的获得** 从供体细胞中分离出基因组 DNA，使用限制性内切酶按照 DNA 上特定的酶切位点将 DNA 分子的双链交错地切断获得目的基因片段。也可以人工合成目的基因片段。

② **DNA 重组** 将载体分子采用与目的基因获得使用相同的限制性内切酶进行剪切，利用 DNA 连

接酶把目的 DNA 连接到载体分子（对于质粒需要有选择性标记），获得 DNA 重组分子。

重组 DNA 引入受体细胞　借助于转基因技术将 DNA 重组分子导入受体细胞，并使其扩增或整合到受体细胞的基因组中。

筛选鉴定　筛选和鉴定转化细胞，获得外源基因高效稳定表达的基因工程菌或细胞。通过设计含有抗药性基因的外源 DNA 载体，然后通过选择性培养基进行筛选可以获得转染细胞。此外，还可以通过提取细胞 DNA，以适当限制性内切酶酶切后进行 Southern 分析，检验细胞中是否有外源基因。

产品生产　大规模培养基因工程菌或细胞，将表达的目的蛋白质提纯、加工成制剂。

10.2.1　转基因方法

要使外源基因有效地转入受体细胞，首先要选择合适的受体细胞，其次是要有可靠的转化及筛选方法。哺乳动物细胞转染（接受外源基因）方法主要分物理、化学和生物方法三种，包括暂时转染和永久转染。

暂时转染　质粒在宿主细胞中不必停留很长时间，DNA 被转录为 mRNA，随后翻译成蛋白质。磷酸钙沉淀法、DEAE- 葡聚糖法、脂质体载体法均为暂时转染。

永久转染　逆转录病毒载体法可以产生永久有效的转染。

10.2.1.1　物理方法

电穿孔法利用脉冲电场提高细胞膜的通透性，在细胞膜上形成纳米级的微孔，达到增加通透性的效果，从而使外源 DNA 转移至细胞中。将受体细胞悬浮于含有待转化 DNA 的溶液中，在盛有上述悬浮液的电击池两端施加短暂的脉冲电场，外源 DNA 片段可直接进入细胞（图 10-1）。这种方法简单、效率较高。

10.2.1.2　化学方法

化学方法主要包括 DEAE- 葡聚糖法、磷酸钙 -DNA 共沉淀法、脂质体载体包埋法等。主要原理是通过改变细胞膜的通透性或者增加 DNA 与细胞的吸附而实现基因转移。

DEAE- 葡聚糖法　这是最早的动物细胞转染方法。主要是将外源 DNA 片段与 DEAE- 葡聚糖等高分子糖类混合，这样 DNA 链上带负电的磷酸骨架便被吸附于 DEAE 正电荷基团上，从而形成 DNA 大颗粒。后者黏附于受体细胞表面，通过胞饮作用进入细胞内。该方法转化率较低。

磷酸钙 -DNA 共沉淀法　这种方法是受二价金属离子能促进细菌吸收外源 DNA 的启发而发展起来的。当核酸以磷酸钙 -DNA 共沉淀物的形式存在时，细胞摄取 DNA 的能力显著加强。大致步骤：将待转化的 DNA 溶解在磷酸根离子的缓冲液中，在特定 pH 下（一般为 7.1）加入氯化钙溶液混合均匀。此时磷酸钙与 DNA 共沉淀形成大颗粒。加入受体细胞培养一段时间后，DNA 可通过脂相收缩时的空隙进入细胞，或者在钙、磷的诱导作用下被细胞吞噬而进入细胞内，从而使外源 DNA 整合到受体细胞中。该方法的转染效率虽比 DEAE- 葡聚糖法高，但还是比较低。

脂质体载体包埋法　脂质体为人工膜泡，可作为体内外物

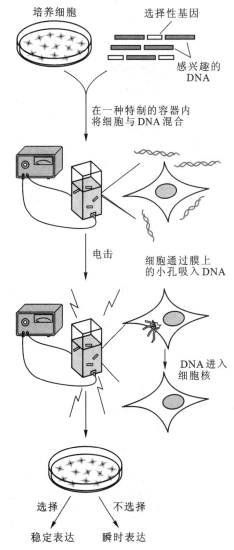

图 10-1　电穿孔法实现外源基因转移
（引自：马建刚，基因工程学原理，2000）

质传送的载体。将需转移的外源 DNA 或 RNA 包裹于脂质体内，由于脂质体具有磷脂双层结构，与细胞膜类似，因此可以与受体细胞膜融合，从而将外源 DNA 转入宿主细胞（图 10-2）。这种方法转基因效率高。大致步骤：将待转移的 DNA 溶液与天然或人工合成的磷脂混合，后者在表面活性剂存在的条件下形成包埋水相 DNA 的脂质体结构。当这种脂质体悬浮液加入到细胞培养液中便会与受体细胞膜发生融合，DNA 片段随机进入细胞质和细胞核内。

10.2.1.3　生物方法

主要是病毒介导的基因转移。目前常用的病毒载体包括 DNA 病毒载体（腺病毒载体、牛痘病毒载体等）、逆转录病毒载体等。

以腺病毒载体为例，腺病毒为双链 DNA 病毒，基因组 DNA 全长 36 kb，其包装上限为原基因组的 105%，即 37.8 kb。具有安全性好、不整合人染色体、不导致肿瘤发生、宿主范围广、对受体细胞分裂周期要求不严、外源基因在载体上容易高效表达等优点。

反转录病毒是一种整合型的单链 RNA 病毒。病毒进入细胞后，RNA 首先编码出反转录酶，在该酶作用下，病毒 RNA 反转录为双链 DNA 分子，DNA 通过一种尚未明确的机制整合到宿主细胞 DNA 中（图 10-3）。反转录病毒载体通常含有一个选择性标记。由于病毒的大部分结构基因已经被去除，因此缺少野生型病毒所具有的复制功能，但却能感染培养的靶细胞，反转录出 DNA 并插入靶细胞基因组中，获得稳定、有效的转染。

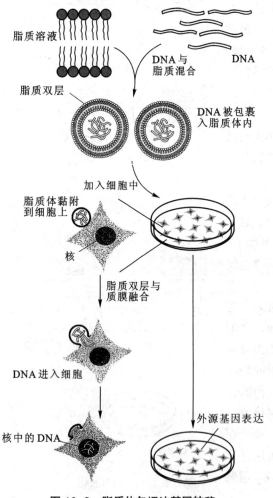

图 10-2　脂质体包埋法基因转移

（引自：马建刚，基因工程学原理，2000）

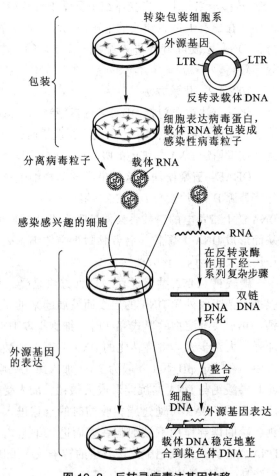

图 10-3　反转录病毒法基因转移

（引自：马建刚，基因工程学原理，2000）

病毒载体也具有一些缺陷，例如：病毒载体会诱导产生一定程度的免疫反应；或多或少存在一定的安全隐患；转染能力有限。

知识拓展 10-1
病毒载体系统

10.2.2　转染细胞筛选

高等哺乳动物细胞的基因转移效率较低，必须选用在体外能无限生长的细胞作为受体细胞。即使在最佳转化条件下，稳定转化株也只有很少一部分，因此必须有效地筛选转染细胞。

一些选择标记基因如下：

胸腺嘧啶核苷激酶（thymidine kinase，TK）　当转入 TK⁻ 细胞时，其基因产物可使宿主细胞获得对 HAT 培养液的抗性。

腺苷磷酸核糖转移酶（adenine phosphoribosyl transferase，APRT）　APRT 由 *aprt* 基因编码，当转入 APRT⁻ 细胞时，细胞可获得对重氮丝氨酸（azaserine）、腺嘌呤和丙氨菌素（alanosine）的抗性。

氨基糖苷磷酸转移酶（aminnoglycoside phosphotransferase，APH）　APH 由 *aph* 基因编码，赋予细胞对氨基糖苷类抗生素抗性。

潮霉素 B 磷酸转移酶（hygromycin B phosphotransferase，HPH）　HPH 由 *hph* 基因编码，赋予细胞潮霉素 B 抗性。该基因已用于大肠杆菌、酵母、哺乳动物细胞和昆虫细胞表达系统作为选择标记。

二氢叶酸还原酶（Dihydrofolate reductase，DHFR）　DHFR 由 *dhfr* 基因编码。转染 *dhfr* 基因到 *dhfr* 基因缺陷型 CHO 细胞，可在不含胸苷、甘氨酸和嘌呤的培养液上生长。增加氨甲蝶呤（methotrexate，Mtx）浓度，可使 *dhfr* 基因扩增，*dhfr* 基因侧翼区域（1～1 000 kb）也随之扩增，从而提高与 *dhfr* 基因相连的外源基因的表达水平。

谷氨酰胺合成酶（glutaminesynthetase，GS）　GS 由 *gs* 基因编码，是细胞内一种普遍存在的代谢酶，在 ATP 提供能量的情况下，利用细胞内的氨和谷氨酸合成谷氨酰胺。蛋氨酸亚氨基代砜（methionine sulfoximine，MSX）是谷氨酰胺和蛋氨酸的类似物，可以和 GS 发生非可逆结合，是 GS 特异性抑制剂。与 DHFR 相似，除作为显性选择标记外，还具有基因扩增效应，常与 DHFR 一起构建双基因筛选与外源基因扩增系统促进外源基因的表达。

教学视频 10-2
细胞转基因与筛选

10.2.3　外源基因表达

10.2.3.1　短时表达

短时表达是一种培养细胞获得转移基因高效表达的方法。外源基因的表达发生在目的基因导入宿主细胞后的 12～72 h，质粒载体并不整合入宿主细胞基因组。短时表达的目的在于短期内获得大量的爆发式的基因表达，因而当大量 DNA 样本在短期内需要检测时，短时表达是最好的选择。短时表达的主要缺点在于外源基因不能整合入宿主细胞基因组以获得稳定的表达，必须通过反复转染宿主细胞来获得需要的目的蛋白。

10.2.3.2　稳定表达

稳定表达时外源基因需整合入宿主细胞染色体。当载体上带有药物选择标记或共转染带有药物选择标记的 DNA 分子，就可通过筛选分离出携带目的基因的稳定细胞系。

10.2.3.3　目标蛋白高效表达的策略

外源基因在宿主内的大量扩增是目标蛋白高效表达的保证。氨甲蝶呤（Mtx）是动物细胞关键代谢酶二氢叶酸还原酶（DHFR）的抑制剂，细胞经过氨甲蝶呤处理后大多数细胞死亡，存活下来的细胞中 *dhfr* 基因扩增来提高二氢叶酸还原酶的表达水平，从而抵消氨甲蝶呤的抑制作用。与此同时，与该基因相邻的染色体片段同样扩增。这一规律被用于外源基因在哺乳动物细胞中高效表达系统的设计（图 10-4）。将外源基因与 *dhfr* 基因拼接构建重组分子，转化内源 DHFR 缺陷型的细胞系。将其接种到含有 0.05 μmol/L 氨甲蝶呤的培养基上进行筛选，增加氨甲蝶呤浓度继续培养。提高氨甲蝶呤浓度，促进

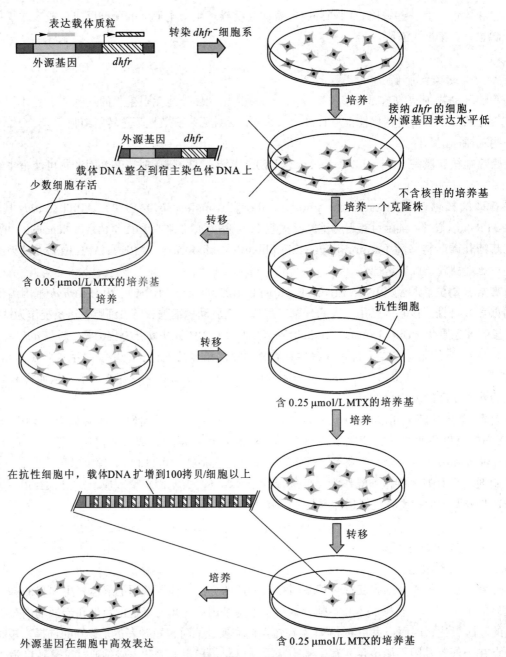

图 10-4 外源基因动物细胞高效表达的原理示意图
（引自：张惠展，基因工程概论，1999）

外源基因扩增，从而获得大量的外源基因表达产物。例如：当氨甲蝶呤为 0.25 μmol/L 时，存活细胞中的外源基因已经随 *dhfr* 基因扩增了数百倍。

在表达载体上设计病毒或细胞来源的强启动子及有效的翻译起始信号也是促进外源基因高效表达的一种手段。图 10-5 显示的是一种动物细胞高效表达载体，含有细胞巨化病毒 CMV 启动子、动物珠蛋白基因的内含子、SV40 的 poly（A）信号序列等基因表达元件。绝大多数动物细胞表达载体上含有内含子结构，因为 mRNA 前体的剪切能促进成熟 mRNA 由核内向胞质运输，利于其翻译。启动子与内含子之间的人工多聚接头便于外源基因的插入。可以在人工多聚接头下游拼接蛋白质分泌编码序列及其他多肽编码序列，使表达的异源蛋白能以分泌微粒的形式特异地定位在某一细胞器中，简化分离纯化程序。

▶▶ 教学视频 10-3

基因高效表达策略

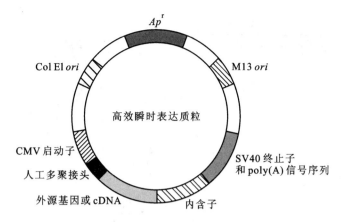

图 10-5　一种动物细胞高效表达载体
（引自：张惠展，基因工程概论，1999）

10.2.3.4　应用

高等哺乳动物细胞可以很好表达、修饰具有生物活性的蛋白产品。目前，哺乳动物细胞表达系统生产药用蛋白的发展速度远超过酵母、大肠杆菌表达系统。动物细胞生物制药已经成为病毒疫苗、酶、生长因子、干扰素、重组抗体或其他蛋白药物等生物制品生产的重要技术。例如：培养非洲绿猴肾细胞生产狂犬病毒疫苗、乙脑疫苗；培养 BHK21 细胞生产口蹄疫病毒疫苗；培养 CHO 细胞生产重组乙肝疫苗；培养 2BS 细胞、KMB17 细胞生产甲肝疫苗；培养 2BS 细胞、MRC5 细胞生产水痘疫苗等。生物制药发展趋势之一表现在哺乳动物细胞表达产品比重继续扩大。

第一个哺乳动物细胞表达系统生产的医用蛋白是溶血栓药物组织型纤维酶原激活剂（tissue plasminogen activator，tPA）。将人的 tPA cDNA 克隆在含有强启动子和终止子的表达载体上，转染细胞，用氨甲蝶呤处理培养，tPA 随着 *dhfr* 基因大量扩增，新筛选出的转化株进行大规模培养高水平生产人的重组 tPA。其生产流程如图 10-6。

一些已经被 FDA 批准的动物细胞制备的药物包括：胰岛素（治疗糖尿病，1983）、组织纤溶酶原激活剂（治疗心脏病，1987 年）、促红细胞生成素（治疗贫血，1989 年）、白介素（治疗肾癌，1990 年）、凝血因子Ⅲ（治疗血友病，1992 年）、凝血因子Ⅳ（治疗血友病，1997 年）、抗 CD20 人鼠嵌合抗体 Rituxan（治疗非霍奇金淋巴瘤，1997 年）、人肿瘤坏死因子受体-Fc 抗体融合蛋白 Enbrel（治疗类风湿性关节炎，1998）、抗 HER2 人源抗体 Herceptin（治疗乳腺癌，1998）、抗血管内皮生长因子人源化抗体 Avastin（治疗治疗晚期结直肠癌，2004 年）等。

10.3　转基因动物生物反应器

1974 年，杰利锡（Jaenish）和明兹（Mintz）把 SV40 病毒（猿猴病毒 40）注射到小鼠胚胎的囊胚腔，再移植给受体小鼠获得了 SV40 DNA 转基因小鼠。1980 年，戈登（Gordon）等人首先育成带有人胸腺嘧啶核苷激酶基因的转基因小鼠。1982 年，帕尔米特（Palmiter）等人于将大鼠的生长激素基因导入小鼠受精卵的雄原核中获得了比普通对照小鼠生长速度快 2～4 倍、体形大一倍的转基因"硕鼠"。在随后的十几年里，转基因动物技术飞速发展，转基因兔、转基因绵羊、转基因猪、转基因牛和转基因山羊陆续育成。除哺乳动物外，科学家还分别育成了转基因鱼和转基因鸡。

转基因动物在基础理论研究、畜牧业、医学领域具有利用价值。尤其在对于生产药用蛋白、用于动物模型、疫苗生产等领域应用潜力巨大。此外，转基因动物技术在异种器官移植领域的潜在应用价

思考

动物细胞表达异源蛋白比微生物有什么优点？

△ **应用案例 10-1**
基于 CHO 细胞培养生产抗体融合蛋白的工艺建立

△ **应用案例 10-2**
高效表达乙型肝炎表面抗原的 CHO 工程细胞株的构建

▶▶ **教学视频 10-4**
CHO 细胞表达制备 EPO

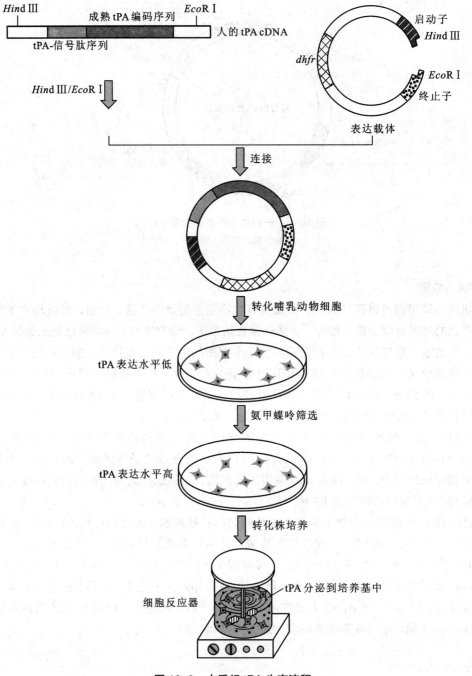

图 10-6 人重组 tPA 生产流程
（引自：张惠展，基因工程概论，1999）

值也非常大。例如：

① 猪体内的基因使它们的器官覆盖有 α-1,3-半乳糖基转移酶［alpha（1,3）galactosyl transferase，GGTA1］，当猪器官或细胞移植给人体时，人类免疫系统能识别从而产生强烈的排异反应，把移植的器官或细胞视作外来异物进行攻击。通过基因敲除技术敲除该基因就能降低移植后的免疫排斥反应。

② 采用转基因技术将人体相容性抗原如 HLA-D、HLA-G 等基因转移至猪体内并获表达，建立 HLA 转基因猪，这样得到的转基因猪用于人体器官移植的供体，将会较低免疫排斥反应。

10.3.1 转基因动物

转基因动物的核心技术是如何成功地把目的基因转入动物早期胚胎细胞中。目前，制备转基因动物的主要方法有基因显微注射法、胚胎干细胞移植法、逆转录病毒感染法和精子载体导入法、卵母细胞显微注射法等。转基因动物培育与鉴定技术参见 6.6.2。

10.3.2 转基因克隆动物

通过核移植产生的转基因动物称为转基因克隆动物（transgenic and clonal animal）。以动物体细胞（包括动物成体体细胞、胎儿成纤维细胞等）为受体，将目的基因以 DNA 转染的方式导入能进行传代培养的动物体细胞，再以这些体细胞为核供体，利用克隆动物技术得到转基因克隆动物。

目前采用的原核显微注射法中外源基因整合入动物基因组是个随机的过程，动物携带外源基因的效率非常低（5% 左右），这导致外源基因在许多转基因动物系中的表达量不够高，因整合进生殖细胞的概率低而难以遗传给下一代。采用转基因克隆动物技术，可以采用整合外源基因的细胞作为核供体进行核移植，并筛选阳性胚胎进行胚胎移植，这样获得转基因动物的效率大为提高。同时，核移植可以通过鉴别核供体的核型而预先得知转基因动物的性别，可选择性地制备雌性的转基因动物，有利于在母乳中表达外源基因。

10.3.3 转基因动物生物反应器

转基因动物生物反应器（transgentic animal bioreactor）是指利用转基因活体动物的某种能够高效表达外源蛋白的器官或组织来生产活性蛋白的技术。用于表达的载体包括动物乳腺、血液、泌尿系统、精囊腺等，还包括禽蛋和昆虫（例如家蚕）个体等。

10.3.3.1 乳腺生物反应器

乳腺是一个外分泌器官，乳汁不进入体内循环，不会影响到转基因动物本身的生理代谢反应。

乳腺生物反应器（mammary gland bioreactor）是将外源基因置于乳腺特异性调节序列之下，使之在乳腺中表达，然后通过回收乳汁获得具有重要价值的生物活性蛋白的技术，不但产量高、易提纯，而且表达的蛋白经过充分的修饰加工，具有稳定的生物活性。转基因动物乳腺生物反应器已成为 21 世纪生物制药发展的重点方向之一。

转基因动物乳腺生物反应器生产药用蛋白具有巨大的优势，主要体现在以下几方面：

① 动物乳腺组织有能力对表达的蛋白进行大规模复杂而专一的翻译后修饰，并且可正确折叠，生产出的药用蛋白与天然蛋白质的活性一致。

② 动物乳腺能大量、持续、稳定地表达蛋白质。同时由于转基因动物具有遗传性，可通过家畜繁殖技术大量增加后代数量，扩大再生产规模。

③ 比转基因的微生物、动物细胞培养生产药用蛋白相比，成本低，安全性高。

④ 药物分离纯化工艺简便。乳汁中蛋白质种类少（一般约有 10 种），提纯工艺简单，回收率高。

目前，动物乳腺生物反应器生物制药的一些研究如下：

抗出血性药物 人体凝血因子Ⅷ、Ⅸ缺乏会导致严重的出血性疾病，例如 A 型或 B 型血友病。迄今只能用人血浆提取制备。动物乳腺生物反应器生产可避免使用血浆制品所伴随的各种潜在传染病感染的风险。我国科学家成功培育了乳汁中含有人凝血因子Ⅸ的转基因绵羊。

抗凝血药物 美国 Genzyme 公司已成功地在山羊乳腺中高效表达抗凝血蛋白 Antithrombin Ⅲ，活性、结构与天然产物相同。

血栓治疗药物 心肌梗死和脑血栓性疾病是严重危害人身健康的世界性顽症之一。血液中的纤溶酶降解纤维蛋白使血凝块水解保持血管通畅。纤溶酶是通过组织纤维蛋白溶酶原激活剂（PA）激活其前体纤溶酶原而形成的。国内外已构建成功了乳腺定位表达载体，开展了 uPA、tPA 的转基因动物研究。

肺气肿治疗药物 遗传性 α_1- 抗胰蛋白酶缺乏会导致肺气肿。1991 年，英国科学家将人的 α_1- 抗胰蛋白酶基因转入绵羊受精卵，成功地获得了 5 只转基因绵羊，其中 4 只母绵羊乳腺中都表达了人的 α_1- 抗胰蛋白酶，而且从绵羊乳腺中纯化的 α_1- 抗胰蛋白酶与人血浆中的 α_1- 抗胰蛋白酶具有相同的生物学活性。

免疫治疗药物 干扰素、白细胞介素等有抗病毒感染、抗肿瘤和免疫调节等多种功能。生产这类药物的常规方法是采用微生物发酵方法。近年来，已有研究利用转基因动物生产这类药物。

乳汁成分的改造 通过转基因技术对动物乳汁蛋白进行遗传修饰以改善乳汁品质，可通过增加内源性乳汁蛋白基因拷贝数来提高其蛋白含量，也可引入更多的溶菌酶基因拷贝来提高抗菌能力，也可在奶牛或奶山羊中转入人乳铁蛋白基因。

建立转基因动物乳腺生物反应器的大致流程：①构建相应的乳腺表达载体。分离人类药用蛋白的编码基因，将乳蛋白基因的启动子（通常包括 5′ 和 3′ 端序列）与外源基因耦联，与乳腺特异性表达调节元件相连接，构建乳腺细胞表达载体。②通过显微注射技术注射到哺乳动物受精卵或 ES 细胞，得到转基因动物。③在泌乳期选择动物乳汁中表达有药物蛋白的个体，乳汁中含有基因表达产物。

乳腺生物反应器的关键是选择乳腺组织特异性表达的调节元件。因为乳腺组织特异性表达调节元件可指导与其融合的外源基因在乳腺中专一性表达。用于转基因动物乳腺生物反应器的调控元件主要有 β- 乳球蛋白（BLG）基因调控序列、酪蛋白基因调控序列、乳清酸蛋白（WAP）基因调控序列、乳清白蛋白基因调控序列。

利用转基因动物乳腺生物反应器生产药物的技术难度还比较大，成功率也较低，还存在以下一些问题：

① 外源转基因在受体动物基因组随机整合，遗传不稳定，表达率不高。

② 存在转基因异位表达和表达产物的泄漏问题，需要优化乳腺组织特异性高效表达载体，保证外源基因在乳腺中专一表达。

③ 动物转基因技术还不成熟。以原核胚胎显微注射为例，尽管重复性好，但平均成功率比较低，需要大量的供体和受体动物。

10.3.3.2 家蚕生物反应器

（1）家蚕 –BmNPV 表达系统

昆虫杆状病毒表达载体系统（baculovirus expression vector system，BEVS）利用携带有外源基因的重组昆虫杆状病毒作载体，在昆虫体内或通过昆虫细胞培养表达生产重组蛋白。所需要的周期远比脊椎动物或植物系统短，可以进行外源基因大规模的高效表达生产。

昆虫杆状病毒表达系统常用家蚕核型多角体病毒（bombyx mori nucleopolyhedrovirus，BmNPV）作为表达载体，利用家蚕幼虫或蛹作为载体进行外源基因表达，蛋白质翻译后加工修饰完善，生产成本较低。1984 年，家蚕 BmNPV 表达系统（家蚕生物反应器）建立，为生产人类急需的蛋白类药物、基因工程疫苗等提供了崭新的途径。

BmNPV 基因组是超螺旋的闭环双链 DNA，主要编码 100 多个结构蛋白与非结构蛋白。多角体蛋白不是病毒复制的必需基因，在感染晚期进行高效表达。即使多角体蛋白基因被部分或全部被外源基因替换，仍能形成具有感染性的病毒粒子。因此，利用转基因技术构建重组的 BmNPV，就能使外源基因在家蚕细胞内大量合成外源基因表达的产物。目前已经成功表达制备了疫苗、乙型肝炎表面抗原、人促红细胞生成素（EPO）、生长激素、干扰素、神经生长因子等。

（2）家蚕丝腺生物反应器

家蚕丝腺生物反应器（bombyx silk gland bioreactor）是利用家蚕丝腺表达重组蛋白的转基因动物表达系统。家蚕已丧失飞翔逃逸能力，因此是一种非常安全转基因动物；家蚕遗传背景清晰，具有高等

△ 应用案例 10-3
人组织型纤溶酶原激活剂牛乳腺生物反应器的研究

△ 应用案例 10-4
人 C- 反应蛋白（CRP）基因的克隆及表达研究

▶ 视频 10-5
家蚕生物反应器

△ 应用案例 10-5
人脑源性神经营养因子基因（hBDNF）在转基因家蚕丝腺中的特异表达

△ 应用案例 10-6
转基因家蚕生产含蜘蛛丝蛋白的新型复合茧丝纤维

真核生物的蛋白质后修饰加工能力 以及对人畜安全等优点。更重要的是家蚕幼虫丝腺具有强大的蛋白质成与分泌能力。

利用家蚕丝腺生物反应器生产高附加值外源蛋白，表达效率高，多具有生活性，纯化方便，生产成本低。自从 2000 年建立了基于 piggyBac 转座子的转基因家蚕技术以来，研究人员利用该技术已成功在家蚕丝腺中表达出了人 III 型胶原蛋白、人血白蛋白、重组球蛋白、猫干扰素等多种外源蛋白，显示出家蚕丝腺生物反应器的巨大开发潜力。

⚠ **应用案例 10-7**
利用家蚕丝腺表达人干扰素的研究

思考
转基因动物生物制药的优点与限制因素有哪些?

10.4 转基因植物生物反应器

10.4.1 定义

植物生物反应器（plant bioreactor）属于"分子农业"（molecular farming）范畴，广义上是指以植物悬浮培养细胞或整株植物为工厂大量生产具有重要功能或药用价值的蛋白。悬浮培养用的细胞或植株可以是天然的植物细胞、组织和植株，或者是经基因工程改良的植物细胞、组织和植株。

与转基因动物生物反应器、转基因微生物生物反应器相比，转基因植物生物反应器有着不可替代的优点：植物易于大规模生产来自人类、动物、细菌或病毒等的外源蛋白，植物易于种植，不需要特殊的生产设备，成本较低；植物生产系统相对来说更安全可靠，产物的生物活性与天然产物没有大的差别。

10.4.2 转基因植物生物反应器在生物医药中的应用

血友病 B 是凝血 IX 因子（hFIX）缺乏所导致的一种出血性疾病，通过输血和 hFIX 浓缩剂可进行治疗，但存在治疗费用高和安全隐患。因此，获得安全、廉价的人凝血 IX 因子对血友病 B 治疗具有重要意义。将人凝血 IX 因子基因构建到植物表达载体上，用农杆菌介导法遗传转化烟草，获得转基因植株，经检测，成功转录及翻译的转基因烟草叶片中，hFIX 的表达量为 2.5 ~ 8.8 ng/g FW，且具有免疫活性。

降钙素基因相关肽（CGRP）是由 37 个氨基酸残基组成的一种神经系统生物活性肽，是效果很强的内源血管舒张活性物质，具有强烈的心、脑血管扩张活性，可增加心肌收缩力、改善脑血流量等。设计合成一种新型降钙素基因相关肽基因（mcgrp），构建植物表达载体，通过农杆菌介导法转化番茄，获得转基因阳性苗，通过检测，外源 mcgrp 在转基因番茄中成功表达。

表 10-2 应用转基因植物生产的一些药物及其他物质。

⚠ **应用案例 10-8**
利用植物生物反应器表达胸腺素 α1 的研究

◆ **知识拓展 10-2**
转基因植物生物反应器

◆ **知识拓展 10-3**
利用植物生物反应器生产药用蛋白的研究进展

表 10-2　应用转基因植物生物反应器生产的一些药物及其他物质

产物名称	基因来源	应用	植物系统
核糖体抑制蛋白	栝楼、玉米	抑制 HIV	烟草
血管紧张肽转化酶	牛奶	抗过敏	烟草、番茄
抗体	老鼠	多种用处	烟草
抗原	细菌、病毒 病原	口服疫苗 亚基疫苗	烟草、马铃薯、番茄 烟草
脑啡肽	人	止痛、镇静剂	油菜、拟南芥
表皮生长因子	人	特殊细胞增殖	烟草
促红细胞生成素	人	调节红细胞水平	烟草
生长激素	鲑鱼	刺激生长	烟草、拟南芥

产物名称	基因来源	应用	植物系统
水蛭素	合成	血栓抑制剂	油菜
人血清白蛋白	人	血浆扩张剂	烟草、马铃薯、水稻
干扰素	人	抗病毒	芜菁
淀粉	细菌	食品添加剂	马铃薯
甘露醇	大肠杆菌	食品添加剂	烟草
维生素 A	玉米、大肠杆菌	营养补充	水稻
花青素	玉米、紫苏	抗氧化	水稻

1983 年美国华盛顿大学第一次把细菌基因导入植物细胞并在细胞内成功表达。1986 年，人生长激素第一次在植物生物反应器中成功表达，此后，人血清蛋白在转基因烟草和马铃薯中也获得了成功表达。目前，已有多种植物通过转基因改造可成功地生产各类药用蛋白，这些植物包括玉米、大豆、烟草、番茄、水稻、马铃薯等。

知识拓展 10–4
植物转基因与再生

10.4.3　胚乳细胞生物反应器

人血白蛋白（HSA）具有多种临床应用价值，被广泛用于肝硬化腹水、烧伤烫伤、手术后体液的补充、失血过多导致的休克、癌症和艾滋病人放化疗的辅助治疗等，也被广泛应用于疫苗的赋形剂、蛋白药物的保护剂以及动物细胞和干细胞培养的添加剂，我国每年对 HSA 的需求量非常大。寻找一种不依赖血浆且安全、价格低廉的重组人血清白蛋白是亟待解决的问题。经过不断尝试，动物细胞、酵母、细菌等均不适于表达。

胚乳细胞生物反应器（endosperm cell bioreactor）是以胚乳细胞作为"蛋白生产车间"来表达和生产重组蛋白质或者多肽的技术，包含基因克隆、蛋白表达，原料种植、收获、运输、储藏，蛋白提取、纯化、加工等技术。以水稻为例，水稻胚乳细胞具有完整的真核细胞蛋白质加工体系，重组蛋白质的翻译、折叠和修饰都与哺乳细胞十分相近。

科技视野 10–1
胚乳细胞生物反应器

我国利用水稻胚乳特异性启动子、水稻偏爱密码子优化、蛋白质定向存储技术，根据人血清白蛋白氨基酸序列，人工合成水稻偏爱密码子的人血清白蛋白基因全序列，将它克隆到水稻胚乳细胞特异性的谷蛋白基因 $Gt13a$ 的启动子和信号肽之后，构建水稻转化载体 $pOsPMP114$，转化成水稻植株，筛选出在水稻胚乳细胞中高效表达 $OsrHSA$ 的基因工程纯合品系。表达产物经检测分析具有与人血清白蛋白相同的一级及三级结构，经过一系列中试实验后，能够进行产业化放大。

10.4.4　植物疫苗

植物疫苗（plant vaccine）是以转基因植物为疫苗抗原传输载体，通过动物或人类的进食，刺激肠黏膜系统产生免疫应答引发免疫反应。与传统疫苗相比，植物源性疫苗具有安全、稳定、高效和廉价等优点。植物作为生产疫苗的载体可将抗原表达于植物的可食部位（例如种子和块茎）。

植物疫苗原理与步骤大致如下：

知识拓展 10–5
利用植物生物反应器生产口服疫苗的进展

用基因工程技术，将激发机体免疫反应的病原体基因序列或 cDNA 序列克隆，将其编码区序列（包含抗原决定簇）构建到植物表达载体上，选择合适的启动子和其他表达调控元件，利用农杆菌或基因枪等遗传转化方法，将抗原基因转化到植物体内或者特定的表达部位，通过分子生物学的检测手段如 PCR、Southern blotting、ELISA、Western blotting 等，筛选出表达具有生物活性抗原蛋白的植株，然后进行血清学诊断和动物免疫临床检测等免疫动力学分析。由于植物细胞的天然屏障——细胞壁使部分抗原蛋白免受胃部的消化和酶类的降解，从而使抗原蛋白到达黏膜免疫部位。在黏膜系统内，特异性的 M 细胞识别抗原蛋白，淋巴组织中的 T 细胞增殖并激活 B 细胞，激发机体产生黏膜分泌性 IgA（S–IgA），诱发机体的初级防御反应——黏膜免疫反应，从而达到免疫目的。

思考

转基因植物生物制药有怎样的优点？存在什么问题？

💬 开放讨论题

转基因动植物生物反应器与转基因植物育种的目的和应用有怎样的不同？

❓ 思考题

1. 植物转基因方法与微生物转基因方法有什么不同？
2. 举一例说明利用转基因植物生物反应器表达药用蛋白的具体应用。
3. 举一例说明利用动物细胞表达制备药用蛋白的工艺技术。
4. 举一例说明利用转基因动物生物反应器表达药用蛋白的具体应用。

推荐阅读

1. Teule F, Miao Y, Sohn B, et al. Silkworms transformed with chimeric silkworm/spider silk genes spin composite silk fibers with improved mechanical properties. Proceedings of the National Academy of Sciences of the United States of America, 2012, 109（3）: 923–928.

点评：通过蜘蛛养殖自然生产存在严重的问题，而标准的重组蛋白生产平台由于无法将蜘蛛丝蛋白组装成纤维而受到限制。该研究使用 piggyBac 载体来创建转基因蚕编码嵌合蚕 / 蜘蛛丝蛋白。这些复合纤维平均比亲本蚕丝纤维更结实。该研究表明，蚕可以制造出含有稳定的蜘蛛丝蛋白序列的复合丝纤维，从而大大提高了蚕丝纤维的整体力学性能。

2. Wurm F M. Production of recombinant protein therapeutics in cultivated mammalian cells. Nat Biotechnol, 2004, 22: 1393–1398.

点评：该文作者 Wurm 是欧洲动物细胞技术学会主席、动物细胞大规模培养领域的国际领军人物。该文综述了哺乳动物细胞作为临床生产重组蛋白的主导系统优势以及进展。

3. Collen D, Stassen J M, Marafino B J Jr, et al. Biological properties of human tissue–type plasminogen activator obtained by expression of recombinant DNA in mammalian cells. J Pharmacol Exp Ther, 1984, 231（1）: 146–152.

点评：在哺乳动物细胞中生产重组组织型纤溶酶原激活剂（tissue plasminogen activator, tPA），是第一个哺乳动物细胞表达系统生产的医用蛋白。

网上更多学习资源……

◆教学课件　◆参考文献

第五篇

组织修复

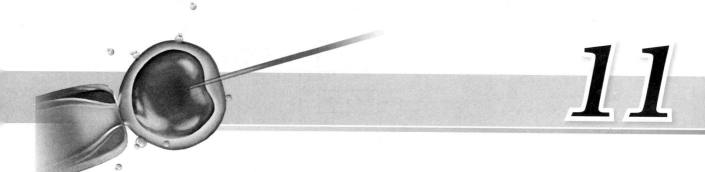

11

干细胞

干细胞研究在细胞治疗、组织再生、基因治疗等领域显示了巨大的发展潜力，属于细胞工程领域的研究热点。由于干细胞的研究还处于初级阶段，技术尚不成熟，新的现象和规律不断被发现和认知。本章仅对一些比较成熟的干细胞知识及初步应用进行简单介绍。

▶▶ **知识导读**

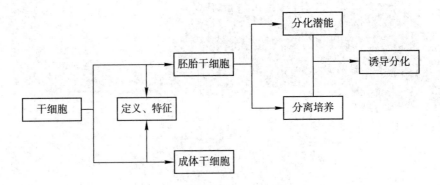

▶▶ **关键词**

干细胞　胚胎干细胞　成体干细胞

11.1　干细胞

11.1.1　定义

干细胞（stem cell，SC）是一类具有自我更新和分化潜能的细胞。根据其来源可以分为胚胎干细胞、成体干细胞两大类。

干细胞治疗就是把健康的干细胞植入到患者体内，以达到修复或替换受损细胞或组织的目的。细胞治疗为一些疑难杂症治疗带来了新的希望。目前已在神经干细胞治疗神经性疾病（帕金森氏综合征、亨廷顿舞蹈症、阿尔茨海默病等）、造血干细胞重建造血机能、胰岛细胞治疗糖尿病、心肌细胞修复坏死心肌等方面取得了进展。

通过干细胞体外培养和分化诱导，有望获得大量具功能的种子细胞，构建工程化组织，替换体内丧失功能的组织和器官。不仅解决供体器官来源不足的问题，而且采用自身干细胞可以避免异体器官移植的免疫排斥问题，提高治疗效果。

干细胞也是基因治疗较理想的靶细胞。因为干细胞具自我更新能力，治疗基因通过干细胞带入人体中，能够持久地发挥作用。另外，通过胚胎干细胞和基因治疗技术有望矫正遗传缺陷基因，获得健康的婴儿。

11.1.2　特征

11.1.2.1　自我更新特征

自我更新是指干细胞具有分裂和自我复制能力，子代细胞维持干细胞的原始特征。现有研究显示，干细胞的自我更新可通过对称分裂和不对称分裂两种形式进行。

对称分裂（symmetric division）是指一个干细胞分裂产生的两个子细胞全是干细胞。

不对称分裂（asymmetric division）是指一个干细胞分裂成一个干细胞和一个短暂增殖细胞，后者称之为祖细胞（progenitor cell）。祖细胞可以进一步分化成功能细胞，但不再具备自我更新能力。

知识拓展 11-1
干细胞研究发展历史

知识拓展 11-2
细胞疗法

知识拓展 11-3
干细胞与基因治疗

知识拓展 11-4
干细胞对称分裂与不对称分裂

11.1.2.2 增殖特征

增殖缓慢性：一般情况下，干细胞处于休眠或缓慢增殖状态。当干细胞进入分化期时，其增殖速度才开始逐渐加快。缓慢增殖还可以减少基因发生突变的可能性。这种缓慢增殖的特点利于干细胞对特定的外界信号做出反应，以决定进行增殖还是进入特异的分化程序。

增殖自稳性：也称自我维持，是指干细通过自我更新维持自身数目的恒定，主要是通过不对称分裂来实现。

11.1.2.3 分化特征

分化潜能是干细胞一个重要特征。不同干细胞的分化潜能不同。根据分化能力强弱，干细胞可分为单能干细胞、多能干细胞与全能干细胞。

单能干细胞（monopotent stem cell）是只能分化为单一类型细胞的干细胞。例如表皮的基底层细胞（即表皮干细胞）只能分化产生表皮角质形成细胞。

多能干细胞（multipotent stem cell）是能够形成两种或两种以上类型细胞的干细胞。例如骨髓造血干细胞就是典型的多能干细胞，可以分化成红细胞、巨噬细胞、粒细胞、巨核细胞、淋巴细胞等多种类型细胞。

全能干细胞（totipotent stem cell）是具有无限分化潜能的干细胞。例如胚胎干细胞。

思考

干细胞与一般细胞有什么区别？

▶▶ **教学视频 11-1**

干细胞定义特点

11.2 胚胎干细胞

11.2.1 定义

胚胎干细胞（embryonic stem cell，ESC）是从着床前胚胎内细胞团或原始生殖细胞经体外分化抑制培养得到的一种全能性细胞，可以分化成任何一种组织类型的细胞。一般简称 ES 细胞。

胚胎干细胞具有与早期胚胎细胞相似的形态结构，细胞体积小、核大、核质比高、有一个或多个核仁，核型正常，具有整倍性。胚胎干细胞体外培养时呈鸟巢集落状生长，细胞紧密堆积，集落边界清晰，有立体感。

11.2.2 胚胎干细胞分化潜能评价

体外分化实验 将获得的胚胎干细胞制成悬浮液培养在铺有明胶的培养皿中，培养一段时间后部分细胞贴壁生长，分化成神经、肌肉、软骨等不同组织细胞；同时一部分不贴壁的细胞悬浮生长，生成"类胚体"，进一步培养后生成囊状胚体。

体内分化实验 将一定量的胚胎干细胞注射进同源动物皮下，经过一段时间后，注射处皮下有组织瘤生成。手术取瘤，常规制片后观察，一般是含有三个胚层的畸胎瘤。

嵌合体形成 将胚胎干细胞与受体胚胎结合，经过胚胎移植进同期化代孕母受体，各自表达自己的基因型，最终得到嵌合体动物。嵌合体动物可以通过毛色、皮肤颜色等外观指标进行判定，或者取器官组织进行同工酶检测。

核移植 以胚胎干细胞作为核供体移植到去核卵细胞中，观察重组胚是否能正常发育、产生个体。

11.2.3 胚胎干细胞的鉴定

碱性磷酸酶（alkaline phosphatases，AKP）活性 未分化的胚胎干细胞中含有丰富的碱性磷酸酶，活性很高；而已经分化的胚胎干细胞中碱性磷酸酶呈弱阳性或阴性。

端粒酶（telomerase）活性 端粒酶是增加染色体末端端粒序列、维持端粒长度的一种核糖蛋白。胚胎干细胞有着高水平的端粒酶活性，并具有长的端粒（图 11-1）。

　　干细胞标记物（stem cell marker） 是位于细胞表面可以有选择性地结合和黏附信号分子的受体蛋白。根据特征性标记物可以鉴别不同的干细胞；结合荧光标记、流式细胞仪可以实现干细胞的分离（图11-2）。例如：胚胎干细胞能表达早期胚胎细胞的阶段特异性胚胎抗原（stage-specific embryonic

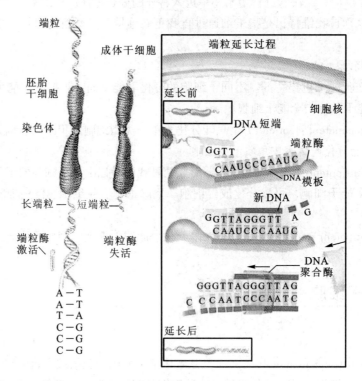

图 11-1　端粒与端粒酶

（引自：Kirschstein and Skirboll，干细胞研究进展与未来，2003）

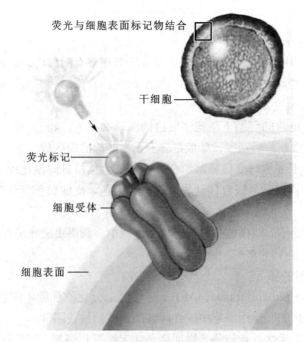

图 11-2　干细胞标记物及其荧光标记

（引自：Kirschstein and Skirboll，干细胞研究进展与未来，2003）

antigen，SSEA）。灵长类 ES 细胞表达 SSEA-3、SSEA-4 及高分子糖蛋白 TRA-1-60、TRA-1-81 等。原始生殖细胞源的人类胚胎干细胞还表达 SSEA-1、SSEA-3。

11.2.4　胚胎干细胞的分离

胚胎干细胞的来源为早期胚胎内生细胞团或原始生殖细胞，也可从自发或诱发的畸胎瘤细胞中分离干细胞。

🔍 发现之路 11-1
人类胚胎干细胞建系

11.2.4.1　胚胎内细胞团

从早期胚胎内细胞团（inner cell mass，ICM）分离是获得胚胎干细胞的主要途径。1981 年，埃文斯（Evans）和考夫曼（Kaufman）手术切除受精后 2.5 h 的小鼠卵巢，结合改变激素水平获得延迟着床的囊胚，将其培养在用丝裂霉素 C 处理的 STO（一种已经建系的小鼠胎儿成纤维细胞）饲养层上，获得增殖而未分化的内生细胞团，之后离散细胞团并培养于 STO 饲养层上获得了多个胚胎干细胞；经过传代培养，建立了未分化的小鼠胚胎干细胞系。1998 年，汤姆森（Thomson）在 *Science* 上报道建立了人的胚胎干细胞系。

✏ 科学家 11-1
埃文斯

11.2.4.2　原始生殖细胞

原始生殖细胞（primordial germ cell，PGC）是生殖细胞前体，具有二倍体染色体，经减数分裂形成生殖细胞。从原始生殖细胞分离的干细胞称为胚胎生殖细胞（embryonic germ cell，EGC），一般简称 EG 细胞。

哺乳动物的原始生殖细胞最早出现在靠近尿囊基部的卵黄囊内胚层内，随着后期胚胎的纵向折转，卵黄囊这部分成为胚胎的后肠，其中的原始生殖细胞经变形运动向生殖嵴移动。所以，通过获取相应组织就可获得原始生殖细胞。具体时间根据不同动物而异，例如：小鼠取 12.5 d 的胎儿生殖嵴；猪取 24 d 胎儿的背肠系膜或 25 d 的生殖嵴；人取 5～9 周龄的胎儿背肠系膜或者生殖嵴。所获得的组织经过消化后接种于饲养层细胞上，通过分化抑制培养就可以获得干细胞。

11.2.5　胚胎干细胞的体外培养

胚胎干细胞在体外培养过程中极易分化和失去正常二倍体核型，因此，在体外培养时既要促进胚胎干细胞增殖，又要维持其未分化的二倍体状态。此外，长期培养的胚胎干细胞可能出现变异现象，表现为核型异常、细胞存活数目减少，故在胚胎干细胞建系成功后要及时进行冻存。

11.2.5.1　培养基与消化液

体外培养胚胎干细胞，通常使用高糖和含谷氨酰胺的 DMEM 培养基，葡萄糖浓度在 4.5 g/L 以上。高糖培养基可以满足胚胎干细胞旺盛增殖的需要，谷氨酰胺是细胞合成蛋白质与核酸所必需。培养基中血清浓度比常规动物细胞培养基高，一般添加 15% 胎牛血清。此外，还需要添加 β- 巯基乙醇或单硫甘油。β- 巯基乙醇具有促进细胞分裂、还原血清中含硫化合物、防止过氧化物对细胞损害等作用。由于胚胎干细胞间结合比一般细胞紧密，因此消化液中胰蛋白酶和 EDTA 浓度相对较高，一般采用 2.5 mg/mL（有时高达 5 mg/mL）的胰蛋白酶和 0.4 mg/mL 的 EDTA。

11.2.5.2　饲养层细胞

饲养层细胞（feeder cell layer）一方面提供细胞生长的物理支持，另一方面可促进细胞增殖和抑制其分化。这是因为，饲养层细胞能合成和分泌成纤维细胞生长因子等促进细胞分裂的因子，还能分泌白血病抑制因子（LIF）等抑制细胞分化的因子。一般采用丝裂霉素 C 或 γ 射线处理饲养层细胞，阻断其有丝分裂，并维持细胞活性。将处理后的细胞接种到预先用明胶包被的培养板孔内，形成饲养层细胞。用作饲养层的细胞有 STO（小鼠胎儿成纤维细胞）、PMEF（鼠胚原代成纤维细胞）、UE（子宫上皮细胞）、BRL（大鼠肝细胞）等，其中 STO、PMEF 细胞较广泛使用。

STO 细胞是来自 SIM 小鼠的成纤维细胞，经过抗硫代鸟嘌呤（6-thioguanine，T）和乌本苷

（ouabain，O）筛选，因此得名 STO 细胞。该细胞能持续分泌 500 ~ 1 000 U/mL 白血病抑制因子，已成功应用于从原始生殖细胞得到人胚胎干细胞。

PMEF 细胞是小鼠胚胎来源的原代成纤维细胞，能分泌白血病抑制因子。在胚胎干细胞克隆形成、维持正常核型和分化潜能等方面效果较好。但丝裂霉素 C 处理后 PMEF 细胞存活时间较短（一般 4 ~ 6 d），且随着传代次数增加，分泌白血病抑制因子的能力下降。一般选用 3 ~ 6 代的 PMEF 细胞作为饲养层细胞。

11.2.5.3 细胞因子

白血病抑制因子（leukemia inhibitory factor，LIF）是一种天然细胞因子，因可以抑制白血病细胞系 M1 的生长和分化而得名。基础培养基中添加白血病抑制因子，可以避免饲养层细胞的干扰，免受丝裂霉素 C 的影响。

碱性成纤维生长因子（basic fibroblast growth factor，bFGF）是一种与肝素结合的多肽类丝裂原（mitogen），也是一重要的细胞增殖与分化调节剂。研究发现，无血清培养基中添加人碱性成纤维生长因子（bFGF）利于保持胚胎干细胞的未分化状态。

11.2.5.4 技术流程

① 内细胞团获得　手术法获得动物着床前胚胎（也可以采用体外受精培养的早期胚胎），体外进一步培养，用毛细吸管等工具在显微镜下剥离胚胎，获得内细胞团。采用胰蛋白酶 –EDTA 消化，毛细吸管轻轻吹打以分散细胞团。

② 原代培养　将胚胎内细胞团分离后接种在饲养层细胞上，培养后呈克隆状生长，细胞紧密聚集，形似鸟巢。周围有时有单个胚胎干细胞和分化的扁平状上皮细胞。

③ 传代培养　采用胰蛋白酶消化，选择未分化的克隆接种于新的饲养层上或在条件培养基中进行分化抑制培养。胚胎干细胞系一旦建立，便迅速增殖，一般约 18 ~ 24 h 分裂一次。每 2 d 需要更换一次培养液，每 3 ~ 4 d 需要传代一次。为了增强胚胎干细胞的贴附，除了使用明胶包被培养皿外，还可考虑采用纤连蛋白和多聚赖氨酸等促进细胞贴附的物质。从胚胎内细胞团分离胚胎干细胞的示意图如图 11–3 所示。

▶▶教学视频 11–2
胚胎干细胞分离

④ 干细胞鉴定与分化潜能评价　根据前面 11.2.2、11.2.3 对分离的干细胞进行鉴定与潜能评价。

11.2.6　胚胎干细胞体外诱导分化

在特定的体外诱导条件下，胚胎干细胞可以分化形成其他类型的细胞。由于诱导物种类繁多，加上各种影响因素，胚胎干细胞体外诱导模式比较复杂。目前，胚胎干细胞诱导分化方法有细胞因子诱导法、选择性标记基因筛选目的细胞法等。

细胞因子诱导法是体外诱导 ES 细胞分化中研究最为广泛和深入的一种方法。体外培养的胚胎干细胞对细胞因子具有依赖性。在培养过程中添加或者撤除某些细胞因子可调控胚胎干细胞的增殖或分化。目前，利用细胞因子诱导 ES 细胞定向分化时一般采用分阶段法，即先得到类

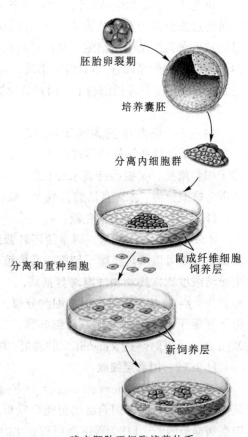

胚胎卵裂期

培养囊胚

分离内细胞群

鼠成纤维细胞饲养层

分离和重种细胞

新饲养层

建立胚胎干细胞培养体系

图 11–3　从胚胎内细胞团分离胚胎干细胞分离示意图

（引自：Kirschstein and Skirboll，干细胞研究进展与未来，2003）

胚体（embryoid body，EB），再在 EB 的基础上进一步诱导，使其分化为目的细胞。视黄酸（retinoid acid，RA）、二甲亚砜（DMSO）是较强的分化诱导剂。

选择性标记基因筛选目的细胞法是利用基因工程技术将带有选择性标记的基因转入胚胎干细胞，通过体外培养，利用选择性标记基因（如抗生素基因、绿色荧光蛋白基因等）筛选出某一分化细胞，达到定向得到某一类型分化细胞的目的。

目前，胚胎干细胞体外诱导分化的细胞包括：造血细胞、心肌细胞、神经细胞、脂肪细胞、胰岛素分泌细胞、内皮细胞、上皮细胞、肝脏细胞、成骨细胞、表皮样细胞等。

11.2.7 存在问题

目前，胚胎干细胞研究存在以下问题：

① 来源限制：对于胚胎来源的干细胞，存在细胞来源限制问题。

② 体外培养困难：由于胚胎干细胞在体外培养常发生自发分化，且机制不明。

③ 免疫排斥反应：同种异体胚胎干细胞及其分化细胞用于临床可能引起免疫排斥反应。尽管通过采取自身供体细胞和通过治疗性克隆可得到自身胚胎干细胞，但技术尚不成熟。

④ 安全性：胚胎干细胞的自发分化是多向的，移植到体内的干细胞分化方向常与预期不同，因此干细胞移植后的成瘤性风险也比较大。

⑤ 伦理道德问题：胚胎干细胞分离研究往往需要破坏囊胚，体外培养的囊胚是否具有生命还存在争议，所以人类胚胎干细胞研究面临伦理道德问题。

11.3 成体干细胞

11.3.1 定义

成体干细胞（adult stem cell，ASC）是成体组织内具有进一步分化潜能的细胞，为多能或单能干细胞。研究比较多的成体干细胞有：造血干细胞、间充质干细胞、神经干细胞、表皮干细胞、肝脏干细胞、胰腺干细胞等。

可塑性（plasticity）是指一种组织的成体干细胞生成另外一种组织的特化细胞类型的能力，这种现象也称为干细胞的转分化或者横向分化。骨髓、脂肪、肌肉、脐带血、血液中均已发现具有多向分化潜能的成体干细胞，如造血干细胞分化为神经细胞、肝细胞等。

目前，越来越多的成体干细胞的分化潜能被揭示，例如：骨髓干细胞在合适的体外环境中可生长，并可分化为成骨细胞、软骨细胞、脂肪细胞、平滑肌细胞、成纤维细胞、骨髓基质细胞、血管内皮细胞、神经胶质细胞和心肌细胞（图 11-4）。

一般认为，成体干细胞通常采用不对称分裂形成一个干细胞和一个祖细胞，后者继续分化为成熟的功能细胞，从而使组织和器官保持生长和衰退的

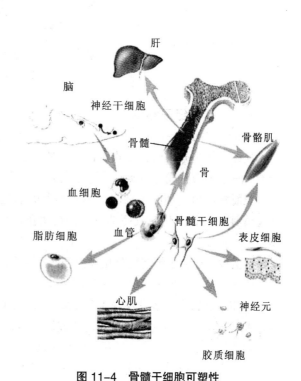

图 11-4 骨髓干细胞可塑性

（引自：Kirschstein and Skirboll，干细胞研究进展与未来，2003）

▶▶▶ 教学视频 11-3
爱剪辑－干细胞诱导分化

⚠ 应用案例 11-1
内皮细胞诱导
（视频）

⚠ 应用案例 11-2
神经干细胞诱导
（视频）

思考
胚胎干细胞研究与应用的优点与限制因素有哪些？

动态平衡。

成体干细胞在体内非常少，例如：每 1×10^5 个骨髓单核细胞中有 $2 \sim 5$ 个骨髓干细胞，因此成体干细胞的发现与分离是一个关键问题。可以根据成体干细胞表面标记物设计特异性结合物，通过荧光标记，利用流式细胞仪分离获得成体干细胞（图 11-5）。目前，越来越多成体干细胞标记物的发现为其检测与分离提供了可能。

▶▶ 教学视频 11-4
成体干细胞分离

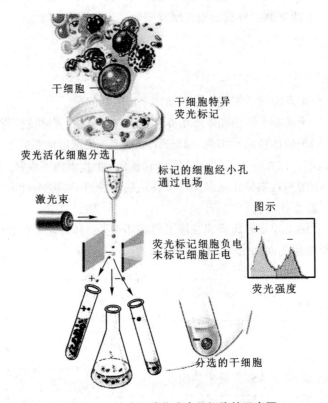

图 11-5 流式细胞仪分离干细胞的示意图
（引自：Kirschstein and Skirboll，干细胞研究进展与未来，2003）

11.3.2 神经干细胞

神经干细胞（neural stem cell，NSC）是指分布于神经系统的具有自我更新和分化潜能的细胞。

神经干细胞通过两种方式生长，一种通过对称分裂形成两个相同的神经干细胞；另一种是不对称分裂。一个子细胞成为功能专一的分化细胞，另一个子细胞作为神经干细胞保留下来。

表面标记物 神经干细胞在体外培养时表达神经上皮干细胞蛋白（nestin，也叫巢蛋白），其表达随着神经细胞分化完成而结束，因此巢蛋白可作为神经干细胞特征性标记物，用于神经干细胞的鉴定。

可塑性 神经干细胞可分化成神经元、星形胶质细胞和少突胶质细胞。

长期以来，人们一直认为成年哺乳动物脑内神经细胞不具备更新能力，一旦受损就不能再生，这一观点使帕金森病、多发性硬化及脑脊髓损伤的治疗受到了很大的限制。近年来，随着神经生物学迅速发展，神经干细胞的发现，特别是成体脑内神经干细胞的分离和鉴定具有划时代意义。利用神经干细胞移植治疗帕金森病已经取得了较大进展。

目前建立的神经干细胞系绝大多数来源于鼠，人神经干细胞存在来源不足的问题。部分移植的神经干细胞会发展成脑瘤，存在安全隐患。因此，在神经干细胞来源、分离、培养及鉴定、安全性等方面还有很多工作要做。此外，神经干细胞分化诱导及迁移机制也有待进一步研究。

11.3.3 造血干细胞

11.3.3.1 骨髓造血干细胞

骨髓造血干细胞（marrow hematopoietic stem cell，MHSC）是指存在于骨髓中的具有自我更新能力和多向分化潜能的原始造血细胞。

知识拓展 11-5
造血干细胞自我更新与分化

骨髓造血干细胞是一种组织特异性干细胞，数量极少，只占骨髓单核细胞的 1/100 000 ~ 1/25 000。一般情况下，骨髓造血干细胞通过不对称性有丝分裂保持自身数量的稳定。造血干细胞培养常采用预先贴壁的基质细胞作为滋养层（如原代培养的骨髓基质细胞或转化的细胞系），这些基质细胞为骨髓造血干细胞提供刺激和抑制信号，调节细胞增殖与分化。

表面标记物 高度糖基化跨膜蛋白 CD34 是造血干细胞的重要标记。随着造血干细胞分化成熟，CD34 表达水平逐渐下降，成熟血细胞不表达 CD34。利用抗 CD34 单克隆抗体，借助流式细胞仪或免疫磁珠技术可以分离人 CD34 阳性细胞。

可塑性 骨髓造血干细胞是研究比较多的成体干细胞之一，现已证明可以分化为多种类型的细胞。血液中的红细胞、粒细胞、淋巴细胞、单核细胞、血小板等所有血细胞均可产生于骨髓造血干细胞。

骨髓造血干细胞具有可移植性，能在受体内存活，维持受体的造血功能。骨髓造血干细胞移植又称骨髓移植，已经被用于治疗血液疾病（例如白血病）、再生性障碍贫血、血液系统免疫缺陷等疾病。正常人的骨髓有核细胞中，1% ~ 4% 为 CD34 阳性的细胞，外周血中 CD34 阳性细胞低于 0.1%。因此，CD34 细胞在造血移植物中的水平是预测骨髓移植是否成功有用的指标之一。由于骨髓来源存在限制，因此骨髓造血干细胞应用受到一定限制。

11.3.3.2 脐带血造血干细胞

脐带血是指新生儿脐带在被结扎后胎盘内由脐带流出的血。脐带血可通过将注射器针头插入通往脐带的脐静脉中采集。简单、快速、无痛、无副作用，在大多数妇产医院中皆可完成，对母亲和孩子无不良影响。

知识拓展 11-6
脐带血造血干细胞及体外扩增

脐带血的数量虽少（60 ~ 100 mL），却含有数量可观的造血干细胞，称为脐带血造血干细胞（umbilical cord blood stem cell）。脐带血造血干细胞免疫原性低，副作用少，但移植时也需配型，且非亲属之间完全相同配型的概率很低。

知识拓展 11-7
干细胞制剂与干细胞库

11.3.4 间充质干细胞

间充质干细胞（mesenchymal stem cell，MSC）是存在于全身结缔组织和器官间质中具有自我更新和多向分化潜能的细胞。目前研究较多的间充质干细胞来源于骨髓、脐带血、外周血和脂肪组织等。体外贴壁培养的间充质干细胞呈纺锤形或梭形。

知识拓展 11-8
骨髓间充质干细胞

表面标记物 比较认可的间充质干细胞筛选标准是 CD73、CD90、CD105 阳性，但是 CD34、CD45和 CD11b 呈阴性。

可塑性 间充质干细胞可以分化为骨细胞、软骨细胞、脂肪细胞、肌肉细胞、内皮细胞、神经元和神经胶质细胞等。

应用案例 11-3
骨髓间充质干细胞体外扩增

间充质干细胞来源广泛，容易在体外培养增殖。利于外源基因表达并具有组织特异性的特点使其有可能成为基因治疗的靶细胞。此外，间充质干细胞还具有支持造血重建和免疫调节功能，与造血干细胞一起移植可提高成功率。

11.3.5 肿瘤干细胞

肿瘤干细胞（cancer stem cell，CSC）是肿瘤中一类具有干细胞特性的细胞，具有自我更新能力和多向分化潜能。

肿瘤干细胞最先是由麦基隆（Mackillop）于 1983 年提出。1997 年博尼特（Bornet）第一次在急性

▶▶ 教学视频 11-5

干细胞讨论

▶▶ 教学视频 11-6

胚胎与成体干细胞比较

▶▶ 教学视频 11-7

诱导多功能干细胞（iPSC）

✦ 科学家 11-2

山中伸弥

◆ 知识拓展 11-9

细胞重编程与诱导多功能干细胞（iPSC）

◎ 发现之路 11-2

诱导多功能干细胞

思考

成体干细胞研究与应用的优点与限制性因素有哪些？

髓性白血病（acute myeloid leukaemia，AML）中分离出了一类细胞表面抗原标记是 $CD34^+CD38^-$、数量约占 AML 总细胞数量 0.2% 的肿瘤干细胞。此后，研究人员在乳腺癌、中枢神经系统癌症、结肠癌、前列腺癌、胰腺癌、肝癌等实体瘤中也发现了肿瘤干细胞的存在。目前对于肿瘤干细胞的起源尚无明确的结论，但研究者普遍认为，肿瘤干细胞可能有两种起源，即由正常的成体干细胞转化，或由定向祖细胞以及分化细胞转化。

肿瘤干细胞不仅与正常干细胞拥有一些共同的细胞表面标记，而且还具有一些特异的细胞表面标记，这些标记大多和恶性肿瘤中与致癌、转移、复发相关标记相似，从而也表明肿瘤干细胞与恶性肿瘤的发生、发展、转移及复发相关。但在不同的肿瘤组织中，肿瘤干细胞表面抗原标记也会不相同，且特异的细胞表面标记很少，因此，目前对肿瘤干细胞的分离和鉴定还很困难。现在研究者对肿瘤组织中肿瘤干细胞的存在已基本达成一致。但是，肿瘤干细胞的来源、鉴定、分选及培养、肿瘤干细胞特征以及肿瘤干细胞与成体干细胞的确切关系仍处于初步研究阶段，迫切需要进一步探索。

11.3.6 问题分析

与胚胎干细胞相比，成体干细胞研究具有以下优点：

① 来源方便：可以从自身获得。

② 没有伦理学问题：成体干细胞来自成熟个体，成体干细胞的获得对供体影响较小，也可避免胚胎干细胞研究带来的伦理学问题。

③ 避免免疫排斥反应：采用自身成体干细胞可以解决免疫排斥反映问题。

④ 比较安全：虽然胚胎干细胞能分化成各种细胞类型，但目前还不能完全控制胚胎干细胞的定向分化，容易导致畸胎瘤。相对而言，成体干细胞比较安全。

但是，成体干细胞研究和应用也存在一些问题：

① 分离纯化困难：由于成体干细胞在组织中含量极少，又缺乏特异性标志，因此很难从组织中分离、纯化获得。

② 可塑性机制还不清楚：成体干细胞"可塑性"可能是混杂在一起的几种干细胞分化的结果。例如：脂肪组织来源的干细胞不能排除随血液进入脂肪组织的造血干细胞或其他类型的干细胞。确定一种成体干细胞确切的组织来源还需进行大量深入的研究。

③ 体外培养技术需要完善：使成体干细胞有效地在体外增殖而又能维持未分化状态的技术尚待建立。

④ 安全性也有待评估：体外长期传代后成体干细胞可能发生表型改变，且可能在体内参与肿瘤形成。因此，有关成体干细胞的生物学安全性也越来越受到人们的关注。

2007 年 11 月，美国和日本科学家分别在 *Science* 和 *Cell* 上同时宣告将人类皮肤细胞重编程为诱导多能干细胞（induced pluripotent stem cell，iPSC）。该技术建立的意义在于可以不使用复杂并备受争议的胚胎克隆技术获得与患者基因组完全相同的干细胞，也无需要使用人类胚胎分离制备干细胞，也将克服成体干细胞分离的困难。如果经过进一步实践验证该技术的可行性、干细胞的功能及安全性，将会避免胚胎干细胞相关的伦理学问题以及现有技术的局限，对于干细胞研究与应用具有重要意义。

💬 开放性讨论题

分析讨论干细胞研究的优点与存在的问题。

? **思考题**

1. 简述胚胎干细胞体外培养的关键技术。
2. 举例说明怎样分离鉴定成体干细胞。

推荐阅读

1. Young R A. Control of the embryonic stem cell state. Cell. 2011，144（6）：940-954.

点评：该文主要介绍了最近在胚胎干细胞方面的研究成果，胚胎干细胞状态可以通过转录调控获得，相关的研究成果揭示了调控哺乳动物基因表达的主要机制，也有助于深入了解基因表达与染色体结构相互作用，为将来人类疾病治疗提供指导。

2. Murry C E, Keller G. Differentiation of embryonic stem cells to clinically relevant populations：lessons from embryonic development. Cell. 2008，132（4）：661-680.

点评：该文综述了胚胎干细胞目前的研究进展和未来的挑战。胚胎干细胞因具有分化呈任何细胞类型的潜能，而被用于建立哺乳动物发育模型和再生医学，但需要控制胚胎干细胞的分化，引导这些细胞按特定的途径发育。今后的挑战是进一步证明在体外和人类疾病的临床前模型中这些细胞的功能。

3. Polo J M, Anderssen E, Walsh R M, et al. A molecular roadmap of reprogramming somatic cells into iPS cells. Cell. 2012，151（7）：1617-1632.

点评：由麻省总医院、哈佛干细胞研究所的研究人员领导的一个国际研究小组，在新研究中绘制出了体细胞重编程为诱导多能干细胞的分子线路图。该文通过全基因组分析检测了正准备转变为 iPSC 的中间前体细胞，证实诱导多能性过程引起了两次转录波，确定了在重编程过程中充当路障的基因，以及通过细胞富集而使之更易于形成 iPSC 的表面标记物。这些认识对于提高重编程效率以及未来治疗应用具有非常重要的意义。

网上更多学习资源……

◆教学课件　◆参考文献

12

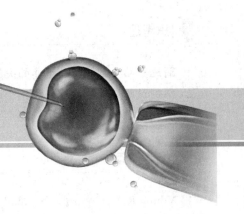

组织工程

　　组织工程是从细胞工程派生出的一门高新技术，代表了细胞工程最前沿的一个领域，将为再生医学带来一场革命。由于还处于发展初期，理论与技术都还不成熟。本章仅针对组织工程的基本要素、已建立的技术方法与初步应用进行介绍。

▶▶ **知识导读**

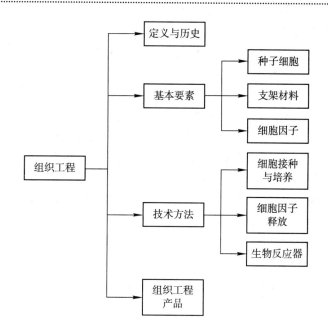

▶▶ **关键词**

组织工程　种子细胞　生物材料　细胞因子　细胞外基质

12.1　组织工程

组织、器官的丧失或功能障碍会引起人类疾病和死亡。目前临床上常用的治疗方法包括自体组织移植、异体组织移植及人工代用品移植等。自体组织移植必须以牺牲人体部分正常组织为代价；异体组织移植则存在免疫排异反应和供体严重不足等问题；人工组织代用品近年来虽然应用较为广泛，但仍然存在异物反应和感染等风险。因此，如何从根本上解决组织、器官丧失和功能障碍一直是生命科学和生物医学努力探索的重大课题。

组织工程（tissue engineering）是利用生命科学、医学、工程学原理与技术，认识哺乳动物正常和病理组织中结构 – 功能关系，并开发生物代用品，以恢复、维持或改善组织功能。组织工程术语最早是 1987 年美国科学基金会在华盛顿举办的生物工程小组会上提出的。20 世纪 80—90 年代为起步阶段，之后进入发展阶段。

◆ **知识拓展 12-1**
组织工程的建立

✒ **科学家 12-1**
兰格、瓦康迪、兰扎、曹谊林

12.2　基本要素

组织工程要素包括：种子细胞、支架材料、诱导因子。

12.2.1 种子细胞

种子细胞（seed cell）是组织修复或再生的细胞材料，包括组织来源的体细胞、干细胞。理想的组织工程种子细胞应该容易获得和体外培养、具遗传稳定性。

自体组织细胞一般是种子细胞的首选。但是，由于组织工程多需要高浓度的细胞接种，自体组织细胞存在着数量上的局限性及长期传代后细胞功能老化的问题。一些组织来源细胞（例如软骨细胞）因获取数量有限、体外增殖能力有限、细胞去分化等限制了相关应用。

使用同种异体细胞尽管有望解决种子来源限制问题，但是存在免疫排斥问题。不同组织来源的细胞引起免疫反应的能力不同，例如：角质细胞的人白细胞抗原-DR（human leukocyte antigen-DR，HLA-DR）可导致免疫排斥，而成纤维细胞、肌细胞（肌肉组织的前体细胞）较少引起免疫反应。异种细胞使用没有来源限制问题，但是面临更严重的免疫排斥问题以及携带病原体的潜在危险。

干细胞有望成为组织工程理想的种子细胞来源。相对于胚胎干细胞而言，成体干细胞作为组织工程种子细胞更具可行性，例如：骨髓间充质干细胞（mesenchymal stem cell，MSC）已被用于体外再造工程化骨组织和体内的骨修复，表皮干细胞制备用于人工表皮组织并参与皮肤损伤的修复。但是，目前干细胞的体外扩增以及诱导分化等技术尚需完善。体细胞克隆技术为使用自身干细胞作为组织工程种子细胞提供了潜在途径，但还有诸多问题需解决。

思考

怎样的细胞才是组织工程理想的种子细胞？

种子细胞在组织工程中应用的最大困难在于，在离体条件下如何将多种类型细胞协调地结合在一起，模拟体内组织的发育和修复过程，通过体外共培养，实现细胞增殖和定向诱导分化，最终形成组织与器官。

12.2.2 支架材料

组织工程支架材料（tissue engineering scaffold）是指能模拟细胞外基质，与活体细胞结合，支持细胞贴附、增殖、代谢及组织或器官形成，最终植入生物体的生物可降解材料。按照不同的分类标准可以分为：有机材料与无机材料、天然材料和人工合成材料、单一材料和复合材料。

12.2.2.1 特点

用于组织工程的支架材料一般要满足以下条件。

（1）良好的生物相容性

生物相容性（biocompatibility）是指外源性材料引起宿主反应和产生有效作用的能力。它取决于材料和活体系统间的相互作用，体现在以下几个方面。

宿主反应包括局部和全身反应，如炎症、细胞毒性、致癌、致诱变、致畸等反应，其结果可能导致对机体的毒副作用和机体对材料的排斥作用。

材料反应主要是生物环境对材料的腐蚀和降解，从而使材料性能发生改变。

生物相容性通常包括血液相容性与组织相容性两大类。当材料直接接触血液时，血液对外源性材料产生合乎要求的反应称为血液相容性。当外源性材料植入体内，与肌肉、骨骼、皮肤等组织或器官直接接触，供受体双方相互接受的程度称为组织相容性（histocompatibility）。

此外，在一些研究和应用中还需要考虑材料的力学相容性，力学相容性是指材料与植入部位组织的弹性相协调的力学性能。

生物相容性材料（biocompatible material）是指和生物体组织接触、无不利影响且自身性能也不受生物体组织影响的材料。影响材料生物相容性的因素包括材料本身性质、受体状况、机体环境、存留时间等。良好的生物相容性材料植入体内后引起的宿主反应保持在可接受的水平，同时不引起材料性能的破坏。

（2）良好的生物降解性

材料完成支架的作用后能被降解，降解速率与细胞生长速率相互协调。

（3）合适的三维立体结构

空隙率应该达到 90% 以上，有较大的比表面积，利于细胞黏附，可容纳细胞因子、营养物质，同时内部必须具备均匀分布和相互连通的孔结构，利于细胞在整个支架内部均匀分布和物质传递，利于血管与神经的长入，保证重构的工程化组织具有三维结构。

（4）良好的可加工性与合理的机械强度

材料应具有可塑性，可以设计和加工成各种大小和形状；具良好的力学性能（如强度、弹性等），传递应力，精确控制再生组织的形貌、结构和尺寸，引导组织按预定形态生长。

（5）良好的消毒性能

材料能进行灭菌处理而不致变性，满足细胞无菌培养和移植无菌操作的要求。

12.2.2.2 有机材料

有机材料根据来源可分为天然高分子材料和合成高分子材料，根据其稳定性又分为可降解的高分子料材和不可降解的高分子材料。应用于组织工程的有机材料主要是可降解的高分子材料，尤其是天然高分子材料，如胶原、壳聚糖、透明质酸等。

胶原（collagen） 是生物体中一种重要的不溶于水的蛋白质，占高等动物蛋白质的 1/3，是胞外基质重要的结构蛋白。胶原蛋白可由成纤维细胞、成骨细胞、软骨细胞、上皮细胞等合成并分泌，为高度缠绕的螺旋结构的纤丝，由纤丝与其他基质分子相互作用达到组织需要的强度和弹性。

壳聚糖（chitosan） 甲壳质是节肢动物角质内的主要结构多糖，壳聚糖是甲壳质的部分脱乙酰化产物，带有正电荷，可以吸引糖胺聚糖、蛋白聚糖等带负电荷的大分子，因此利于吸收培养液中的营养物与生长因子。

透明质酸（hyaluronic acid，HA） 是高度保守的阴离子天然黏多糖，在结缔组织中比较丰富。透明质酸可高度水化，对组织的水分平衡和关节的润滑有重要作用，在整形外科中已被广泛采用。透明质酸的酯化衍生物保留了透明质酸的生物学特性，例如：细胞 – 受体识别能力、与其他胞外基质相互作用的能力，在组织工程中具有重要应用价值。

人工合成的可降解高分子材料 一般含有容易被水解的酯键、醚键、酰胺键等，是组织工程中广泛使用的一类支架材料。目前研究较多的有聚乳酸（polylacticacid，PLA）、聚羟基乙酸（polyglycolicacid，PGA）、聚羟基丁酸（polyhydroxybutyrate，PHB）、聚原酸酯、聚磷酸酯、聚酸酐等。这些材料具有生物相容性及可塑性，在体内可逐步分解为小分子化合物如乳酸、羟基乙酸等。此外，通过对人工材料进行修饰、改性或复合生长因子等，调控支架材料的生物降解速率和力学性能，改善其生物相容性和表面特性。

12.2.2.3 无机材料

无机材料在人体硬组织的缺损修复、重建方面具有重要价值，已广泛用于人工牙齿、人工骨、人工关节等。无机材料包括生物惰性无机材料、生物活性无机材料；按照是否可以降解，分为可降解无机材料、不可降解无机材料。

（1）生物惰性无机材料

生物惰性无机材料（bioinert inorganic material）是指化学性能稳定、生物相容性好的无机材料，具有耐氧化、耐腐蚀、不降解、不变性等特点。它们与骨组织不能产生化学结合，而是被纤维结缔组织膜所包围，形成纤维骨性结合界面。常用的生物惰性无机材料有高纯氧化铝陶瓷、玻璃陶瓷、多孔氧化铝陶瓷、一般氧化铝陶瓷和高纯热解碳等。

氧化铝陶瓷是主晶相为刚玉（α-Al_2O_3）的陶瓷材料，属六方晶系，结构稳定。氧化铝陶瓷具有机械强度高、耐高温、耐化学侵蚀、生物相容性好等特点，与人体蛋白质有良好的亲和性。氧化铝陶瓷广泛用于制作人工牙齿、人工关节和人工骨。

碳纤维是含碳量高于 90% 的无机高分子纤维材料。将碳纤维植入人体，可代替损坏的韧带，安全可靠，成功率高，而且还能促使新的韧带形成。

（2）生物活性无机材料

生物活性无机材料（bioactive inorganic material）是指材料具有与生物组织界面发生化学反应的特性，这种反应导致材料和生物组织之间形成化学键合。生物活性无机材料在体内有一定溶解度，能释放对机体无害的某些离子，参与体内代谢，对骨质增生有刺激或诱导作用，促进缺损组织的修复。生物活性无机材料主要包括生物活性玻璃陶瓷、羟基磷灰石等。

生物活性玻璃陶瓷由 $Na_2O-K_2O-MgO-CaO-SiO_2-P_2O_5$ 玻璃热处理制备而成。在体液表面能形成特异的磷酸钙层，利于骨细胞增殖。相关应用还包括在整形外科中用于骨移植、膝关节和脊柱修复等。

羟基磷灰石 [$Ca_{10}(PO_4)_6(OH)_2$, hydroxylapatite，HA] 是人体骨骼和牙齿的主要无机成分。羟基磷灰石具有良好的生物相容性，能与骨形成牢固的化学结合，是目前研究较多的无机材料之一，也是一种很有应用前景的人工骨材料。

（3）生物可降解无机材料

用于组织工程的无机材料大多不可降解，但也有生物可降解的无机材料。用于骨修复或者重建的可降解无机材料植入机体后，材料通过体液溶解、吸收或被代谢系统排出体外，最终使缺损的部位完全被新生的骨组织替代。例如：β-TCP [β-$Ca_3(PO_4)_2$] 是一种可降解的生物陶瓷，它是一种白色多孔的材料。将 $CaHPO_4 \cdot 2H_2O$ 和 $CaCO_3$ 按 $2:1$（摩尔比）混合，900℃左右保温 2 h，自然冷却后可以获得 β-TCP 粉末。将合成的 β-TCP 粉末与高温黏结剂按一定比例混合、磨细、加入造孔剂成型，在 900℃左右烧结，即得到 β-TCP 多孔陶瓷。β-TCP 生物陶瓷的生物降解主要有两个途径：体液的溶解和细胞（主要是破骨细胞和巨噬细胞）的吞噬及吸收。植入区的组织液中含有一些酸性代谢产物（如柠檬酸盐、乳酸盐）和酸性水解酶，造成局部的弱酸性环境，促进 β-TCP 多孔陶瓷的溶解。破骨细胞内含有丰富的酸性水解酶（溶酶体酶、酸性磷酸酶等），参与形成局部酸性环境。巨噬细胞内的 CO_2 和 H_2O 可在碳酸酐酶（carbonic anhydrase，CA）的作用下合成碳酸，然后分解为 HCO_3^- 和 H^+。在细胞膜质子泵的作用下，H^+ 可被分泌到细胞与材料的接触区，造成局部酸性环境，使接触区 β-TCP 陶瓷颗粒发生降解。

12.2.2.4　生物复合材料

人体的基质组成成分复杂，可看作是复合材料，例如骨骼可视作由胶质蛋白与无机矿物质构成的一种纤维增强复合材料。

生物复合材料（biocomposite material）是由两种或两种以上不同物理化学性质的材料复合而成的新材料，一般由基体材料和增强材料组成。复合材料不仅能保持原有组分的部分优点，而且可产生原组分所不具备的特性。生物可降解高分子材料聚乳酸（polylactic acid，PLA）、聚羟基乙酸（polyglycolic acid，PGA）等的降解产物会使植入区 pH 降低，引发炎症，同时力学性质也较差，若将羟基磷灰石（HA）与 PLA、PGA、胶原等复合，有望获得性能更好的组织工程支架材料。

思考

组织工程生物材料应该具有怎样的特点？

生物复合材料包括无机材料、有机材料、天然材料与合成材料间的组合。例如：胶原–PLA 的复合物就是天然高分子–合成高分子的复合材料，羟基磷灰石–PLA 的复合物就是有机物同无机物的复合材料。有机复合材料包括聚乳酸（PLA）和聚羟基乙酸（PGA）的聚合物、聚乳酸（PLA）–聚己内酯（polycaprolactone，PCL）的共聚物等。

12.2.2.5　纳米纤维支架

目前，一些材料加工新技术也被应用于生物医学材料并获得了较大进展。例如：三维纳米纤维材料模仿胶原蛋白结构，利于体外培养种子细胞。其制备方法包括自组装、电纺织法、分相法，但存在制作工艺复杂、成本高等缺点。不过，纳米材料的生物安全性还有待证实，纳米生物效应研究也急需加强。

12.2.2.6　表面仿生工程

支架材料表面形貌可能对细胞的生长起着至关重要的作用，不仅可以调节细胞形态，也会影响细胞生长、分化和功能表达。通过改变材料表面不同区域的电荷性能、亲疏水性能以及拓扑结构等，可以达到调节细胞的生物学行为的目的。

表面仿生工程（bionic surface engineering）是指通过改变支架材料表面形貌、活性官能团等使支架材料表面功能化，从而改善支架材料的生物相容性，调控细胞的生物学行为。采取的方法如下：

物理改性法　包括等离子刻蚀和光刻蚀等。等离子体的激发态原子、分子自由基、离子等撞击材料表面会产生表面刻蚀或形成表面自由基。例如：含光敏基（如羰基）材料、芳香酮类材料都可以采用紫外线照射产生表面自由基。光刻蚀可以用于在材料表面产生表面拓扑结构，形成图案化表面。

表面纳米化　材料表面纳米化处理（例如形成纳米沟槽、纳米柱状体、纳米凹坑等）对细胞生物学行为（例如：形态、黏附、生长、分化等）会产生较大影响。例如细胞通常沿着沟槽轴向而不是在纳米基质表面生长。研究发现，纳米沟槽可以诱导人间充质干细胞向神经细胞的分化，影响平滑肌细胞的增殖。纳米柱状体被证明可以引导心肌细胞丝状伪足的延伸和片状伪足的扩展，并可以控制细胞内细胞骨架的排列。但也有研究表明，纳米柱状体会减少一些细胞的黏附，纳米凹坑也会影响细胞黏附与生长取向。纳米材料具有小尺度效应、表面或界面效应，随着其对细胞行为影响研究的深入，纳米材料将会更好地应用于细胞培养的支架构建。

化学改性法　通过与材料发生化学反应，在材料表面形成活性官能团。例如：臭氧可以氧化聚烯烃表面，形成羟基、羰基、醛基和羧基等，从而改善材料亲水性。

12.2.3　诱导因子

细胞对外部环境产生的应答是通过感知化学信号或物理刺激，并将之传递到细胞核中，促发或者抑制基因的表达而实现。细胞感受到的信号源包括：可溶解生长因子、难溶性胞外基质和生长基质、环境压力和物理信号、细胞相互作用等。这些诱导因子对于体外培养过程中的细胞形态、生长等具有显著影响，也是影响组织修复与再生过程中细胞分化、功能再造的重要因素。

12.2.3.1　物理因子

应力是细胞感受的主要的物理因子，在体内几乎所有细胞都受到应力的作用。应力可改变细胞的生物学行为，影响细胞的基因表达、代谢以及生长因子分泌等。在组织工程研究中，应力作用对细胞或组织结构、功能的影响可能是决定性的。例如：关节软骨细胞的压应力、肌腱细胞的张应力、血管内皮细胞的流体剪切力等。

流体剪切力（flow shear stress）　指由血流对血管壁施加的力或组织间液流经细胞表面所产生的一种机械应力。体外可采用平板槽、搅拌装置、灌注装置和脉动流循环装置调节切应力的大小及频率，研究流体剪切力对细胞生物学行为的影响及机制。

张应力（tensile stress）　体内有心脏搏动、肌肉收缩、肌腱和韧带拉伸等张应力。可采用弹性泡沫或纺织网等载体材料模拟体内的张应力。

压应力（compressive stress）　人体的关节等大多受到压应力的影响，在体外可以采用压缩气体或静水压对细胞实施压应力刺激，研究细胞的生理生化变化。

扭力（torsion）　在不改变细胞骨架的基本构型前提下，对细胞表面受体，例如整合素（integrin）等，施加极微的扭曲力。

12.2.3.2　细胞因子

细胞因子（cytokine，CK）是机体的免疫细胞和非免疫细胞能合成和分泌小分子的多肽类因子，它们调节多种细胞生理功能。细胞因子根据功能可分为五类：白细胞介素（IL），干扰素（IFN）、集落刺激因子（CSF）、肿瘤坏死因子（TNF）、生长因子（GF）等。

生长因子（growth factor，GF）主要是指一类通过与特异的、高亲和的细胞膜受体结合，调节细胞生长与其他细胞功能等多效应的多肽类物质。生长因子有多种，例如血小板类生长因子、表皮生长因子类、成纤维细胞生长因子、类胰岛素生长因子、神经生长因子、白细胞介素类生长因子、红细胞生长素等。

表皮生长因子（epidermal growth factor，EGF）由 53 个氨基酸组成的单链多肽，是表皮细胞和间充质细胞的一种有效的促分裂剂。表皮生长因子能促进伤口愈合，在体外可以刺激角质细胞分裂，在体内促进上皮再生。

神经生长因子（nerve growth factor，NGF）为神经细胞特异性分泌的营养蛋白，具有营养、保护神经元及促进突起生长等生物学功能的神经细胞调节因子。神经生长因子对中枢及周围神经元的发育、分化、生长、修复、再生和功能特性均有重要的调控作用。

成纤维细胞生长因子（fibroblast growth factor，FGF）是不含糖的分子量为 1.6×10^4 的单链多肽，因能促进成纤维细胞生长而得名。由于对血管生成也有较强的促进作用，又称为血管生长因子。成纤维细胞生长因子可诱导血管化、骨形成并促进神经再生。

12.2.3.3 细胞外基质

细胞外基质（extracellular matrix，ECM）主要由细胞分泌的蛋白和多糖组成，分布于细胞外空间，构成网络结构。

上皮组织、肌肉组织及脑与脊髓中的 ECM 含量较少，结缔组织中 ECM 含量较高。细胞外基质的组分及组装形式由所产生的细胞决定，并与组织的特殊功能需要相适应。构成细胞外基质的大分子种类繁多，主要包括胶原、纤连蛋白、层粘连蛋白、弹性蛋白、糖胺聚糖与蛋白聚糖等。

胶原（collagen） 由成纤维细胞、软骨细胞、成骨细胞及某些上皮细胞合成并分泌到细胞外，构成细胞外基质中的框架结构。胶原蛋白由三条相同或不同的肽链形成三股螺旋，是动物体内含量最丰富的蛋白质，约占人体蛋白质总量的 30% 以上。人体中 Ⅰ、Ⅱ、Ⅲ 型胶原比较丰富。

纤连蛋白（fibronectin，FN） 存在于所有脊椎动物，是一种糖蛋白，含糖量为 4.5%～9.5%，糖链结构因组织细胞来源及分化状态而异。

层粘连蛋白（laminin，LN） 是一种糖蛋白，与 Ⅳ 型胶原一起构成基膜，是胚胎发育中出现最早的细胞外基质成分。LN 分子由一条重链（α）和二条轻链（β、γ）由二硫键交联而成，外形呈十字形。

弹性蛋白（elastin） 由两种类型短肽交替排列构成，一种是疏水短肽，赋予分子以弹性；另一种短肽为富含丙氨酸及赖氨酸残基的 α 螺旋，负责在相邻分子间交联。弹性蛋白的氨基酸组成类似胶原，富含甘氨酸及脯氨酸，但很少含羟脯氨酸，不含羟赖氨酸，没有胶原特有的 Gly–X–Y 序列，故不形成规则的三股螺旋结构。弹性蛋白分子间的交联比胶原更复杂，通过赖氨酸残基参与交联，形成富于弹性的网状结构，并赋予组织具弹性与抗张力能力。

糖胺聚糖（glycosaminoglycan，GAG） 是由重复二糖单位构成的无分支长链多糖。其二糖单位通常由氨基己糖（氨基葡萄糖或氨基半乳糖）和糖醛酸组成，但是硫酸角质素中糖醛酸由半乳糖代替。糖胺聚糖根据糖基组成、连接方式、硫酸化程度及位置的不同可分为透明质酸、硫酸软骨素、硫酸皮肤素、硫酸乙酰肝素、肝素、硫酸角质素等。透明质酸（hyaluronic acid，HA）是唯一不发生硫酸化的糖胺聚糖，其糖链特别长，可含 10 万个糖基。由于 HA 分子表面有大量带负电荷的亲水性基团，可结合大量水分子。

细胞外基质为细胞的生存及活动提供适宜的场所，所提供的物理与化学环境影响细胞的黏附、形态、迁移、增殖、代谢、分化和功能。细胞外基质还赋予组织和器官相关功能，例如骨骼的强度、皮肤的弹性等。目前有研究采用脱细胞技术制造天然的 ECM，其优点在于可以直接作为组织充填物，有较好的组织相容性和亲和性；可用作细胞体外培养的支架材料，天然 ECM 可诱导调节细胞的生长、增殖、分化等。

一方面，细胞指导细胞外基质的合成；另一方面，细胞外基质对于细胞形态、功能等有较大影响：

① 细胞外基质（ECM）是细胞发挥功能的环境。ECM 提供细胞所需的物理和化学信息，并与细胞进行动态的相互作用。

② ECM 对细胞形态有重要影响。脱离组织的细胞在单个悬浮时呈球形；而在机体中，细胞间的接触或与基质黏附形成特有的形态。例如：成纤维细胞选择 I 型或 III 型胶原结合，上皮细胞首选 IV 型胶原结合，各种黏结蛋白可通过细胞表面受体与细胞连接，决定细胞的形态。ECM 对组织的形成及稳定具有显著作用。

③ ECM 在细胞间构成复杂的网络，对细胞群体有支持、保护作用，并适应特定的功能。例如：胶原纤维构成的肌腱使肌肉和骨骼连接，同时具有很强的抗张力能力。角膜中，胶原纤维分层排列、同层彼此平行、相互两层彼此垂直，形成"三夹板"结构，使组织牢固、不易变形。

④ ECM 对细胞迁移、增殖、分化有调节作用。在胚胎发育过程中，初期 III 型胶原丰富；在形成手、眼、皮肤时 I 型胶原取代 III 型；分化完成后，III 型又取代 I 型。发育的不同阶段出现不同的 ECM，表明 ECM 与细胞分化具有相关性。透明质酸可结合细胞，使细胞易于迁移、增殖并阻止分化，一旦迁移停止或细胞增殖到足够数量时，透明质酸可被透明质酸酶破坏，细胞迁移受阻。

🦐 科技视野 12-1
增加细胞黏附

思考

怎样理解细胞因子在组织工程三要素中的重要地位？

12.3 组织工程技术

采用组织工程技术达到原位修复或者组织器官替换的目的有三条途径，如图 12-1 所示。

① 将生物可降解支架材料与细胞混合，移植到受损部位，利用体内微环境，支持细胞生长，进行支架材料降解，最终形成组织并修复受损部位。

② 将体外培养的细胞接种到受损部位生长进行原位修复。

③ 使用可降解三维多孔支架材料，接种培养细胞，体外再生组织或器官，移植替换。该技术路线包括以下步骤：种子细胞分离与体外扩增、支架材料的选择与加工修饰、工程化组织体外构建、移植物植入体内与临床监护。

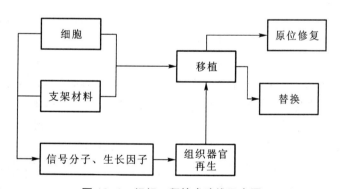

图 12-1　组织工程技术路线示意图

前两条途径以实现原位修复为目的，第三条途径达到组织或器官替换的目的。体外再生组织或器官涉及许多关键技术，例如：细胞接种、细胞因子控制释放、组织构建生物反应器等，下面予以重点介绍。

12.3.1　细胞接种与培养

浸渍法　将经过预处理的材料置于细胞悬浮液中实现细胞接种。优点是操作简单、不易污染，缺点是细胞接种率低。

沉淀法 将细胞液缓慢逐滴加到经预处理的支架材料上，放置培养箱中 2～4 h，待细胞充分黏附后缓慢加入培养液进行培养。优点是操作简便、有较高的细胞接种量。缺点是细胞分布不均、细胞数量有限。

凝胶法 将高密度细胞悬液与多种物质如胶原、藻酸钠、几丁质等按照一定工艺复合形成凝胶，细胞均匀地分布于凝胶内。凝胶所具有的三维孔隙结构为细胞提供了生存空间及代谢活动场所。

吸附法 将已经预处理的支架材料置于灌注腔中，细胞悬液通过灌注或利用负压流经支架材料，并使细胞吸附在材料上。优点是细胞分布均匀，数量多，缺点是装置复杂，容易污染。

影响细胞在支架材料中生长的因素包括材料、细胞、培养方法、诱导因子等。材料方面包括材料的含水量、表面物理及化学性质、特化结构等。细胞方面包括细胞种类、密度、传代次数等。培养方面，体外培养应该模拟体内的物理或化学微环境。

12.3.2 细胞因子释放

细胞因子释放是将细胞因子通过载体缓慢释放到组织再生部位是组织工程研究和应用中一关键技术。通过将支架材料内部结构进行改造，或者采用本身能吸附细胞生长因子的材料，使细胞因子结合在支架材料内部，并能缓慢释放。例如：将多孔羟基磷灰石（HA）与 BMP-2 混合制成复合材料。

将细胞因子进行包埋或者微囊化是目前控制细胞因子释放的一个重要方法。该法可以防止细胞因子与宿主生理环境直接接触，起到保护细胞因子生物活性的目的。影响细胞因子释放速率的因素包括：

细胞因子对载体的亲和性：源于静电吸引、疏水作用、氢键等非特异性的物理和化学的相互作用。

载体几何形状：包括体积、空间结构、表面积等，可由材料的选择与加工来控制。

细胞因子释放机理：主要包括支架材料降解和经载体扩散释放。

宿主局部微环境：包括 pH、离子、化学分泌物、细胞密度等。

12.3.3 组织工程生物反应器

12.3.3.1 微重力生物反应器

一般细胞培养都是在常重力下进行，由于重力作用细胞在培养液中自然沉降，限制了细胞与细胞、细胞与基质之间的随机组合与空间定位，很难形成立体结构。

20 世纪 80 年代末，美国航空航天局（national aeronautics and space administration，NASA）在开展空间生物学试验时设计出一种旋转壁式生物反应器（rotating wall vessel bioreactor，RWVB）。转壁式生物反应器一般由水平放置的两个内外同心圆柱组成（图 12-2）。内柱由可进行气体交换的半透膜构成，外柱由非通透性材料制成，内外柱之间充以培养基和细胞或预先安放了细胞的支架。整个装置可以绕轴旋转，从而带动培养液和培养物同轴旋转和运动。通过调节转速，使产生的离心力、浮力以及重力达到平衡，为细胞生长提供一个微重力环境，这样有利于细胞聚集，并进一步形成三维结构。

知识拓展 12-2
组织工程生物反应器

12.3.3.2 流体应力生物反应器

流体应力生物反应器是模拟人体血管应力环境而设计的用于体外构建组织工程化血管的装置，主要由可以通过循环液体的硅胶管、压力传感器、蠕动泵、储液罐、电磁阀等组成。通过形成有波动的液流并控制流量模拟体内血管的应力环境。研究表面，该生物反应器产生的应力对血管平滑肌的生长有一定的促进作用，可促进细胞定向排列，增加收缩性。

科技视野 12-2
提高组织器官的生理相关性

图 12-2 旋转壁式生物反应器

12.4　组织工程产品

目前研究相对比较成熟的组织工程化产品有组织工程骨、组织工程肌腱、组织工程皮肤、组织工程血管等。

12.4.1　组织工程皮肤

组织工程皮肤的第一代产品为组织工程表皮，移植后愈合快，但容易出现瘢痕挛缩。第二代是表皮 - 真皮的复合产品，临床效果得到改善。1997 年组织工程批复被批准用于临床，是第一个被批准的组织工程产品。

品质优良的种子细胞以及细胞支架材料是组织工程皮肤的两个基本问题。一般以胶原凝胶为支架材料，通过胶原凝胶包埋新生儿包皮成纤维细胞，形成真皮组织；在真皮组织上接种新生儿包皮的表皮角质形成细胞，形成表皮层。

除了胶原凝胶为支架材料外，还有用胶原和硫酸软骨素复合材料、PLA、PGA 等高分子材料作为皮肤支架材料。

以采用 PGA 高分子材料作为皮肤支架材料的组织工程皮肤制作为例，种子细胞采用成纤维细胞、表皮角质形成细胞。成纤维细胞培养采用添加 10% 胎牛血清的 DMEM 培养基；表皮角质形成细胞培养采用 MCDB153 培养基，并添加表皮生长因子等。基本构建步骤如下：

① 酶法消化收集真皮成纤维细胞，接种在 PGA 上，加入培养基进行培养，构建成纤维细胞 -PGA 复合物。

② 将表皮角质形成细胞接种于成纤维细胞 -PGA 构建物上，培养基更换为表皮角质形成细胞培养基，培养 5 d 左右。

③ 将复合物放在可渗透膜上，进行气 - 液界面培养，促进表皮角质形成细胞进一步分化，形成表皮层。

④ 再培养 1 周，形成含真皮和表皮双层结构的组织工程皮肤。气 - 液界面培养 2 周后组织工程皮肤表层抗广谱细胞角蛋白（cytokeratins）染色及抗外皮蛋白（involucrin）染色均呈阳性，表明皮肤成熟。

⚠ **应用案例 12-1**
组织工程皮肤

12.4.2　组织工程骨

组织工程骨的构建可分为体内构建和体外构建两种方式。体内构建是将成骨细胞 - 支架复合物植入体内修复骨损伤；体外构建是通过体外组织培养的方法得到用于移植的组织工程骨。

（1）种子细胞

种子细胞选择原则是：①取材容易、对机体损伤小；②分裂增殖能力强；③体外有较强的成骨能力；④没有或者有微弱的免疫排斥反应；⑤能连续稳定传代。种子细胞主要有以下来源：

骨来源成骨细胞　优点是取自胚胎或新生动物骨，传代能力强，分化能力强。缺点是供体损伤大，来源有限。

骨膜来源的成骨细胞　来自骨膜生发层，富含成骨细胞。优点是具有较强的传代能力，缺点是取材困难，来源有限。

骨外组织　某些骨外组织在特定条件下可诱导为成骨细胞，称为诱导性骨祖细胞。缺点是定向分化能力差。

骨髓来源的成骨细胞　由髂骨穿刺抽取骨髓，分选后获得骨髓间充质干细胞（MSC），再经过诱导分化为成骨细胞。优点是取材相对容易，来源较丰富，成骨潜力强。缺点是具有多向分化潜能，需特异诱导因子。

（2）支架材料

羟基磷灰石（HA） 是组织工程骨的主要支架材料，还可以与 β 组织工程复合，也有与 PLA、PGA 等制成复合材料。与 BMP-2、BMP-7、TGF-β 等生长因子复合后在动物骨缺损修复中收到了较好效果。

生物衍生骨 将人或者动物骨骼去脂、脱细胞、去抗原后，经冷冻干燥制备而成。与成骨细胞复合后进行移植，表现出诱导骨再生的作用。

（3）细胞在支架材料上的培养

根据需要制备具有一定形状和大小的支架材料，将一定浓度细胞接种于支架，采用含 5% 小牛血清的培养基于 37℃、5% 二氧化碳、饱和湿度条件下培养。一般每 2 ~ 3 d 更换一次培养液，培养 7 ~ 10 d 可进行移植。手术前 1 天更换为不含小牛血清培养基，避免引起异蛋白反应。

细胞因子通过调节细胞增殖、分化过程并改变细胞产物合成而作用于成骨过程。常用的有：成纤维细胞生长因子（fibroblast growth factor，FGF）、转化生长因子（transforming growth factor，TGF）、胰岛素样生长因子（insulin-like growth factors，IGF）、血小板衍生生长因子（platelet-derived growth factor，PDGF）、骨形态发生蛋白（bone morphogenetic protein，BMP）等。这些细胞因子可单独作用，也可复合使用。

（4）手术移植治疗

⚠ 应用案例 12-2
组织工程骨骼

对于骨缺损修复，采用常规手术暴露骨缺损部位，将组织工程骨移植入断端，用可吸收手术线缝合固定。用含抗生素的生理盐水冲洗，常规方法闭合创面。

12.4.3 组织工程肌腱

尽管组织工程肌腱、韧带的研究已开展多年，但临床应用还非常少。主要原因有：①肌腱细胞获得困难；②肌腱的力学强度要求高；③移植后容易感染。

（1）种子细胞

主要有成纤维细胞和肌腱细胞。肌腱细胞来源可以是自体肌腱细胞，也可以是同种异体肌腱细胞。因采用手术切取肌腱，会给供体造成创伤。此外，肌腱细胞体外培养和增殖需要 3 ~ 4 周，满足不了及时修复的需要，且多次传代后会出现衰退现象。同种异体肌腱细胞提供可来自自愿捐献的流产胚胎、新生儿或者成人。由髂骨穿刺获得自身骨髓间质干细胞，定向诱导分化成为肌腱细胞是一个潜在的有效途径。

（2）支架材料

正常肌腱胞外基质约占肌腱组织的 80%，主要是 I、III 型胶原以及非胶原糖蛋白、弹性蛋白、糖胺多糖等。目前尚无十分理想的肌腱支架材料，已取得一定进展的肌腱材料如下：

碳纤维 有较好的生物相容性和力学特性，是目前较为理想的肌腱支架材料。但缺点是：易碎和断裂，韧性差，体内基本不降解，可能导致异物反应等。

高分子合成材料 聚乳酸（PLA）、聚羟基乙酸（PGA）等高分子材料可以完全生物降解，同时具有可批量生产、生物力学强度可控等优点。但亲水性差，降解产物为酸性，容易对细胞产生不良影响。

复合材料 将碳纤维与 PLA、PGA 等高分子材料按照一定比例混合制成复合材料，可进一步提高材料性能。

（3）细胞在支架材料上的培养

以肌腱细胞培养为例，将体外传代培养到第 3 代的肌腱细胞按照 5×10^6/mL 浓度接种到复合支架（碳纤维：PGA=1：2）上，用添加含有小牛血清的 F12 培养基于 37℃、5% 二氧化碳、饱和湿度条件下培养 5 ~ 7 d。手术前 1 天将培养的肌腱组织反复用无血清培养基洗涤，再改用无血清培养基培养 1 d。

（4）手术移植治疗

以跟腱缺损修复为例，麻醉、消毒，在伤侧做弧形切口，暴露跟腱，将组织工程肌腱编织缝合在两断端上。1% 地塞米松盐水冲洗、缝合伤口。

12.4.4　组织工程血管

组织工程血管具有高度生物相容性、可塑性、无致血栓、无感染等特点，并且最终可成为自体血管。构建组织工程血管一般有两种方法：①用正常动脉壁细胞与细胞外基质重建血管；②用正常血管壁细胞、细胞外基质和可降解材料构建血管。

（1）种子细胞

组织工程血管的种子细胞可以采用血管内皮细胞、平滑肌细胞、血管内皮前体细胞、间充质干细胞、胚胎干细胞等。

（2）支架材料

组织工程血管支架材料包括天然生物材料、人工合成高分子材料两大类。天然生物材料有甲壳素、胶原蛋白、葡聚糖明胶、多聚氨基酸、透明质酸等。

常用的人工合成的可降解高分子材料有聚羟基乙酸（PGA）、聚乳酸（PLA）等。人工合成材料的优点在于强度、降解速度、微结构和渗透性等可以在加工过程中进行控制，但是具有亲和性差、会产生酸性降解产物等缺点。

12.4.5　问题分析

（1）血管化

血管能提供营养物质、带走有毒代谢物质，同时提供组织重建需要的化合物。组织工程产品移植后能否迅速血管化是临床应用的关键之一。

血管生成由促血管生成因子等调控，包括血管内皮生长因子与血小板衍生生长因子的相互作用等。血管内皮生长因子促进内皮细胞生长、迁移；血小板衍生生长因子抑制内皮细胞的增殖，促进平滑肌细胞的积累和血管的成熟。两者分泌的时间与量上的差异控制着血管的生成，即通过促进信号 – 抑制信号的整体平衡进行调控。

知识拓展 12–3
工程化组织血管化

（2）组织器官的复杂性决定了人工构建的困难

以肝脏为例，肝脏含有肝细胞、血管内皮细胞、胆管细胞、肝脏间质细胞等多种类型细胞。体外构建组织工程肝脏，要同时分离、扩增几种不同的种子细胞，并维持活力和功能的相对一致性，技术上相当困难。将不同的种子细胞严格按照一定结构排列在具有三维空间结构的生物材料上并进行培养也非常困难。如何在肝脏中形成动脉、静脉、胆管等并保持同步生长，现有手段还难以实现。

（3）其他问题

组织工程化产品研究及临床应用才刚刚起步，许多技术没有建立或者还不完善，相关机制不清楚。例如：种子细胞的来源及体外扩增技术尚不完善；理想的支架材料欠缺；细胞接种、营养供给、细胞因子释放等技术还没有很好地建立；支架材料与细胞的相互关系及相互作用也亟须研究；体外构建的组织工程产品移植后的相容性与免疫排斥、与受体组织的愈合、对药物的反应等等都影响最终效果。

科技视野 12–3
组织工程与再生医学中的多尺度组装

12.4.6　其他组织工程产品

除了前面介绍的组织工程产品外，生物人工肝、生物人工肾等产品已经在临床上获得应用。肝细胞具有的功能包括合成凝血因子等多种蛋白，生成胆汁，调节糖、脂肪和蛋白质的代谢等。肝脏中的巨噬细胞是免疫系统的主要组成部分。体外构建生物人工肝生物反应器可以为急性肝衰竭者服务，以缓解肝移植的需求。

生物人工肝（bioartificial liver）是由肝细胞、专用反应器和体外循环系统三大部分组成，将患者的血浆在体外循环代谢的一种辅助装置（图12-3）。生物人工肝由许多中空纤维毛细管集束组成，肝细胞在毛细管外空间或者黏附在微载体上培养，患者血浆通过泵循环进入毛细管，这样肝细胞吸收氧和营养物，脱除血浆中的有害、有毒物质，并将肝细胞代谢物质传输至血浆内回输人体。

知识拓展 12-4
之生物人工肝及
hiHep 细胞

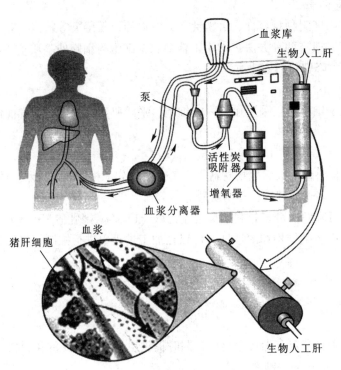

图 12-3 生物人工肝

（引自：岑沛霖等，生物反应工程，2005）

12.5 展望

总体上讲，组织工程研究仍处于起步阶段。除了要拓展种子细胞来源，加快组织特异性材料的开发，研制特定组织生物反应器，以及探索复杂器官的重建等关键技术以外，还必须开展组织工程基础问题的研究。例如：工程化组织或器官在体外或体内形成过程中的演变规律如何；这些演变规律与正常组织发育、再生及创伤修复等过程有何异同；影响工程化组织或器官形成的相关影响因素及作用机制如何等。这些问题涉及组织工程技术临床应用的有效性、稳定性和安全性。只有系统地阐明工程化组织形成、成熟过程中的一系列重要问题和内在机制，才能真正制造工程化组织或器官，实现组织工程的临床应用与产业化。

知识拓展 12-5
全器官工程

组织工程学的发展离不开基础生命科学、临床医学、材料学、力学、工程学等多学科的发展与交叉渗透，同时也依靠包括分子生物学、克隆、转基因、干细胞、生物材料、生物力学、3D打印、影像学以及生物反应器技术等各种现代技术的应用。

知识拓展 12-6
3D 打印技术

💬 **开放讨论题**

怎样看待以动物为来源的组织工程器官产品应用的伦理学问题?

❓ **思考题**

1. 怎样从材料学角度看待组织或器官的体外再造?
2. 举一例说明组织工程产品的技术路线。
3. 限制组织工程产品研究与应用的因素有哪些?

📚 **推荐阅读**

1. Langer R, Vacanti J P. Tissue engineering. Science, 1993, 260 (5110): 920-926.

点评: 器官或组织的损伤或功能失去是人类健康最常见的、最具破坏性的问题。组织工程是一个新的研究领域,利用生物学和工程技术的原理来开发能够代替受损组织的替代物。该文讨论了这个跨学科领域所面临的挑战和发展,并试图提供创造和修补人体组织的解决方案,为人体组织工程技术的发展打下了坚实的基础。

2. Khademhosseini A, Langer R. A decade of progress in tissue engineering. Nat Protoc, 2016, 11 (10): 1775-1781.

点评: 该文主要介绍了组织工程近十年的进展,包括可再生细胞来源、性质可控的生物材料、消除了宿主反应、实现了血管化等。细胞工程的进展解决了组织再生中细胞分化的问题;实现了材料对细胞活性的调控——可用工程材料进行细胞调控;3D 打印及自组装技术则允许研究人员体外组装组织支架,以成功模拟细胞所处环境。他们认为目前存在的挑战及发展方向包括:组织工程产品的临床转化、芯片器官与疾病膜型、生物机器人、工程肉及工程皮革、组织低温储存及快速运输等。

3. Lu Y, Aimetti A A, Langer R, et al. Bioresponsive materials. Nat Rev Mater, 2016, 2: 16075.

点评: 该文是生物响应性材料的综述。智能生物响应性材料指对生理或病理环境响应的材料,这些材料可以利用生理环境实现特异性药物释放或者激活,因而这类材料在精准医疗方面可能具有潜力。该文详细介绍了近年来对生理环境(包括 pH、还原环境、酶、葡萄糖、离子、ATP、乏氧、温度、机械力、核酸等)、生物标记物或生物颗粒物(白细胞、细菌、病毒等)响应的智能材料进展,同时指出了主要的设计原则(进行响应性质、生物刺激因子、实现模式、设计参数、材料性质及转化参数等的优化之后,再进行组装整合,最终完成转化)、目前的挑战(材料体系可能过于复杂以至于难以转化、人体与动物水平的各种参数可能存在较大差别及人体的个体化差异)以及未来发展方向(发展新型响应性材料、制备生物模拟或生物启发性材料以模拟体内的天然响应过程)。

网上更多学习资源……

◆教学课件　◆参考文献

索　引